바이오에탄올 제조기술 및 활용

바이오에탄올 제조기술 및 활용

김종호 · 박돈희 · 최병철
김건중 · 이부귀 · 나숙현 공역

전남대학교출판부

편자소개

사단법인 일본알코올협회
(JAPAN ALCOHOL ASSOCIATION)

에탄올 혹은 에틸알코올은 흔히 알코올이라 불리는 술의 주성분으로 예로부터 우리들에게 자주 이용되어 왔다. 오늘날 알코올은 의약품이나 용제로 이용되는 외에도 화학공업이나 식료품공업에서 없어서는 안 될 재료이다. 또 술 이외에 공업용으로 이용되는 알코올은 알코올사업제도에 의해 정부(경제산업성)의 관리하에 제조 및 유통되고 있으며 소비량은 연간 약 300,000kℓ에 이르고 있다.

본 협회는 이와 같이 알코올 사업에 관여하고 있는 기업에 의해 설립되었다. 본 협회는 양질의 알코올을 저렴한 가격으로 그리고 안정적으로 공급한다는 알코올 사업제도의 목적에 따라, 알코올이 우리 사회에서 보다 광범위하고 올바르게 이해될 수 있도록 노력함과 동시에 제조부터 이용에 이르는 모든 분야에서 국내외의 정보수집과 동시에 알코올 관련 연구개발 사업을 진행하고 있다.

간행에 즈음하여

바이오매스의 이용 및 활용에 대한 최근 10년을 되돌아보면, 이 시기의 정세 변화는 아주 전향적이었으며 대단히 컸다.

1997년에 교토에서 열린 제3회 기상변동방지조약 체약국 회의에서 교토의정서가 체결되어 일본은 2010년까지 CO_2를 1990년 대비 6%를 삭감하기로 하였다.

2002년 1월에는 신에너지 이용촉진에 관한 특별조치법시행령이 개정되면서 바이오매스가 신에너지의 하나로 인정받게 되었다. 이로 인해 바이오매스의 연구개발 및 도입을 촉진하기 위한 방책에 몰두하게 되었고 보조금도 지급하게 되었다.

2005년도에는 종합자원에너지조사회 수급회의에서 신에너지 도입목표가 정해졌다. 구체적으로, 2010년도에 폐기물 발전(發電)과 바이오매스 발전(發電)으로 원유로 환산했을 때 586만kℓ를, 폐기물열 이용과는 별도로 바이오매스열 이용을 역시 원유환산 308만kℓ를, 흑액(黑液)·폐자재 등을 마찬가지로 원유환산 483만kℓ를 도입한다는 방침이 정해졌다.

또 2006년 4월 국무회의에서 결정된「교토의정서 목표달성계획」에서는 2010년도에 수송용 연료로 바이오매스 연료를 이용하기로 했는데, 원유로 환산했을 때 50만kℓ를 도입한다는 목표를 세웠다. 이는 바이오디젤 연료를 포함한 수치이다.

2002년 6월에는 일본에서 바이오매스 이용전략으로, 농림수산성을 중심으로 경제산업성, 국토교통성, 문부과학성, 건설성 합동으로 「바이오매스 · 일본 종합전략」을 책정하였다. 같은 해 12월에는 국무회의에서 결정되었고 2007년 2월에는 더욱 구체화된 형태로 전략이 세워졌다. 일본의 바이오매스 이용 관련 시책은 이 바이오매스 · 일본 종합전략 계획에 기초하여 추진되고 있다.

바이오매스 · 일본 종합전략은 바이오매스를 에너지뿐만 아니라 보다 종합적으로 이용하는 것을 목표로 한다는 점이다. 바이오매스 이용 및 활용의 목적으로는 지구온난화 방지, 순환형사회 형성, 경쟁력 있는 전략적 산업 육성, 농림어업 및 농산어촌 활성화 등의 4가지를 들 수 있다. 그리고 폐기물계, 미이용, 자원작물, 신작물 순으로 도입해간다는 시나리오이다. 구체적인 이용 및 활용 기술의 발전으로 고효율 수집 · 변환 기술의 개발, 바이오매스 · 리파이너리 시스템 구축, 단계적 이용, 타 분야와의 제휴 · 주변 기술 개발을 들 수 있다.

이 같은 여러 분야의 목표 · 시책을 결정하고, 노력하고 있지만 2004년도 일본의 CO_2 배출량은 90년에 비해 7.4%나 증가하고 있는 것이 현재의 실정이다.

또 앨고어가 쓴 「불편한 진실」이라는 책에서도 자세히 설명되어 있듯이, 지구온난화의 진행상황을 반영하고 있는 것이 아닌가 싶다. 빙하의 후퇴, 북극 빙설의 융해축소, 태풍, 허리케인이 자주 발생하는 등 갖가지 불길한 현상이 나타나고 있다. 2010년 목표달성은 물론, 2010년 이후의 장기적인 온난화 대책을 추진하는 외에도 바이오에탄올 제조 기술을 시작으로 바이오매스 이용에 관해 구체적인 기술 개발과 공업화가 서둘러 추진되고 있다.

최근에는 원유가격이 급등하여 원유 1배럴당 150달러를 육박하기도 하였다. 한편 연료 에탄올을 만들기 위해 옥수수가 대량으로 이용된 나머지 식료 및 사료가격이 대폭 인상되어 서민생활에 심각한 영향을 가져다주고 있다. 식료자원을 연료용으로 대량 사용하는 것에 대한 비판도 나오고 있는 가운데, 농림산 폐기물 등 셀룰로오스계 바이오매스 에너지 및 재료를 이용하기 위한 기술 개발이 최근 빨라지고 있다.

이 책에서는 바이오에탄올 제조기술 및 주변의 과제에 대해 구체적인 경험을 토대로 자세히 설명하고 있으며, 바이오에탄올의 연료용 에탄올과 공업용 에탄올의 제조법과 품질규격의 차이점 등에 대해서까지 자세히 설명하고 있다.

많은 분야의 관계자에게 널리 활용되리라 기대하는 바이다.

2007년 12월

(사단법인) 일본 알코올협회 전무이사
山田正仁

머리말

일본에서는 제2차세계대전 중 석유자원이 수입되지 않던 아주 힘든 상황에서 고구마나 감자로부터 연료용 무수(無水) 에탄올을 제조하였는데, 전쟁이 한창이던 때는 연간 약 15만kℓ나 제조되어 에탄올 발효 제조기술이 많이 발달하였다. 이러한 기술축적이 제2차대전 후에 항생물질 생산 및 아미노산·핵산 발효공업을 발전시키는데 기술적인 기초를 마련했다고도 할 수 있겠다.

전후에는 연료용이 아니고 오직 민생용, 공업용으로만 제조·사용해 왔지만, 지금은 바이오에탄올이 공업용으로 일본에서도 매년 약 20만kℓ가 제조되어 소비되고 있다. 미국, 브라질 같은 연료용 에탄올 생산 대국은 물론이거니와, 중국, 인도, 타이 등 아시아 각국, EU 각국 등도 연료용 에탄올 도입 시책을 추진하고 있으며 그 중에는 역사가 긴 나라도 많다.

일본에서는 지구온난화 대책, 에너지·안보 관점에서 「신·국가 에너지전략」(자원 에너지청, 2006년 5월), 제4회 에코연료 이용 추진회의(2006년 5월), 바이오매스 일본전략 추진회의 보고(2007년 2월) 등에 의해 쿄토의정서의 목표달성(2010년)을 위해, 또 포스트 쿄토의정서 2030년경을 목표로 바이오매스 에너지 도입 시나리오를 책정하자고 제안되고 있다.

이 같은 상황 속에서, 2007년에 농림수산성의 「바이오연료 지역이용모델 실증사업」(예산 약 85억엔)에 의해, 미이용 농산물 등으로부터 얻은 바이오에탄올을 제조하는 플랜트 건설이 추진되고 있다. 또 오끼나와의 미야꼬지마에서 당밀(糖蜜)이나 다수확성 사탕수수에서 바이오에탄올을 제조하는 기술이 개발되고 있다. 묽은 황산법에 의해 건설폐자재에서 바이오에탄올을 생산해내는 방법이 오오사까의 사까이시에서 2007년 1월부터 시작되었다는 보도도 있다. 진한 황산법에 대해서도 주식회사 니끼(日揮)와 Arkenol社의 공동 프로젝트로 캘리포니아주에서 건설폐자재로부터 바이오에탄올을 제조하는 공장(연간 3만kℓ) 건설 계획이 진행되고 있다.

한편, 제2차대전 후의 공업용 에탄올(과거에는 전매알코올) 원료는 고구마에서 당밀로, 그 다음에는 폐액처리에 관련되는 환경규제강화에 따라, 외국산 수입 조류(粗留) 알코올을 원료로 하여 주로 제조하였다. 이러한 가운데 특히 1980년대 후반부터 일본의 7개소 공업용에탄올 제조공장(2007년 12월 현재 4개 공장)은 순차적으로 발효 제조를 정지하고 현재는 가고시마현의 이즈미(出水) 알코올 공장에서만 당밀에서 에탄올을 제조하고 있다. 자세한 것은 생략하기로 하고 이러한 흐름 속에서, 과거 바이오테크놀로지 발전에 공헌했으면서도 현재는 연륜 두터운 바이오에탄올 관련 발효기술자 및 발효기술마저 잃어버리게 될지 모른다 해도 과언이 아니다.

일본에서 미이용 농산물 자원 및 셀룰로오스계 자원으로부터 바이오에탄올 산업이 새로이 발전하려 하기 때문에, 발효에서 에탄올 농축정제, 폐액처리까지 포함하여 가능한 한 많은 여러 나라의 기술과 과제 등을 이 책에 정리해두고 싶다. NEDO의 「셀룰로오스계 바이오매스를 원료로 한 신규 에탄올 발효기술에 의한 연료용 에탄올 제조기술개발」(2001년~2005년) 프로젝트에서는 매년 방대한 양의 보고서를 공개해 왔는데, 이 내용에는 바이오에탄올을 이용한 E3 및 E10 가솔린의 시험결과에 관한 귀중한 자료도 들어있다. 향후, 바이오에탄올 관련 사업에 관여할 사람들, 그리고 이 분야에 관심 있는 분들에게 조금이나마 참고가 될 수 있다면 좋겠다.

2007년 12월

(사단법인) 일본 알코올협회 연구개발부장

사이끼 타카시(齊木隆)

역자 서문

인간의 활동에 의해 야기된 지구온난화는 이미 우리에게 심각한 재앙을 가져다주고 있다. 많이 늦지 않았을까 하는 염려는 되지만 교토의정서의 모태가 된 기후변화 기초조약에서는 기후계에 인위적 간섭을 불러일으키지 않는 수준에서 기후변화 대책 목표를 설정하였다. 그래서 대기 중 온실효과가스 농도를 안정화시켜 지구온난화를 방지하기 위하여 선진국들은 2050년의 이산화탄소 배출량을 현재의 50% 수준로 삭감하자는데 인식을 같이 하게 되었다. 그러나 이 목표는 화석연료를 주에너지원으로 사용하고 있는 우리의 산업구조 전반에 걸친 대변혁을 예고하고 있다. 이는 바꾸어 말하면 에너지원의 변혁이라고도 말할 수 있다.

교토의정서 목표달성을 위해 기존의 화석연료에서 벗어나 에코연료를 도입하려는 움직임이 전세계적으로 활발해지고 있다. 이 중 하나가 바이오매스의 자원인 쌀, 보리, 밀, 사탕수수, 옥수수, 고구마, 감자 같은 각종 식물자원을 활용하여 에너지를 얻는 것이다. 이러한 바이오매스에서 연료를 제조하는 기술은 실용화 단계에 이르렀다. 그러나 바이오매스 활용에 대한 여러 문제점도 나타나고 있는데 개발도상국에서 주로 생산하는 식량 및 사료 작물이 선진국의 에너지원으로 이용됨으로써 수급불균형에 기인하는 식량 및 사료작물의 가격 인상과 기상이변을 초래하여, 그렇지 않아도 만성적인 빈곤과 기상이변에 허덕이는 제3세계에 또 다른 재앙을 가져오고 있다. 앞으로 우리는 지구온난화 방지라는 지구 차원의 과제를 해결하면서 아울러 모든 인간이 인간답게 살아갈 수 있는 최선의 방법을 찾아야 할 것이다.

이 책은 여러 식물자원을 이용하여 바이오에탄올 제조기술 방법뿐만 아니라 에너지 수지 관점에서도 비교 검토하고 있다. 자동차연료로서의 활용에 대해 여러 나라의 예를 들어 설명하고, 공업용에탄올의 규격을 제시하면서 활용 방안도 검토하고 있어 바이오매스 관련 대체에너지 연구자에게 많은 도움이 되리라 기대된다.

이 책이 출판될 수 있도록 도와주신 전남대학교 바이오에너지 특성화대학원 인력양성사업단과 전남대학교 출판부의 여러분께 감사드린다.

역자 일동

목차

제1장
바이오에탄올의 현재 실태 및 전망

1. 바이오에탄올의 여러 나라의 실태와 전망 20

지구온난화 방지 대책을 위한 국제적 대응 20

지구온난화 방지 대책을 위한 장기적인 일본 국내의 대응 24

자급체제의 과제와 문제점 28

수입 가능성 33

바이오에탄올의 ICA 평가 36

1) 브라질에서 사탕수수로부터 바이오에탄올 제조_36

2) 미국에서 옥수수로부터 에탄올 생산_39

3) 셀룰로오스계 바이오매스로부터 에탄올 생산_42

2. 바이오에탄올과 합성에탄올의 특징 48

바이오에탄올은 카본(CO_2) 뉴트럴 48

바이오에탄올과 합성에탄올의 식별법 51

1) 바이오에탄올과 합성에탄올의 식별_51

2) 액체 신틸레이션법에 의한 ^{14}C 측정_51

합성에탄올 제조방법 52

1) 에틸렌의 수화반응에 의한 에탄올 합성_52

2) 합성가스를 원료로 한 에탄올 합성_54

제2장

바이오매스 제조 재료로 본 여러 나라의 동향

1. 일본의 여러 프로젝트 기술과 원료 ······ 58

2. 일본의 주요 미이용 바이오매스 원료와 특징 ······ 62

농업계 바이오매스 원료 ······ 63

1) 사탕무우_63　2) 마령서_65
3) 벼_66　4) 맥류_68
5) 옥수수_70　6) 목초_71
7) 바이오에탄올 원료로서의 농업계 바이오매스 비교평가_73

임산계 바이오매스 원료 ······ 74

1) 바이오매스 특성_74　2) 바이오매스 자원량_75
3) 에탄올 원료로서의 바이오매스 조달 코스트 검토_81

3. 해외(ASEAN)의 주요 미이용 바이오매스 원료와 특징 ······ 85

제3장

전처리 · 발효기술

1. 당질 및 전분질 ······ 92

당질 원료 ······ 93

전분질 원료 ······ 95

당질 및 전분질 생산기술 ······ 96

1) 에탄올 발효의 역사_96　2) 에탄올 발효의 원리와 특징_98
3) 에탄올 발효의 기본 프로세스_100　4) 에탄올 발효제조의 공업 프로세스_106
5) 비교적 최근 개발된 발효기술_109　6) 효모의 육종_116

2. 셀룰로오스계 바이오매스 ······ 122

셀룰로오스계 바이오매스로부터 바이오에탄올 제조 기술 ······ 125

1) 묽은 황산 전처리 · 효소 가수분해법_127　2) 산 가수분해법_130

프로세스의 경제성 평가 ········· 141
1) 프로세스 설계의 전제조건_141 2) 건설비 계산_144
3) 에탄올 제조원가의 시산_144
프로세스의 에너지 수지 검토 ········· 145
3. 에탄올 발효 미생물 ········· 150

제4장 에탄올의 농축 · 탈수기술

1. 에탄올의 농축기술 ········· 158
증류법 ········· 159
1) 증류의 원리_159 2) 에탄올 농축의 원리_160
3) 기액평형과 에탄올의 증류 농축_160 4) 증류장치_162
에탄올 증류기술의 역사 ········· 164
1) 단증류에 의한 농축_165 2) 연속증류에 의한 농축정제_166
연료용 에탄올 제조에서 증류농축 ········· 170
1) 브라질의 연료용 에탄올 제조공장의 예_171
2) 미국의 연료용 에탄올 제조공장의 예_173
3) 태국의 연료용 에탄올 제조공장의 예_173
4) NEDO「바이오매스에너지 고효율전환기술개발」파일럿플랜트의 예_174
에너지 절약 증류기술 ········· 176
1) 다중 효용캔 시스템의 에탄올 농축 증류에 적용례_177
2) 열펌프 시스템의 에탄올 증류 농축에 적용례_177
그 밖의 에탄올 농축기술 ········· 178
1) 역삼투막법_178 2) 삼투 기화막법_180
3) 초임계 가스추출법에 의한 에탄올의 농축_181 4) 초음파 무화법_182
2. 에탄올의 탈수기술 ········· 184
공비 증류법 ········· 184
1) 공비 증류의 원리_184 2) 공비 증류법에 의한 함수 에탄올의 탈수_185

추출 증류법 ··· 186
1) 추출 증류의 원리_186 2) 추출 증류법에 의한 함수 에탄올의 탈수_186
흡착법 ··· 187
1) 흡착법의 개요_187 2) PSA법에 의한 함수 에탄올의 탈수_188
막분리법 ··· 189
1) 삼투 기화막법 및 증기 투과막법의 원리_190
2) 삼투 기화막법에 의한 에탄올의 탈수_190
3) 증기 투과막법에 의한 에탄올의 탈수_191

제5장
폐액 처리기술

1. 당밀 발효폐액의 퇴비화 · 사료화 ··· 194
당밀 발효폐액이란 ··· 194
당밀 발효폐액의 유효이용에 대해 ··· 197
1) 사료화_198 2) 비료화_201

2. 당밀 발효폐액의 메탄발효 ··· 205
당밀 발효폐액의 메탄발효법에 의한 처리 ··· 206
1) 일본에서 당밀 발효폐액의 메탄발효와 현재 상황_206
2) 말레이시아 및 중국에서의 발효 처리_208
당밀 발효폐액의 고효율 메탄발효 프로세스 개발 ··· 212
1) 고효율 메탄발효 처리 프로세스 개발_212
2) 색도 성분의 막분리에 의한 처리_214

3. 전분질 발효폐액 처리 및 이용 ··· 216
소주 증류폐액의 특징 ··· 218
소주 증류폐액의 생물학적 처리 ··· 219
1) 고속도 메탄발효 및 고속 처리_219 2) 위스키 증류폐액의 고속 처리_221
3) 소주 증류폐액의 고속 처리_221

소주 증류폐액의 유효이용 ···· 222
1) 사료화_223 2) 효소생산_223
3) 기능성 양조식초 제조_224

4. 셀룰로오스계 바이오매스 발효폐액 처리 ···· 227
진한 황산 당화-발효-증류 프로세스 폐수처리 ···· 228
묽은 황산 2단 당화-발효-증류 프로세스의 폐수처리 ···· 232
묽은 황산 처리-효소 당화 발효-증류 프로세스의 폐수처리 ···· 234

제6장

바이오에탄올의 자동차 연료로서 특성

1. 바이오에탄올의 자동차연료 시험 결과 ···· 238
바이오에탄올의 자동차연료로 이용에 관한 동향 ···· 238
바이오에탄올의 성상 ···· 240
바이오에탄올 혼합 가솔린의 연료 성상 ···· 242
바이오에탄올 혼합 가솔린의 재료 적합성 ···· 246
배출가스 특성 ···· 254
연료증발가스 특성 ···· 258
차량주행시험 ···· 259

2. 여러 나라의 연료 에탄올의 규격과 분석법 ···· 276
브라질의 연료용 바이오 에탄올의 규격 ···· 276
1) 브라질의 연료용 에탄올 현황_276
2) 브라질의 연료용 바이오에탄올 규격_278

미국의 연료용 바이오에탄올 규격 ···· 281
1) 미국의 연료용 바이오에탄올의 현황_281
2) 미국의 연료용 바이오에탄올 규격_282

아시아 각국의 연료용 바이오에탄올 규격 ········· 285
1) 중국의 연료용 바이오에탄올 규격_285
2) 태국의 연료용 바이오에탄올 규격_286
3) 필리핀의 연료용 바이오에탄올 규격_287
4) 인도의 연료용 바이오에탄올 규격_289

일본의 가솔린 혼합용 연료 에탄올 규격 ········· 290
1) 일본의 연료 에탄올 이용 현황_290
2) 일본의 연료용 바이오에탄올 규격_291

제7장

공업용 에탄올의 규격과 용도

1. 여러 나라의 공업용 에탄올 규격과 분석법 ········· 296
일본의 공업용 에탄올 품질규격 ········· 296
외국의 공업용 에탄올 품질규격 ········· 297
1) 미국의 에탄올 품질규격_303
2) 영국의 에탄올 품질규격_306
3) 독일의 에탄올 품질규격_308
4) 브라질의 에탄올 품질규격_310
5) 인도네시아의 에탄올 품질규격_312
6) 중국의 에탄올 품질규격_315
7) 태국의 에탄올 품질규격_319

2. 공업용 에탄올의 용도 ········· 323
일본의 공업용 에탄올 용도 ········· 325
1) 향료_325
2) 공업용 화학제품_326
3) 생활용품_327
4) 음식료품 공업_328
5) 기타_330

외국의 공업용 에탄올 용도 ········· 331
1) 미국_331
2) 프랑스_334
3) 독일_335
4) 영국_335
5) 브라질_335

색인 ········· 338

제1장

바이오에탄올의 현재 실태 및 전망

7 바이오에탄올의 여러 나라의 실태와 전망

지구온난화 방지 대책을 위한 국제적 대응

교토의정서[1)]의 모태격에 해당하는 조약인 「기후변동기초조약」[2)] 은 미국을 포함한 189개국이 추진하고 있다. 이 제2조항에서 기후변동 대책의 목표를 다음과 같이 정하고 있다.

「기후계에 대해 위험한 인위적 간섭을 주지 않을 수준에서 대기중 온실효과 가스 농도를 안정화시킬 것」.

이 위험한 레벨의 온난화에 대해, EU에서는 1996년에 지구의 평균 기온 상승을 2℃ 이내로 묶어두자는 목표를 설정하고 있다. 일본에서도 2005년에 중앙환경심의회에서 이것이 타당하다고 인식하고 있다. 그러기 위해서는 일본을 포함한 선진국의 2050년의 CO_2 배출을 60% 이상 삭감해야 한다. 또 최근의 EU 각국 등의 중장기 목표도 60~80% 삭감이라는 수치가 많다[3)]. 2007년 5월 당시의 아베수상은 CO_2 등의 온실가스 배출량 삭감의 장기 전략으로서 2050년까지 절반으로 줄인다는 수치 목표를 제안함과 동시에, 미국, 중국 등 선진국과 개발도상국의 주요 배출국을 포함시키자는 내용으로 교토의정서의 새로운 틀을 짜자고 제안했다. 그래서 2007년 6월에 독일에서 개최된 주요국 수뇌회의(G8서미트)에서는 처음으로 온난화 문제에 대해 합의가 이루어져, 「2050년까지 온실효과 가스를 반으로 줄이자」는 데에 공통적인 인식을 갖게 되었다. 2050년경까지 온난화 가스 배출량을 현재의 50%

내지는 그 이상으로 삭감하지 않으면 지구환경의 온난화를 방지할 수 없다는 인식이 세계적으로 확산되었다고 할 수 있다.

기후변동에 관한 정부간 패널(IPCC)의 제1작업부회는 2007년 2월에 「지구온난화의 원인은 인간의 활동이다」라고 단정짓는 보고서를 내놓았는데[4], 상세한 전체 보고는 2007년 11월에 발표되었다.

이어서 IPCC의 제2작업부회는 2007년 4월에 「온난화가 지구규모로 현실화되기 시작했다」는 보고서를 정리하였다. 그리고 장래에는 해수면 상승이나 홍수로 연간 수백만 명의 피해자가 나올 가능성과 평균기온 상승을 1990년을 기준으로 하여 2~3℃ 이내로 묶어두지 못하는 경우 피해가 확대될 가능성에 대해서도 보고하였다. 또 2007년 5월에는 제2작업부회가 「지금 우리가 살아온 100년간에 지구기온은 0.74℃ 상승했으며 이 상승 속도도 점점 빨라지고 있어서 향후 20~30년의 대책이 대단히 중요하다는 것」, 또 「적절한 대책으로 지구온난화를 방지하는 것은 가능하다」라는 보고서를 채택했다. 온난화를 방지할 수 있다는 가능성은 남겨져 있지만, 그것을 할 수 있도록 우리에게 남겨진 시간이 얼마 되지 않는다.

쿄토의정서에 비준한 나라들 가운데 EU 각국은 CO_2 방출을 1990년 대비 8%로 삭감한다는 목표를 2010년까지 달성할 수 있을 것으로 내다보고 있다. 쿄토의정서에서 이탈한 미국은 논외이지만 일본도 6% 삭감한다는 목표를 세우고 있지만 실제로는 2004년 시점에서 벌써 8% 정도 증가해버려서 실질적으로는 14%를 삭감하지 않으면 목표달성이 어려운 상황에 처해있다. 일본을 포함해서 선진국도 개발도상국도 온 힘을 다해 지구온난화 대책을 하루빨리 수립해 밀고 나갈 필요가 있으며, 특히 선진국은 솔선수범해서 쿄토의정서 목표달성에 동참할 의무를 지니고 있다. 인류가 태어나서 수백만 년 지났는데 인류가 번영한 결과 지구환경이 멸망하는 것인가 그렇지 않은가? 「현명한 사람」이라는 의미를 갖는 호모사피엔스의 독지(督智) 내지는 생각이 수억

년에 걸쳐 번성했던 공룡보다도 우수한가 아니면 그렇지 못한가 하는 질문이 우리 앞에 던져져있다고 할 수 있겠다.

현재의 온실가스 배출은 반감 혹은 그 이상 삭감하면 경제나 일상생활에 어떠한 영향을 줄까. 실감할 수 없겠지만, 미국의 환경학자 레스터브라운 박사는 실제에 기초하여 다음과 같이 말하고 있다[5]. 예를 들면, 덴마크에서는 풍력발전이 전체 소비전력의 20%에 이르는데 정부의 우대 대책으로 전력회사에는 잉여발전분의 매수를 의무화하고 있으며 더 나아가 매수가격에 정부가 보조금을 더해주고 있어서, 이런 점들이 풍력발전 보급에 도움이 되고 있다. 마찬가지로 덴마크에서는 2만 달러짜리 신차를 구입하는 경우, 2만 달러의 세금이 부과된다. 이와 같은 제도가 화석에너지를 사용하지 않는 교통수단을 선택하도록 유도하고 있다. 네덜란드에서는 자전거 통근우대책을 가지고 있는데 기업이 통근용 자전거 구입을 지원해 준 경우에는 그 만큼 세금을 면제해주는 시스템이 있어서 네 사람 중 한 사람이 자전거로 통근할 정도로 자전거가 보급되어 있다.

바이오매스 에너지 도입과 관련하여 시장원리에서 경쟁시키는 것이 공평하다는 의견을 자주 듣는다. 그러나 그것이 과연 공평한 것일까. 레스터브라운 박사의 발언에 다시 한 번 귀를 기울여보자. 미국에서는 2007년 5월 현재 가솔린가격이 1갈론(3.785리터)에 3달러, 즉, 리터당 1000원이다. 이는 원유에서 석유를 빼내 정제하여 공급하는 경비를 포함한 가격인데, 지구온난화가 진행되는 현재는 이것만으로는 공평한 가격책정이라 볼 수 없다. 다시 말해 대량의 화석연료 소비가 가져다준 대기오염, 산성비, 기후변동에 따른 환경파괴 등의 대책에 들어가는 경비를 포함시킨다면 1갈론에 10달러는 되어야 된다. 온실가스를 현재보다도 50%, 혹은 그 이상으로 삭감하기 위해서는 생각을 근본적으로 바꿔야할 필요가 있으며 라이프스타일도 바꿔야 한다. 화석연료에 의존한 경제, 자동차 사회, 일회용품 사회를 「플랜 A」라 하고, 지구환경에 부담을 주지 않는 재생에너지 중시, 순환형 경제시스템을 「플랜 B」라 하면, 인류는 플랜 A에서 플랜 B로 「환경혁명」을 일으켜야 한다. 필자도 이상과 같은 브라운박사의 생각에 완전히 동감하는 바이다.

지구온난화에 의한 것으로 생각되는 환경파괴가 진행되고 있는 현재 상태에서도 서점에는 지구온난화의 원인에 대해 회의론을 주장하는 서적이 많이 나오고 있으며 잘 팔린다고 한다. 위에서 말한 IPCC의 보고는 이 같은 회의론에 대한 명확한 회답이 되고 있는데 종래의 회의론에 대해 상세하게 과학적으로 검토한 반론[6)]이 나와 있으므로 참고가 되리라 생각한다.

2007년 2월에 필자는 영화 「불편한 진실」이라는 영화를 볼 기회가 있었다. 미국의 전 부통령이던 앨고어가 지구온난화에 따른 환경파괴 실태를 풍부한 영상과 데이터로 소개하면서, 온난화 대책이 아주 시급함을 호소했다. 이 영화에서, 앨고어는 1960년대에 하버드대학의 로져레벨 교수에게 지도받은 학생이었고, 1960년경부터 레벨교수가 하와이의 마우나로아산의 산꼭대기에서 대기중의 CO_2 농도변화를 관측하는 일을 시작했다고 기술하고 있다. 대기중의 CO_2가 톱니처럼 올랐다 내렸다는 하지만 전체적으로는 ppm 단위로 증가해간다는 유명한 그래프를 필자가 처음 접했을 때, 누가 어떠한 동기에서 이런 관측을 시작했을까 내내 궁금했었는데 이 영화를 보고서 겨우 알 수 있게 되었다. 즉, 제2차 대전 이후 지구규모로 산업이 발전하고, 화석연료 사용 증대 및 인구의 폭발적 증대 등 인간의 활동 확대가 대기의 CO_2 농도와 성질에도 무엇인가 영향을 주고 있음에 틀림없다고 생각하여, 일찍부터 대기관측 사업을 시작한 위대한 과학자가 있었음을 이해하게 된 것이다. 교토의정서를 철회한 부시정권은 미국의 정치동향을 대표하는 하나의 측면이라 하겠는데 로져레벨 교수나 앨고어 그리고 레스터브라운 박사의 뛰어난 활동, 의식도 역시 미국의 또 하나의 측면이라 할 수 있다. 앨고어는 그 후 상원의원으로도, 부대통령으로서도 일관성 있게 오랫동안 온난화대책의 시급함을 호소해왔다. 1997년 교토의정서의 최종작업을 맡은 한사람으로서도 중요한 역할을 했는데, 이는 단순한 인기를 얻기 위한 정책이나 행동이 아니라, 오랜 세월에 걸쳐 힘쏟아온 지구환경 보호활동가였음을 겨우 알게 된 것이다. 이 영화 내용은 「불편한 진실」이라는 책으로도 출판되었고 이후 많은 관련 인터넷 사이트가 게재되고 있어서 참고가 많이 되고 있다[7]. 앨고어는 이상과 같은 활동에 대해 IPCC와 함께 2007년 10월 노벨평화상을 받았다. 미국에서는 현재 연방정부의 동향과는 별도로 주 레벨, 도시레벨에서 온난화 대책이 활발히 나오고 있어서 그나마 다행이라고 생각한다.

지구온난화 방지 대책을 위한 장기적인 일본 국내의 대응

일본 국내의 바이오연료에 대해서는 제4회 에코연료이용 추진회의 자료(2006년 5월, 환경성)[8]에서 2030년까지의 상세한 시나리오가 제안되었다. 여기서 말하는 에코연료란 바이오연료와 거의 같은 의미로 쓰이고 있는 것 같다.

또 「신 · 국가 에너지전략」(2006년 5월 31일, 경제산업성 자원에너지청)[9]에 따르면, 바이오에너지 도입에 관해서는 2010년에 원유 환산으로 21만 kℓ의 ETBE(Ethyl Tertiary Butyl Ether)를 도입하는 것과 2030년에 수송용 연료의 석유 의존도를 80% 이하로 떨어뜨리는 것이 목표이다. 20% 삭감하는 것 중에서 10% 이상을 바이오매스로 한다면 실질적으로는 에코연료이용 추진회의 시나리오와 거의 같은 규모라 생각할 수 있다.

현재, 교토의정서의 목표달성을 위해 2010년도에 수송용 연료에서 바이오매스의 이용으로 원유 환산 50만kℓ의 바이오연료를 도입하는

표 1.1.1 수송용 에코연료의 보급목표(제4회 에코연료이용추진회의 2006년 5월 30일)

		2010년	2020년	2030년
전체	수송용 에코 연료도입량	50만kℓ (원유환산)	약 200만kℓ (원유환산)	약 400 만kℓ (원유환산)
	수송용 연료중의 에코연료 비율	약 0.6%	약 3%	약 10%
	수송용 연료의 소비량 억제	현상유지 (약 8,600만kℓ)	현재의 약 2할 삭감	현재의 약 5할 삭감
가솔린 대체	바이오에탄올 도입 비율	수요량 전체의 최대 1/2 정도에 E3과 ETBE를 도입	수요량 전체의 2/3에 E3 (일부 E10)와 ETBE를 도입	수요량 전체에 E10을 도입
	바이오에탄올 도입량	약 80만kℓ(약 48-49만kℓ) -BDF수입상당분	약 190만kℓ (약 110만kℓ)	약 380만kℓ (약 220만kℓ)
	그 가운데 일본산	약 5만kℓ (약 3만kℓ)	약 100만kℓ (약 60만kℓ)	수입을 포함하여 약 380만kℓ
	그 가운데 수입	전체도입목표량과 일본산에 코연료+수입BDF와의 차이분	약 90만kℓ (약 50만kℓ 수준)	브라질 외에 아시아지역 등에서의 수입도 상정
	자동차의 대응	제1 약속 기간중 모든 신차의 E10에 대응화	이미 판매된 차의 E10 대응의 진전	이미 판매된 차까지 모두 E10 대응
경유 대체	BDF·에코경유·BTL 도입비율	순이용을 중심으로 현행의 2-3배 많은 국산BDF도입+수입상당분	순이용 외에 수요량 전체의 1/3에 BDF·에코경유·BTL을 도입	순이용 외에 수요량 전체에 BDF·에코경유·BTL을 도입
	BDF·에코경유·BTL 도입량	약 1.1-1.6만kℓ (약 1-1.5만kℓ)+수입상당분	약 100만kℓ (약 90만kℓ)	약 200만kℓ (약 180만kℓ)
	그 가운데 일본산	약 1.1-1.6만kℓ (약 1-1.5만kℓ)	수입을 포함하여 약 100만kℓ	수입을 포함하여 약 200만kℓ
	그 가운데 수입	향후 동향을 보고 예측	아시아지역 등에서 수입도 상정	아시아지역 등에서 수입도 상정
	자동차의 대응	수퍼 그린디젤 승용차 판매	수퍼 그린디젤 승용차의 대폭 보급(가솔린: 경유 비율의 최적화)	이미 판매된 차까지 거의 수퍼 그린디젤화(가솔린: 경유 비율의 최적화)

*1. 도입량에서 숫자를 병기하고 있는데, ( ) 속은 원유 환산량
*2. 2020년 및 2030년의 에코연료 도입량 가운데, 가솔린 대체와 경유 대체의 내역은 가솔린:경유의 최적비율로 (그린디젤 승용차의 보급·장래 예상에 관한 검토회보고서(2005년 4월))에 의한 57:44라는 시산치를 가정하여 각각 차지하는 에코연료 비율은 같다고 가정해서 산정
*3. BDF의 수입에 대해서는, 민간 사업자에 의해 이미 구체화되고 있는 계획(약 1.8-6만kℓ/년)이 있으며 향후의 동향을 보고 적절한 대응이 필요

것이 목표(2005년 4월 각료회의 결정)로 되어 있다. 그러나 현시점에서는 21만㎘의 ETBE 도입이 정해져 있을 뿐 이것만으로는 목표를 달성할 수 없다. 바이오연료는 만들어진 곳에서 금방 없어져 버리기 쉬운 성질을 가지고 있으므로 이런 성질을 고려한다면 로컬에서 제조하여 로컬에서 소비하는 바이오에탄올의 가솔린에 직접혼합(E3, E10 등)하는 것도 하루 빨리 추진해가야 할 과제인 것 같다.

기후변동 기초조약이 목표로 삼고 있는 지구온난화 방지라는 커다란 목적을 전제로 한다면, 또 일본의 바이오매스 자원 상황에서 본다면, 제4회 에코연료이용 추진회의에서 제안되고 있는 장기 시나리오는 어느 정도 타당성이 있으며 검토해 볼 만하다.

표 1.1.1에 2030년까지의 바이오에탄올을 포함한 에코연료 도입의 수치목표를 나타냈다[8]. 표 1.1.1에 따르면, 2010년, 2020년까지 바이오에탄올 도입목표 가운데 국산분을 각각 5만㎘, 100만㎘로 하고 있고, 2030년까지의 목표에 대해서는 수입분을 포함시켜서 380만㎘로 하고 있다.

마찬가지로 이 표에 의하면, 수송용 연료 전체의 소비억제도 목표에 들어있는데, 2010년에는 현상 유지하는 것으로 약 8,600만㎘가 목표이며, 2020년에는 현 상태의 약 20% 삭감(6,880만㎘), 2030년에는 현 상태의 약 50% 삭감(4,300만㎘)이 목표로 되어 있다. 가솔린에 대해서도 같은 비율을 적용한다면 2010년에는 현상 유지로 약 6,000만㎘, 2020년에는 지금 상태에서 삭감(4,800만㎘), 2030년에는 지금 상태에서 약 50% 삭감(3,000만㎘)이 목표이다.

한편, 석유산업 활성화 센터(PEC)의 예측[10]에 따르면, 가솔린 수요예측은 저위 케이스, 고위 케이스 각각에 대해, 2020년에 5.500만㎘, 4,900만㎘; 2030년에 5,300만㎘, 3,600만㎘로 되어 있다. 저위 케이스와 고위 케이스의 중간을 취한다면, 2020년에 5,200만㎘, 2030년에 4,450만㎘가 된다(이상, 숫자는 개략적인 수치임).

2006년 11월 당시의 아베수상은 당시의 마쓰오까 농수산장관에게 가솔린의 연간 소비량의 10%에 해당하는 약 600만kℓ의 바이오에탄올을 도입할 것을 지시하였다. 그러나 이는 현재 가솔린 연간 소비량의 약 6,000만kℓ에 대한 10%라는 의미로 해석된다.

위에서 말한 여러 수치를 표 1.1.2에 정리해보자. 표 1.1.2에서 「1. 수송용 연료 전체 소비억제 노력」이나 「2. PEC의 수요예측」부터 생각해 본다면, 표 1.1.2의 「3. 바이오에탄올 도입목표」는 2030년까지의 가솔린 수요 감소를 예상한 상태에서 가솔린 소비의 약 10%를 에탄올로 대체한다는 의미로 어느 정도 가능한 목표라 할 수 있겠다.

여기서는 표 1.1.2의 「3. 바이오에탄올 도입목표」 2010년 80만kℓ, 2020년 190만kℓ, 2030년 380만kℓ로 한 경우를 축으로 하여, 이하에서 자급과 수입의 각각의 경우에 대해 그 과제와 문제점을 검토해보자.

종래에 바이오에탄올 도입계획을 작성하기 위해 바이오에탄올에 의한 가솔린 대체효과, CO_2 삭감효과 혹은 연료로서의 코스트를 계산할

표 1.1.2 가솔린 수요동향과 바이오에탄올 도입목표(단위는 만kℓ)

	현재 상황	2010년	2020년	2030년
1. 수송용 연료 전체의 소비억제, 문헌[8]	8,600	8,600	6,880	4,300
가솔린에 적용한 경우	6,000	6,000	4,800	3,000
2. PEC 예측 가솔린 저위 케이스	6,200	5,800	5,500	5,300
문헌[10] 고위 케이스		5,700	4,900	3,600
평균		5,750	5,200	4,450
3. 바이오에탄올 도입목표, 문헌[8]		80	190	380
그 중 일본분		5	100	
4. 바이오에탄올 도입목표, 문헌[9]				
ETBE(원유환산)		21		
바이오액체연료 전체(원유환산)		50		
5. 아베수상 지시(06년 11월 당시)				
"가솔린의 1할"				600

때, 대부분의 경우는 가솔린에 비해 에탄올 발열량이 대략 2/3정도임을 전제로 계산했었다. 그런데 NEDO의 바이오매스·에탄올 전환기술 개발 프로젝트의 레귤러 가솔린, E3, E10을 사용한 장기 비교주행 시험(경차, 소형승용차 등에 사용)에 따르면 연비(km/ℓ)에 커다란 차이를 보이지 않고 있다[11]. 한편 E10, ETBE 17%와 프리미엄 가솔린을 비교한 경우(대형 승용차 사용), E10, ETBE 17% 정도가 10~15모드 연비(km/ℓ)로 약 각각 4%, 3%씩 저하한다는 데이터도 있다[12]. 연비의 우열에 대해서는 각 차종별 조건을 맞춰 계통적으로 비교시험을 해볼 필요가 있다고 생각된다.

바이오에탄올의 발열량이 가솔린의 2/3라는 점에 기초하여 바이오에탄올 가격을 발열량 베이스로 설정하는 것은 얼른 보면 공평하고 엄밀한 것 같지만 실제로는 그렇지 않다. 앞서 말한 것처럼 IPCC에서 내놓은 최근의 여러 보고서에 따르면, 화석연료로 인한 CO_2 방출로 인한 지구온난화와 그로 인한 심각한 환경피해가 예상되고 있어서, 환경대책에 들어가는 코스트를 환경세 혹은 탄소세 형태로 화석연료에 대해 부과시키지 않는다면 정말 공평하다고 말할 수 없을 것이다.

자급체제의 과제와 문제점

농수산계 원료를 보면 현재 미니멈억세스(최저수입의무량) 쌀을 70~80만톤 매년 수입하고 있으나 매년 모두 소비하지 못하여 재고가 약 200만톤씩 쌓여간다고 한다(2006년 11월 12일, 아사히신문). 에탄올을 1kℓ를 제조하는데 들어가는 옥수수 량(원단위)은 약 2.3톤인데[13] 쌀도 대략 같은 원단위이므로, 이 같은 묵은쌀을 약 12만톤 사용한다면 에탄올 5만kℓ를 제조할 수 있다. 그 밖에 홋카이도에서는 규격외의 밀 약 3만톤과 잉여 생산된 보리가 있다고 하니까, 2010년의 일본산에탄올 5만

kℓ 달성은 양적으로는 충분히 가능하리라 보인다. 농림수산성은 바이오에탄올용 원료로 초다수확 품종의 쌀을 사용하는 것도 검토하고 있다(2006년 11월 10일, 아사히신문). 이 신문기사의 데이터에 기초한다면, 쌀 생산 8t/ha으로서 전국의 조정용(調整用) 논 71만 헥타르를 이용한다면, 약 570만톤의 쌀에서 약 240만kℓ의 바이오에탄올을 생산할 수 있을 것 같다. 단, 쌀 등 농산물 원료에서 바이오에탄올을 제조하는 경우, 제조에 들어가는 에너지(재배에 필요한 에너지도 포함해서)의 수지를 신중하게 검토할 필요가 있다. 제조 코스트에 대해서도 충분한 검토가 필요해진다. 또 에너지수지 개선을 위해, 에탄올공장의 에너지원으로 폐자재나 볏짚, 보릿대 등 셀룰로오스계 바이오매스를 이용한다거나 혹은 발효폐액의 메탄발효로 에너지를 회수하려는 연구와 노력이 필요할 것이다. 벼농사의 농사규모별 에너지 수지에 대해서는 토오후꾸 농업시험장・논이용부・작업시스템 연구실의 상세한 검토 결과(1993~1997)가 있으니 참고하기 바란다[14). 다수확 품종의 쌀을 재배하는데 얼마만큼의 에너지 수지를 개선할 수 있을지의 여부는 향후의 검토 결과에 달려있다고 생각된다.

그러면 2020년의 일본산 에탄올 100만kℓ라는 목표에 대해 검토해보자. 위에서 설명한 아사히신문 기사에서도 알 수 있지만, 일본 전국의 모든 휴경지를 경작해서 쌀을 생산한다면 약 240만kℓ의 에탄올을 생산할 수 있다고 한다. 한편 이 정도 규모가 되게 되면 셀룰로오스계 원료를 에탄올로 전환하는 것까지 포함시켜 생각할 필요가 생긴다. 현재, 셀룰로오스계 바이오매스를 에탄올로 전환하는 기술은 많이 진보하고 있지만 상업화 및 보급까지는 더 많은 시간이 필요한 것 같다[15)].

미국에서는 셀룰로오스계 원료에서 에탄올제조 공업화의 최종목표는 종래 2015년~2020년이었다[16)]. 2006년, 미국의 부시대통령은 연두교서에서 셀룰로오스계 에탄올 공업화를 앞당겨 2013년부터 실현할 수 있도록 제안했다. 또 미국 에너지성(DOE) 장관은 두 개의 바이오에너지 연구센터를 설립해서 셀룰로오스·에탄올과 그 밖의 바이오연료 개발을 더 체계적으로 연구하기 위한 약 300억엔을 지출하겠다고 발표했다[17]. 일본 국내외의 셀룰로오스·에탄올 전환기술을 앞으로도 계속 개발시켜 나가려 하므로, 2013년 이후 이 기술은 공업화 단계에 달하여 2020년까지는 충분히 보급될 가능성이 높은 것으로 여겨진다.

표 1.1.3에 제시한 셀룰로오스계 원료 중 건설폐재에 대해서는 코스트도 싸고 제조 가능 수량도 82만kℓ 정도로 예상되는데, 농산물계 원료의 에탄올제조도 포함시킨다면 2020년에 일본산으로 100만kℓ 규모의 바이오에탄올을 제조할 수 있으리라 예상된다.

표 1.1.3에 따르면, 일본산 셀룰로오스계 바이오매스 원료에서의 에

표 1.1.3 일본의 셀룰로오스계 바이오매스 자원의 부존량과 에탄올 생산 가능량[18]

바이오매스 종류 ( ) 안은 수분	발생량 (만톤/년)	이용 가능량 (만톤/년)	에탄올 생산 (가능량. 만kℓ/년)
임지 잔재(15%)	214	196	54
간벌재(15%)	323	187	52
미이용 수목(15%)	1,230	1,230	341
제지 잔재(15%)	465	193	54
건축 폐재(15%)	477	296	82
대나무 어린잎	> 607	607	169
대나무	330	< 330	92
헌종이(10%)	306	280	140
볏짚(30%)	1,015	678	188
왕겨(30%)	219	61	17
합계	5,186	4,058	1,189

주 1: 발생량과 이용 가능량의 수치는 자원에너지청 종합자원에너지조사회 석유분과회 제11회 연료정책소위원회 자료(2003년 9월 22일)에 따름. 단, 대나무 어린잎, 대나무, 헌 종이 문헌 19에 의함.

2: 에탄올 생산가능량은 바이오매스 이용 가능량을 원단위로 나누어 계산한 수치이다. 에탄올 1kℓ를 생산하는데 필요한 원료 톤수(원단위)는 1980년대의 바이오매스 관련 프로젝트(신연료유개발연구조합: RAPAD)의 실적인 3.6톤을 적용했다[20]. 단, 헌 종이는 문헌 21에 의해 원단위를 2톤으로 하였다.

탄올생산 가능량은 총1,189만kℓ이다. 2030년 목표인 380만kℓ를, 혹은 당시의 아베수상이 지시한 600만kℓ를 일본산 원료로 제조한다면, 농산물계 원료 이외에 현 상태에서는 원료가격이 급등해서 사용 불가능한 산림잔재, 벌목자재, 미이용 수목 등의 삼림계 바이오매스 이용을 고려할 필요가 생긴다. 현 상태에서는 농촌에서는 휴경지를 많이 안고 있는데다가 농촌인구의 고령화, 과소화 문제가 심각한 상황에 있다. 게다가 임업도 각지에서 소멸되어가고 있는 상황 속에서 이 목표를 달성하기 위해서는 농림업의 활성화와 재건 없이는 도저히 엄두도 낼 수 없는 일이다. 북유럽이나 일본과 지형이 아주 많이 닮은 오스트레일리아에서는 과거 10～20년 걸쳐서 임업이 재건 효율화되어, 건축재는 일본 등에 낮은 가격에 수출하고 나뭇가지나 잔재를 자기 나라에서 에너지원으로 활용하고 있다[22),23),24)]. 이와 같은 선례나 외국의 경험에서 배울 수 있다면, 일본 국내의 농림업을 활성화 및 재건하는 것도 가능하리라 생각된다. 이는 지구온난화 방지를 위해서도 피할 수 없는 과정이라 생각된다.

2007년 2월에 바이오매스·일본 종합전략추진회의는 자료「일본산 바이오연료의 대폭 생산확대」를 발표했는데[35)] 2030년에 생산 가능한 바이오연료의 양을 에탄올로 환산하여 600만kℓ로 하고 있다. 그 내역을 보면 ① 당·전분질로 5만kℓ ② 초목계(볏짚, 보릿대)로 180만kℓ～200만kℓ ③ 자원작물로 200만kℓ～220만kℓ ④ 목질계로 200만～220만kℓ ⑤ 바이오디젤연료로 10만kℓ～20만kℓ로 시산하고 있다. 표 1.1.3과 비교하면 볏짚 등 초목계 원료에 대해서는 대략 일치하고 있다. 목질계에 대해서는 미이용 수목을 빼면 숫자적으로는 일치한다. 표 1.1.3의 대나무잎, 대나무, 폐지 등은 바이오매스·일본의 자료에는 포함되어 있지 않다. 폐지에 대해서는 수출되는 분이 많고 가격이 올라서, 향후 장기적으로 보면 일본산으로 바이오에탄올 원료로 이용하는 것은 곤란할 것 같지만 대나무 잎이나 대나무 등은 가능성 있는 것 같다.

일본에서 연료용 에탄올 제조 사업은 사실 역사가 아주 깊은데 전매사업으로 1937년에 시작되었다[25]. 당시 일본은 석유수입이 곤란한 상황에 처해 있었으므로, 농산물에서 액체연료 제조와 농촌진흥이라는 목표하에, 혼슈 중부 이남에서는 고구마를 원료로 홋카이도에서는 감자를 원료로 무수에탄올을 제조하는 공장이 13개소나 건설되었다. 이들 무수에탄올은 가솔린과 혼합되어 항공기 연료로 사용되었고, 한창 때에는 연간 15만㎘(1944년)나 제조되었다. 제2차 대전 후에는 당밀원료에서 에탄올을 제조하는 방법이 도입되어 공업용 에탄올에서 민생용으로 전환하여 생산·사용해오고 있다. 전쟁 전과 후의 에탄올 발효생산 기술은 당시로서는 수준이 아주 높았고 전후 미국에서 기술을 도입하여 항생물질을 생산하는데도 크게 도움이 되었다. 이는 곧 아미노산 발효 및 핵산 발효기술의 발전 등 일본의 제1세대의 바이오테크놀로지 발전의 기초가 되었다. 1980년대에는 배수처리에 관한 환경규제가 강화되는 가운데, 특히 당밀 발효폐액 처리가 곤란해져 국영공장도 민간기업도 당밀로부터의 발효를 중지하고 발효탱크도 하나 둘씩 없어져 가게 되었다. 당밀에는 생분해가 곤란한 멜라노이드계 흑색물질이 고농도로 들어있어서 이것이 배수처리를 곤란하게 하는 원인이 되었다. 또 기술 계승으로 간간히 이어온 전분질 원료(고구마나 옥수수)의 코스트가 높아서 1990년대에는 어쩔 수 없이 생산 중지되었다. NEDO알코올사업본부가 2006년 4월에 민영화된 일본 알코올산업주식회사의 이즈미알코올 공장에서 제품 일부를 당밀로부터 제조하고 있는 것이(2006년도 현재), 주류 이외에서는 일본의 발효제조의 유일한 예이다. 현재는 공업용 에탄올에 대해서는 조제(粗製) 에탄올(「조류(粗留)알코올」이라 부름)을 수입하여 이것을 정제해서 제품으로 만드는 것이 대부분이다. 이 같은 역사와 경위로 에탄올 발효기술과 기술자가 없어져 가는 것이 현재의 실상이라 할 수 있다.

농림수산성에서는 2007년도 사업으로 주로 미이용 혹은 잉여농산물을 원료로 하는 바이오에탄올 제조 플랜트를 전국 3곳에 건설하려는 계획을 추진하고 있다. 일본산 원료로 에탄올을 제조하는 데는 수많은 난제가 있음을 앞에서도 말해서 잘 알고 있을 것이다. 그러나 지금 일본에서 국산원료로 바이오에탄올을 제조하고 보급해 가는 것은 기술자를 길러 기술을 계승하고 발전시킨다는 점에서도 좋은 기회가 될 것이므로 꼭 성공했으면 좋겠다. 실제로 공장을 가지고 거기서 직접 제조를 하지 않고서 기술계승과 발전은 기대할 수 없다. 바이오연료 제조기술의 개발에 대해서 필자는 100년, 200년 단위의 혹은 보다 장기적 전망을 가지고 추진할 필요가 있으며 기술적으로 많은 파급효과가 있을 것으로 확신한다.

수입 가능성

미국에서는 1970년대 후반에 대도시의 대기오염 대책으로 대기정화법에 기초하여 그리고 석유위기로 에너지 안보 차원에서 옥수수를 원료로 하는 바이오에탄올이 함산소 연료의 하나로 도입되어 E10으로 보급되어 왔다. 또 함산소 연료로서 MTBE도 도입되었다. 미국에서 과거에 대량으로(연간 약 1,700만kℓ) 사용해온 MTBE는 환경을 오염시키므로 현재는 MTBE의 사용을 금지하는 대신, 옥수수에서 에탄올을 대량으로 증산하는 방향으로 가고 있다. 수년 전에는 바이오에탄올 제조량이 연간 700~800만kℓ이었지만, 2006년도에는 1,800만kℓ를 넘어, 옥수수·에탄올 연료 사용을 위한 증산은 아직도 계속되고 있는 듯하다. MTBE의 대체목적과 E10가솔린에 비해 에탄올 사용량이 많은 플렉스차의 판매도 늘고 있는 실정이어서, 바이오에탄올 증산은 이루어지고 있지만 수출여력은 오래 지속되지 않을 것으로 추정된다. 유럽 각국도 바이오연료에 관한 지령에 기초하여 각국이 목표달성을 위해 힘겹게 노력할 뿐 수출여력은 없는 상태이다. 중국, 인도를 포함한 아시아 각국도 바이오연료 보급에 온 힘을 쏟고 있는 상황이지만 대량으로 수출할 여력은 없으며 오히려 부족한 형편이다.

유일하게 수출여력이 있어 보이는 나라는 브라질뿐이므로 브라질에서의 수입 가능성에 대해 알아보자.

브라질의 국토면적은 8억 5,000만 헥타르이다. 그 가운데 경작 가능지는 3억 2,000만 헥타르(37.6%)이다. 2006년 현재의 경지면적은 6,000만 헥타르인데 장래 9,000만 헥타르로 증가 가능하다. 현재의 사탕수수 재배면적은 534만 헥타르(일본 경작면적의 3배 이상)이다. 이 가운데 에탄올제조를 염두에 둔 사탕수수 재배면적은 266만 헥타르이며 나머지는 설탕 생산용이다. 2005년부터 2006까지의 에탄올 제조량은 1,700만kℓ에 달했다. 이 가운데 수출된 양은 총 260만kℓ이었는데 일본은 공업용, 주류 원료용 등으로 브라질에서 약 31.5만kℓ를 수입하고 있다.

브라질은 장기계획으로, 시나리오 1: 세계의 가솔린 수요의 5%에 상당하는 바이오에탄올을 수출 공급한다, 시나리오 2: 세계의 가솔린 수요의 10%에 상당하는 바이오에탄올을 수출 공급한다는 두 개의 원대한 시나리오를 가지고 있다. 세계 가솔린 수요의 5%에 상당하는 바이오에탄올을 2025년에 1억 400만kℓ 제조하는 것을 목표로 하고 있다. 넓은 경지면적을 고려한다면 충분히 가능하리라 생각한다.

이 원대한 계획을 수행하는 데는 경지개척, 에탄올 공장건설, 수송용 인프라 정비 등 막대한 자본 투자가 필요하며 그런 의미에서 일본에 대한 기대도 아주 크다. 설비투자와 맞바꾸는 형태로 장기적인 공급계약 가능성에 대해서도 교섭 가능할 것 같다.

브라질 자국의 계획 이외에도 일본경제신문(2006년 11월 16일)에 따르면 미쓰이 물산은 브라질국영 석유회사 페트로플러스와 합동으로 생산·수출 확충을 위해 사업화 조사를 하고 있으며, 또 이또츄 상사는 브라질정부계 기업과 공동으로 동부에 바이오에탄올 생산 공장을 건설하여, 2010년을 목표로 대일 수출을 한다는 계획을 추진하고 있다고 한다. 또 석유연맹도 신회사인 「바이오매스 연료공급유한책임사업조합(LLP)」을 설립하여 이를 통하여 ETBE 합성용 바이오에탄올을 브라질에서 수입할 수 있도록 준비를 해가고 있다(2006년 11월 17일, 니혼케이자이신문).

이 같은 정황에서 보면, 대량의 바이오에탄올을 장기 계약하여 수입하는 것도 가능할지 모르겠지만 한 나라에서만 대량으로 수입하는 경우의 리스크, 기후변동에 따른 제조량 변동, 코스트 변동 등의 공급 안정성에 대한 일정의 리스크는 항상 따라다니게 마련이다. TV보도 등에 따르면 아마존 유역의 열대우림은 콩 생산을 위해 넓은 면적에서 삼림벌채가 자행되어 자연이 파괴되고 있다. 브라질에서 사탕수수는 아마존 유역에서 떨어진 남서부에서 주로 재배되고 있지만, 대규모의 사탕수수 증산이 또 다른 환경파괴를 불러올 염려는 없는지에 대해서도 신중하게 검토해 볼 필요가 있을 것 같다. 더구나 현시점에서는 브라질에서 수입한 바이오에탄올을 사용함으로써 CO_2가 삭감된다면 그것은 그 바이오에탄올을 사용한 일본에 카운트 되지만, 장기적으로는 즉 장래에는 온난화 대책의 새로운 틀 속에서 개발도상국(생산국)에 카운트 될 가능성도 있으리라 생각된다. 이상으로 브라질에 대한 자세한 수치 등은 두 개의 강연내용[26),27)]을 참고로 했으면 한다.

양 쪽 모두, 일본의 부족분을 수입 혹은 과도기적인 조치로 일정한 정도 수입에 의존하는 국면이 있어도 어쩔 수 없다는 생각이 든다. 장기적으로는 일본산 바이오매스의 이용을 기본으로 하는 것이 에너지안보 관점에서도 중요하며 또 그것이 일본의 농림업·환경을 지키며 재생하는 길이라고 생각한다. 그리고 바이오매스·일본 종합전략 속에서는 바이오연료의 본격 도입과 동시에, 아시아의 각국에서의 바이오에너지 도입에 협력하고 기술이전을 하기로 국무회의에서 결정되었기 때문에(2006년 3월) 이 같은 관점도 대단히 중요하다.

바이오에탄올의 ICA 평가

대량으로 바이오에탄올을 생산하고 있는 브라질 및 미국에서는 작물재배부터 공업규모로 바이오에탄올 제조에 관여하는 에너지수지를 상세하게 분석하고 있다. 최근, 일본에서도 다수확 품종의 쌀이나 볏짚, 왕겨 등을 포함하여 벼 전체를 에너지 그리고 재료로 이용하자는 제안이 나오고 있다. 그런데 식용 쌀에 비해 이런 용도의 다수확 품종의 쌀을 재배하면 향후 얼마만큼이나 에너지를 절약할 수 있는지에 대해서는 데이터가 충분하지 않다. 그래서 이것 또한 앞으로 하루 빨리 검토되어야 할 과제라고 생각한다[28].

셀룰로오스계 바이오매스에서 바이오에탄올을 제조하는 것에 대해서는 세계적으로 봐서 충분히 공업적인 수준에 도달한 예는 거의 없다. 현재는 그저 파일롯플랜트에서의 시험데이터에 기초하여 그것을 공업규모로 실시한 경우에는 어떻게 될까, 그리고 여러 종류의 가정을 두고 시험 또는 추산한 자료가 있는 단계이다.

여기서는 브라질의 케인(사탕수수)에서 바이오에탄올을 제조하는 케이스, 미국의 옥수수에서 바이오에탄올을 제조하는 케이스, 셀룰로오스계 바이오매스에서 바이오에탄올을 제조하는 케이스(시산)에 대해 문헌을 토대로 검토해보자.

1) 브라질에서 사탕수수(sugar cane)로부터 바이오에탄올 제조[29]

다음은 문헌[29]에 의한 소개이다. 브라질에서 사탕수수 재배면적은 약 500만 헥타르로 농업관계 분야에서 약 100만명의 직접고용을 창출하고 있다. 수확된 사탕수수의 2/3는 연료용 에탄올 원료가 된다. 브라질에서는 1996/1997 수확년도에 2억 7,300만톤의 사탕수수(수확시의 건조전 중량)가 생산되었는데, 여기서 1,370만㎘의 에탄올과 1,350만톤의 설탕이 생산되었다. 이 비율은 설탕가격에 따라 매년 변동한다.

사탕수수 재배와 바이오에탄올 제조에 들어가는 에너지에 대해서는 1985년과 1995년의 데이터가 보고되었는데, 1995년 데이터에 기초하여 정리한 것이 표 1.1.4이다.

표 1.1.4 사탕수수 재배 및 에탄올 생산에 필요한 에너지 (MJ/t · 사탕수수)(주1), 문헌[29]

	평균 (MJ/t · 사탕수수)	최량수치 (MJ/t · 사탕수수)
사탕수수 재배(전체)	189.87	175.53
농작업	30.10	30.10
사탕수수 수송	34.92	31.87
비료	66.96	56.09
석회, 농약 등	19.06	19.06
종자	5.76	5.34
장치	33.07	33.07
에탄올 제조(전체)(주2)	46.08	36.39
전력구입	0.00	0.00
화학제품 및 윤활유	7.34	7.34
건물 건축	10.78	8.07
장치	27.96	20.98

외부 에너지수지 총괄(주3)	Input	Output	Input	Output
농업	189.87		175.53	
공업	46.08		36.39	
제품 에탄올		1,996.37		2,045.27
잉여 바가스		175.14		328.54
합계	235.95	2,171.51		2,373.81
Output/Input	9.2		11.3	

주 1: 3종류의 에너지, 즉 ① 외부로부터 구입 전력, ② 생산에 사용한 화학품, 윤활유, 석회 등 에너지, ③ 기기 제조와 유지, 건물 짓고 유지하는데 필요한 에너지를 고려함.

주 2: 바가스 연소에 의한 발전(發電), 증기 등의 에너지는 포함하지 않음.

주 3: 외부로부터 에너지 사용은 주로 화석연료(중유, 디젤연료)이며, 브라질에서는 전력이 대부분 수력이므로 여기서는 건물건축, 기기(機器), 화학품 등의 항목으로 취급함.

즉, 사탕수수 재배와 에탄올제조에 소비되는 에너지는 사탕수수 1톤당 전체 평균치 235.95 MJ(Input)이고, 이것으로 제조되는 에탄올과 잉여 바가스가 보유하는 에너지는 2,171.51 MJ(Output)로, Output/Input 비는 평균 9.2, 베스트 데이터로 11.2였다. 이는 브라질에서 사탕수수에서의 에탄올생산이 이것저것 제하고 남은 순수한 에너지 생산을 동반한 액체연료 생산에 우수한 공정임을 보여주고 있다. 그 이유는 사탕수수 자체가 C4식물로 광합성효율이 높은 열대성 작물인 점, 준다년생 작물로 5회 정도의 수확이 가능한 점, 비료, 농약, 물주기를 그다지 요하지 않는다는 장점이 있기 때문이다.

브라질에서 연료용 에탄올 생산은 1975년의 국가가 알코올계획을 실시하면서 시작되었고 약 30년 동안에 양적, 기술적으로 발전해왔다. 기술적인 개량에 대해서는 1985년과 1995년을 비교하였는데 앞서 말한 문헌에 보면 다음과 같은 점들을 지적하고 있다.

- 사탕수수의 생산성이 높아졌는데, 1995년의 헥타르당 생산성은 80.4톤이며 1톤당 에너지 소비량은 저하했다.
- 수확의 기계화로(1995년 시점에서 20%), 연료소비량은 증가했으나 그 증가분은 기계나 공정의 효율화에 의해 상쇄되고 있다. 수확의 기계화는 2003년까지 50%에 달할 것으로 예상된다.
- 에탄올생산의 전체적인 변환효율이 높아졌다. 1985년까지는 사탕수수 1톤에서 에탄올 73리터가 제조되었는데, 1995년에는 85.4리터로 증가했다.
- 코제네레이션 연료로서 바가스(bagasse)가 효율적으로 사용되어, 설탕공장에서는 외부에서 구입하는 전력이 실질적으로 제로가 되었다.

이상과 같이 브라질에서 사탕수수로부터 에탄올을 생산하는 것은 화석연료에서 내놓는 CO_2를 줄이는 지구온난화 대책으로, 또한 농업대책, 고용대책, 설탕가격 안정화 대책, 외화절약책 등 다면적인 효과가 있다고 참고할 만한 점도 많다..

2) 미국에서 옥수수로부터 에탄올 생산

1970년대의 석유위기로 미국에서는 에너지 공급 문제점이 나타나게 되었고, 이는 에탄올 연료를 사용하게 된 계기가 되었다. 1980년대에는 환경보호청(EPA)이 가솔린에 사에틸납 첨가를 금지하면서 에탄올의 옥탄가 향상제로서의 역할도 추가되게 되었다. 더욱이 1990년에 대기정화법(Clean Air Act)이 발표됨에 따라 대기오염의 확대방지를 위해 대기중으로 탄화수소, 일산화탄소 등의 방출삭감, 지상의 오존농도 억제를 위한 함산소 연료로서의 역할도 더해지게 되었다. 에탄올 이외의 유일한 함산소 연료로서 MTBE가 대량으로 사용되어왔으나, 지금은 지하수와 지표수 오염 같은 환경문제 때문에 미국 전역에서 사용을 금지하고 있다. 그래서 최근에는 옥수수에서 연료 에탄올을 제조·소비하는 계획이 급속하게 확대, 추진되고 있다.

미국에서 옥수수로부터 연료 에탄올을 제조하는 것은 에너지 수지면에서 플러스이기 때문에 의미가 있다는 평가와, 제품 에탄올이 보유하는 에너지보다도 제조에 들어가는 화석연료의 에너지가 많이 들어가서 의미가 없다는 평가의 양론이 팽팽히 맞서고 있다. 여기서는 많은 논문, 데이터를 계통적으로 검토하여 정리한 미국 농무성 Shapouri 등의 보고[30]에 기초하여 정리해보겠다. 이 논문에서는 단위로 Btu, Gallon 등이 사용되고 있는데 환산하는데서 생긴 오류를 피하기 위해 원저대로 수치와 단위를 쓰겠다.

표 1.1.5에 나온 것처럼 Shapouri 등은 옥수수로부터의 에탄올제조에서 에너지 수지를 평가하는데 4가지 방법으로 비교하였다. 제1은 제품 중량 베이스로 복수의 제품에 에너지 사용비율을 나누는 방법, 제2는 부산물의 에너지 함량에 기초하는 방법, 제3은 부산물의 상대적인 시

표 1.1.5 콘 에탄올의 순에너지값(NEV)과 부산물의 에너지크레딧을 고려한 에너지 비

	에너지 할당(%)		총 에너지 사용①	부산물의 NEV②	에너지 비③
	에탄올	부산물	Btu/gal		
(1) 중량베이스로 배분					
습식 밀	48	52	79,503	44,974	2.15
건식 밀	49	51	74,447	46,672	2.25
가중평균	48	52	77,228	46,066	2.22
(2) 에너지함량으로 배분					
습식 밀	57	43	79,503	37,961	1.83
건식 밀	61	39	74,447	37,929	1.82
가중평균	58	42	77,228	38,502	1.85
(3) 시장가치로 배분					
습식 밀	70	30	79,503	27,832	1.50
건식 밀	76	24	74,447	27,000	1.47
가중평균	72	28	77,228	27,912	1.50
(4) 대체가치로 배분					
습식 밀	81	19	79,503	19,262	1.30
건식 밀	82	18	74,447	22,629	1.37
가중평균	81	19	77,228	21,105	1.34

주 1: 이 표는 문헌30을 참고로 작성

주 2: 에탄올 보유 에너지 HHV: 83,960 Btu/gallon

주 3: 에너지 비③ = 83,960÷(①-②)

주 4: NEV: Net Energy Value, 순에너지값

즉, NEV=[에탄올의 보유에너지]-[에탄올 제조에 사용되는 화석에너지]

장 가격을 이용하는 방법, 제4는 부산물의 대체가치에 기초하는 방법이다. 제4의 방법은 저자들이 최종적으로 채용한 방법인데, 에탄올 제조부산물의 대체물 제조에 필요한 에너지와 일치한다고 가정하고 있다. 즉, DDGS(Distillers Dried Grain Solubles), CGM(Corn Gluten Meal), CGF (Corn Gluten Feed) 등의 대체물로 Soybean Meal을 이용하고, Corn Oil의 대체물로 대두유를 이용했다. 여기서는 에탄올을 제조하는데 쓰인 에너지의 약 19%가 부산물로 나눠진다. 그 외의 3가지 방법에서는 에너

지 비-(제품 에탄올의 보유 에너지)/(에탄올 제조에 소비되는 화석에너지)가 1.50～2.22인데 반하여, 제4의 방법에서는 1.34로 가장 작은 값이었다. 저자들은 비에너지적인 단위를 이용하는 그 밖의 방법과는 달리, 제4의 방법에서는 부산물 가치를 에너지 단위로 평가하고 있다는 점에서 보다 타당하게 보고 있다. 이 Output/Input=1.34라는 숫자가 일반적으로 널리 인용되고 있다.

Shapouri 등은,

NEV(Net Energy Value)

= (에탄올의 보유 에너지) - (에탄올 제조에 사용되는 화석에너지)

로 정의하고 있는데, 이것이 플러스가 되는가 마이너스가 되는가에 대해 많은 문헌이 있다. 이렇게 의견이 분분한 이유는 옥수수의 재배와 에탄올 전환기술에 관한 여러 가정(假定)을 어떻게 두느냐에 따라 생긴다. 과거 20년 동안에 에탄올 제조와 농업생산 기술은 에너지효율이 대폭 개선되고 있어서, 옛날 데이터를 쓴 경우는 에너지소비에 대해 과대평가 해버리는 경향이 있다는 지적이 나왔다. 특히, 옥수수 에탄올에 대해서 네거티브한 보고로 유명한 Pimentel[31),32)]의 보고를 보면, 옥수수 수확으로 에이커당 110부쉘(Bushel)이라는 1980년대 전반의 수치가 이용되고 있지만, 평균수확은 2000년의 에이커당 140부쉘로 점차 증가하는 등 많은 문제점이 지적되고 있다.

가령, 에너지수지 1.34를 인정한다 해도 이것으로는 CO_2 방출 삭감 효과는 너무 작아서 별 의미가 없다는 의견도 많다. 이 점에 대해서는 미국의 이 문제에 대한 역사적인 경위를 고려할 필요가 있을 것 같다. 원래 미국의 옥수수 에탄올은 CO_2 방출 삭감을 목표로 한 것이 아니고, 석유위기에 의한 가솔린 증량제로 사에틸연의 대체제 혹은 대기정화법 관련한 함산소 연료 등으로 도입되기 시작하여, 중동으로부터의 석유 수입 의존도의 경감 등이 커다란 목표였다. 에탄올 공장의 열원(熱源)으로 미국에 풍부한 석탄이나 천연가스를 사용하여 수송용 액체

연료를 제조하고 있다고 생각할 수도 있다. 옥수수의 증산과 가격상승에 의해 농업보조금의 대폭 삭감효과도 만들어내고 있다.

에너지수지 1.34라는 수치는 에탄올 공장의 에너지원으로 옥수수의 잎줄기를 사용한다면 브라질처럼 9.2라는 높은 숫자까지는 안 나올지 몰라도 상당히 개선될 가능성이 있어서 검토는 하고 있는 것 같다. 그러나 지방에 따라서는 혹은 토양, 기상조건에 따라서는 옥수수 수확 후에 토양침식을 방지하기 위해 잎줄기를 어느 정도 비율로 남겨둘 필요가 있다는 의견이 나오는 등, 단순한 문제는 아닌 것 같다. 그러나 장래에는 어떤 형태로든지 미이용 바이오매스 자원을 열원으로 이용함으로써 에너지 수지를 개선할 가능성은 있을 것 같다.

3) 셀룰로오스계 바이오매스로부터 에탄올 생산

일본에서는 종합자원에너지조사회 석유분과회 석유부회의 제9회 연료정책소위원회(2003년 7월 23일)[33]에서 ① 브라질에서의 수입 에탄올 ② 인도에서의 수입 에탄올 ③ 미국 NREL프로세스를 이용해서 국내에서 셀룰로오스계 바이오매스로부터 제조한 에탄올 ④ NEDO프로젝트의 프로세스[17]를 이용한 일본에서의 셀룰로오스계 바이오매스에서 제조한 에탄올, 등의 각각을 일본에서 연소하여 사용한 경우를 가솔린의 경우와 LCA(Life Cycle Assessment)적 관점에서 비교한 결과가 보고되고 있다. 이하에서는 이 소위원회 보고자료 4-1 및 자료 4-2에 기초하여 내용을 소개하겠다.

LCA에서는 어떤 제품의 라이프사이클(생산, 사용, 폐기)의 환경영향을 그 생산에 필요한 원료나 설비 그 자체의 제조 및 폐기까지를 고려하여 평가한다. 따라서 바이오매스의 자동차연료 이용을 평가할 때도 에너지 변환 외에, 바이오매스 생산, 전처리, 연소(tank to wheel)를 포함하는 일련의 라이프사이클 전체(well to wheel)에서의 에너지효율이나 환경

평가 결과 총괄(화석연료 소비량 : 에탄올)

- 이상의 결과를 총괄하자면 다음과 같다. LCA로 평가한 에탄올의 화석연료 소비량(바이매스분 제외)은 동일하게 LCA로 평가한 가솔린의 화석연료 소비량의 약 7%~65%이다.

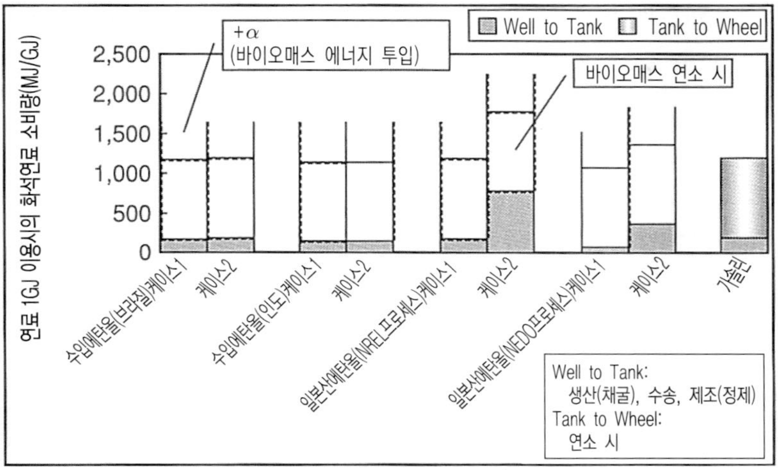

주 1: 경유, 가솔린의 LCA는 실제 가동 플랜트 데이터에 기초하여 나온 정밀한 시산인데 반해, 바이오연료에 대해서는 많은 가정을 한 대략적인 시산인 점에 유의할 필요가 있다.

주 2: 바이오연료 중에서도 NREL프로세스, NEDO프로세스를 이용한 셀룰로오스로 부터 에탄올 제조는 기술개발 중으로 시산의 전제가 목표 베이스로 되어 있다.

주 3: 그림 속의 "+α"는 존재하지만 양이 확실하지 않음을 나타낸다.

그림 1.1.1 각종 바이오에탄올의 Well to Wheel 화석연료 소비[33]

부하가 고려된다.

이 계획에서 바이오매스 연소에 따른 CO_2 배출을 어떻게 취급할 것인가에 대해서는 IPCC의 "Revised 1996 IPCC Guidelines for National Greenhouse Gas Inventories"에 기초하여 에너지 부문의 CO_2 배출량 합계에는 계산에 넣지 않는다고 되어 있다. 이는 바이오매스가 지속적으로 생산되는 경우는 순 배출량이 없다고 간주되기 때문이다.

그림 1.1.1에 각종 에탄올연료에 대한 평가결과를 나타냈다. LCA에서 평가한 에탄올 화석연료 소비(바이오매스분 제외)는 마찬가지로 LCA

에서 평가한 가솔린 화석 소비량의 거의 7%~65% 정도이다.

그림 1.1.2에 마찬가지로 각종 에탄올연료에 대한 CO_2 배출량을 비교한 결과를 나타냈다. LCA에서 평가한 에탄올의 CO_2 배출량은 바이오매스 연소시의 CO_2 배출량을 계산에 넣지 않으므로 마찬가지로 LCA에서 평가한 가솔린의 CO_2 배출량의 13%~45% 정도가 된다.

또한 이들 그림에서 가솔린의 LCA는 실제가동 플랜트 데이터에 기

평가 결과 총괄(CO_2 배출량 : 에탄올)

- 이상의 결과를 총괄하자면 다음과 같다. LCA로 평가한 에탄올의 CO_2 배출량은 바이오매스 연소 시의 CO_2 배출량을 계산하지 않기 때문에, 동일하게 LCA로 평가한 가솔린의 CO_2 배출량의 13%~45%정도 배출된다.

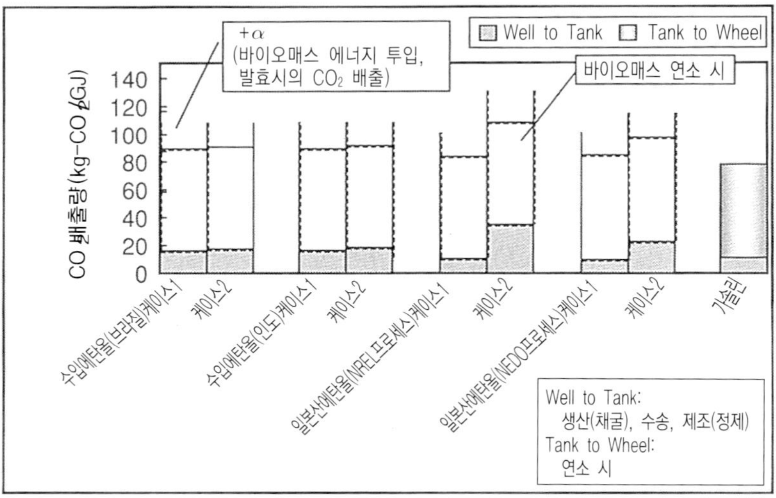

주 1: 경유, 가솔린의 LCA는 실제 가동 플랜트 데이터에 기초하여 나온 정밀한 시산인데 반해, 바이오연료에 대해서는 많은 가정을 한 대략적인 시산인 점에 유의할 필요가 있다.

주 2: 바이오 연료 중에서도 NREL프로세스, NEDO프로세스를 이용한 셀룰로오스로 부터의 에탄올 제조는 기술개발 중인 것도 있으며 시산의 전제는 목표 베이스의 것으로 되어 있다.

주 3: 일본의 온실가스 배출량 인벤토리에의 계상(計上)을 검토하는 경우, 검토에서 평가한 것 가운데 국외에서의 화석연료 사용(해상수송을 포함)은 대상외인 점에 유의할 필요가 있다.

주 4: 그림 속의 "$+\alpha$"는 존재하지만 양이 확실하지 않음을 나타낸다.

그림 1.1.2 각종 바이오에탄올의 Well to Wheel 이산화탄소 배출량[33)]

표 1.1.6 바이오에탄올과 가솔린의 LCA 비교(문헌 34 참조)

	콘 에탄올 (미국)	케인 에탄올 (브라질)	셀룰로오스계 에탄올 (미국, 개발중)	가솔린
에너지 수지(주1) Output/Input	1.3	8	2	
온실효과가스 배출량 (생산시와 사용시), kg/ℓ	1.93	1.07	0.22	2.44

주 1: 연료 생산에 필요한 화석연료(투입량 Input)와 생산되는 바이오연료(생산량 Output)의 비

초한 정밀한 시산인데 반해, 에탄올연료에 대해서는 많은 가정을 둔 대강의 시산이라는 점, 특히 NREL프로세스, NEDO프로세스를 이용한 셀룰로오스에서의 에탄올제조는 기술개발 중에 있는 점, 시산의 전제는 목표 베이스의 것이라는 점에 유의할 필요가 있다고 되어 있다.

여러 가정하에서의 시산의 결과이지만, 바이오에탄올의 도입에 따라 화석연료의 소비와 CO_2 배출량이 가솔린의 소비에 비해 감소할 가능성이 보여 큰 의의가 있다고 생각된다.

바이오에탄올의 LCA 평가에 관한 다른 문헌[34)]의 수치를 표 1.1.6에 소개한다. 이들 수치는 미국 에너지성, 농무성, 환경보호청 자료에 기초하고 있다. 브라질의 사탕수수·에탄올의 에너지 수지는 표 1.1.4의 수치에 가깝고, 온실효과가스 배출량은 가솔린의 절반 정도밖에 안 된다. 콘 에탄올의 에너지 수지 1.3은 표 1.1.5의 제4 방법에서의 수치 1.34에 가깝다. 온실효과가스 배출량은 가솔린의 2.44에 대해 1.93으로 효과는 있으나, 케인에탄올이나 셀룰로오스계 에탄올에 비하여 효과가 작다. 셀룰로오스계 에탄올의 에너지 수지는 2로, 케인에탄올에 비하면 작은 수치이지만, 온실효과가스 배출량은 4개중 가장 적고 효과는 가장 크다. 셀룰로오스계 에탄올수치는 기술 개발 중인 수치를 토대로 하여 일정한 가정하에서 산출된 것임에 유의할 필요가 있지만 장래의 가능성과 그 의의를 보여주고 있다.

인용・참고문헌

1) 気候変動に関する国際連合枠組み条約の京都議定書，バイオマスハンドブック，pp.387-399，日本エネルギー学会編，オーム社 (2002).
2) 気候変動に関する国際連合枠組み条約，バイオマスハンドブック，pp.375-387，日本エネルギー学会編，オーム社 (2002).
3) 蟹江憲史，「2013年以降の気候変動を巡る国際制度枠組みとエネルギー問題」第15回日本エネルギー学会大会講演要旨集，pp.23-24 (2006年8月).
4) NEDO海外レポートNo.994 (2007年2月).
5) レスター・ブラウン博士インタビュー，2007年5月24日NHK，「クローズアップ現代」.
6) 明日香壽川，他，経済学者でも分かる地球温暖化懐疑論への反論，経済セミナー，2006年8月号，p44-50
7) アール・ゴア著，枝廣淳子訳，「不都合な真実」，ランダムハウス講談社，2007.
8) 第4回エコ燃料利用推進会議（www.env.go.jp/earth/ondanka/conf_ecofuel/04/）
9) 新・国家エネルギー戦略（http://www.meti.go.jp/press/20060531004/20060531004.html）
10) PEC-2005P-05「石油産業の経営基盤強化のためのロードマップ策定に関する調査報告書」，平成18年3月，（財）石油産業活性化センター
11) 平成17年度成果報告書　バイオマスエネルギー高効率技術開発　セルロース系バイオマスを原料とする新規なエタノール醗酵技術などにより燃料用エタノールを製造する技術の開発，http://www.nedo.go.jp//database/newlist/new_list20061020.html　バーコード番号100008409
12) 河野直毅，寒川泰紀，川口浩司，中村修，「燃費に及ぼすガソリン性状の影響の評価手法に関する研究開発（P1.1.2）」，JPEC技術開発成果発表会要旨集，石油燃料次世代環境対策技術開発事業（1）次世代石油燃料大気改善研究開発（2003年～），ゼロエミッション対応自動車用燃料技術開発（P1），2006年報告書（PDF），p3-6, http://www.pecj.or.jp/japanese/report/index_rep.html.
13) 斉木　隆，バイオマスハンドブック，pp.157-165，日本エネルギー学会編 (2002).
14) 全国販売農家のエネルギー収支，http://www.affrc.go.jp/seika/data_tnaes/h05/tnaes93059-4.gif
15) 斉木隆，バイオエタノール最前線，p119-145，大聖泰弘，三井物産㈱編，工業調査会，(2006).
16) 斉木　隆，米国のバイオマスエタノール2001年以降実用化計画，バイオサイエンスとインダストリー，58，362-365 (2000).
17) NEDO海外レポート，NO.983， p43-44，2006.8.16
18) 斉木隆，バイオエタノール最前線，p117，大聖泰弘，三井物産㈱編，工業調査会，(2006).
19) 坂志朗　編著，バイオマス・エネルギー・環境，アイピーシー社（2001).
20)（財）日本経済研究所，「明日の石油を創る」(1988年3月).
21) M. Wyman, Shu Chen and Kim Doan, Bioconversion of waste paper to ethanol, Process Biochemistry, 27, 239-245 (1992).
22) 鮫島正浩教授講義，「木質バイオマス全面利用の可能性」，2006年5月12日，東京大学大学院
23) 鮫島正浩，アルコール・バイオマス研究会講演会要旨集 (2007年2月8日).
24) 仁多見俊夫助教授講義，「日本における森林からのバイオマス収集の課題と可能性」，2006年6月2日，東京大学大学院

25) 通商産業省基礎産業局編：「アルコール専売五十年史」，(社)アルコール協会(1987).
26) 2006年4月19日, Prof. Carlos Suzuki (The State University of Campinus, Brazil), "Biomass and Biofuel in Brazil: Perspectives of Japan-Brazil Cooperation", (東京大学大学院にて)
27) 2006年10月25日, Prof. Luis Cortez (The State University of Campinus, Brazil), "Scaling up the Ethanol Program in Brazil, Opportunities and Challenges" (東京大学大学院にて).
28) 新エネルギー・産業技術総合開発機構／テクノリサーチ研究所，食物などのバイオマスのエネルギー利用に関する調査，平成11年3月.
29) Isaias de Carvalho Macedo, Greenhouse gas emissions and bio-ethanol production/utilization in Brazil, 1997, Internal Report of Centro de Technologia Copersucar, P.O.Box 162, Piracicaba, SP, Brazil
30) H. Shapouri, J. A. Duffield, M. Wang, The Energy Balance of Corn Ethanol: An Update, Office of Energy Policy and New Uses, USDA, 2002
31) D. Pimentel, "Ethanol Fuels: Energy Security, Economics, and the Environment." Journal of Agricultural and Environmental Ethics, 4 (1991), pp 1-13
32) D. Pimentel, "The Limits of Biomass Energy." Encyclopedia of Physical Sciences and Technology, September 2001.
33) 総合資源エネルギー調査会石油分科会石油部会の第9回燃料政策小委員会(2003年7月23日)，http://www.meti.go.jp/report/data/g30723aj.html
34) ジョエル・K・ボーンJr.，地球の悲鳴，バイオ燃料，実用案にもお国柄，National Geographic (日本版)，13(10)，40-61(2007).
35) バイオマス・ニッポン総合戦略推進会議，「国産バイオ燃料の大幅な生産拡大」，2007年2月

2 바이오에탄올과 합성에탄올의 특징

「바이오에탄올」이란 사탕수수, 당분을 함유한 채소, 곡물류, 씨앗류, 초목 같은 식물자원(바이오매스 자원)을 원료로 에탄올 발효시켜, 증류에 의해 농축하거나, 필요에 맞게 탈수시켜 만드는 에탄올을 말한다.

「합성에탄올」이란 바이오에탄올과 화학적으로는 같지만, 석유, 석탄 등의 화석원료로 합성되며, 증류에 의해 농축·탈수되어 만들어지는 에탄올을 말한다.

이 절에서는 「바이오에탄올은 카본(CO_2) 뉴트럴」이라는 것과 「바이오에탄올과 합성에탄올의 식별법」 및 「합성에탄올 제조법」에 대해 설명하겠다.

바이오에탄올은 카본(CO_2) 뉴트럴

식물자원(바이오매스 자원)은 광합성 탄소동화작용에 의해 생산된다. 광합성 탄소동화작용은 식물이 태양광 에너지를 흡수함으로써 식물 세포내에 있는 색소를 촉매로 하여 대기 중의 탄산가스와 물로부터 당으로 전환되는 작용이다. 당은 식물 체내에서 생합성에 의해 전분이나 셀룰로오스로 전환되어 식물생장이나 결실에 쓰인다. 이와 같이 식물자원은 태양광 에너지를 유기탄소원, 즉 유기탄소 에너지로 전환시켜 축적한다.

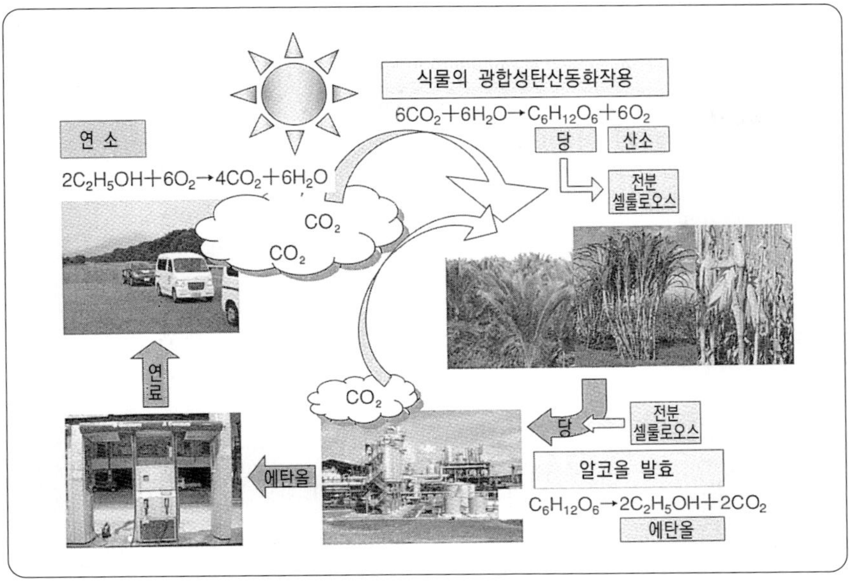

그림 1.2.1 바이오에탄올의 연료이용에 따른 탄산가스의 순환

사람이 이 유기탄소원을 연소시켜 에너지로 이용할 때에 발생하는 탄산가스는 원래 대기중의 탄산가스인데, 식물을 재생산한다면 현재 지구전체로서의 탄산가스 증감은 없어진다. 이것을 「카본 뉴트럴(탄소 밸런스)」이라고 한다.

그러면 바이오에탄올을 연료로 이용함으로써 일어나는 탄산가스 순환에 대해 생각해 보자.

그림 1.2.1에 바이오에탄올을 연료로 이용함으로써 일어나는 탄산가스 순환 모식도를 나타내었다.

식물의 광합성 탄산동화작용에 의해, (1.2.1)식에 나타낸 것처럼 6분자의 탄산가스와 6분자의 물에서 1분자의 포도당과 6분자의 산소가 만들어진다.

$$\underset{(\text{탄산가스})}{6CO_2} + \underset{(\text{물})}{6H_2O} \xrightarrow{\text{빛에너지}} \underset{(\text{포도당})}{C_6H_{12}O_6} + \underset{(\text{산소})}{6O_2} \cdots\cdots\cdots (1.2.1\ \text{식})$$

포도당을 효모 등의 미생물로 에탄올 발효시키면, (1.2.2)식에 나타낸 것처럼, 1분자의 포도당에서 2분자의 에탄올과 2분자의 탄산가스가 생성된다. 에탄올 발효에서는 탄산가스가 발생되지만 그 발생량은 대기 중의 탄산가스를 광합성으로 고정시킨 양의 1/3이고 나머지 2/3은 에탄올로 남아있다.

$$\underset{(\text{포도당})}{C_6H_{12}O_6} \xrightarrow{\text{알코올 발효}} \underset{(\text{에탄올})}{2C_2H_5OH} + \underset{(\text{탄산가스})}{2CO_2} \cdots\cdots\cdots (1.2.2\ \text{식})$$

에탄올을 연소시켜 에너지로 사용하면, (1.2.3)식에 나타낸 바와 같이 2분자의 에탄올의 연소로 6분자의 산소가 소비되고 4분자의 탄산가스와 6분자의 물이 발생한다.

$$\underset{(\text{에탄올})}{2C_2H_5OH} + \underset{(\text{산소})}{6O_2} \xrightarrow{\text{연소}} \underset{(\text{탄산가스})}{4CO_2} + \underset{(\text{물})}{6H_2O} \cdots\cdots\cdots (1.2.3\ \text{식})$$

식물의 재생산으로부터 바이오에탄올의 생성을 거쳐 연료이용까지의 형태에서, (1.2.1)식에서부터 (1.2.3)식까지의 좌변과 우변에 대해 각각 더하면, 우변과 좌변의 합은 같아진다. 이것으로 바이오에탄올의 연료이용은 대기 중의 탄산가스가 증가하지 않는 순환이용, 즉 카본 뉴트럴(탄소밸런스)이 성립하고, 빛에너지를 연소에너지로 내놓고 있음을 알 수 있다.

이 순환은 산소와 물도 분명히 순환하고 있으므로 대기 중 산소가 완전히 소비되지 않는 옥시전(O_2) 뉴트럴이기도 하고 또 물의 증감이 없는 아쿠아(H_2O) 뉴트럴임을 알 수 있다.

바이오에탄올과 합성에탄올의 식별법

1) 바이오에탄올과 합성에탄올의 식별

바이오에탄올은 식물이 원료이고, 식물은 광합성 탄산동화작용으로 대기 중의 탄산가스를 고정하면서 1～100년 정도의 생육기간으로 성장하고 있다. 대기 중의 탄산가스의 탄소에는 탄소동위체인 ^{14}C(β핵종, 반감기 5730년)가 일정 비율로 안정적으로 들어있다. 식물이 광합성 탄산동화작용으로 만든 당과 전분 및 셀룰로오스의 탄소에는 성장할 때의 대기 중 탄산가스의 ^{14}C 비율이 그대로 유지된다[1].

한편 합성에탄올은 석유나 천연가스 및 석탄 등의 화석자원을 원료로 하고 있다. 화석자원은 수십만 년에서 수 백만년 이전의 동식물에서 형성되었다고 알려져 있어 화석자원의 탄소에는 더 이상 ^{14}C가 들어있지 않다. 따라서 화석자원을 원료로 해서 합성된 에탄올에도 ^{14}C가 들어있지 않다[2].

수확한 직후의 식물에 들어있는 탄소 1그램의 ^{14}C에서의 β선은 매분 14±1의 붕괴수(dpm/gC)이다. 따라서 ^{14}C의 β 붕괴수를 측정하여 에탄올 중의 ^{14}C의 존재량을 파악함으로써 바이오에탄올인가 합성에탄올인가를 쉽게 판별할 수 있다. 이 방법은 고고학에서 출토품의 연대측정 등에 이미 쓰이고 있는 기술이다.

2) 액체 신틸레이션법에 의한 ^{14}C 측정

액체 신틸레이션법은 ^{14}C의 β선이 톨루엔 등의 용제에 녹인 형광제 2,5-diphenyloxazole(DPO)를 여기(勵起)함으로써 내놓는 형광(λ360nm)의 강도를 계측하는 방법이다. DPO를 에탄올에 녹인 경우는 형광을 내지 않으므로 톨루엔에 DPO를 녹인 액(신틸레이터)에 시료 에탄올을 일정량 넣어서 계측한다[1]. 톨루엔은 석유에서 만들어지므로 톨루엔 속에는

^{14}C가 존재하지 않아 톨루엔에 의한 측정치에의 영향은 없다.

액체 신틸레이션 측정 장치는 시판되고 있으며 측정시의 에탄올 시료의 필요량은 10～15㎖ 정도이다.

합성에탄올 제조방법

합성에탄올은 에틸렌의 수화반응에 의해 혹은 합성가스(일산화탄소와 수소의 혼합물) 등을 원료로 한 촉매반응에 의해 공업적으로 제조된다.

에틸렌은 공업적으로는 석유 또는 천연가스에서 만들어진다. 에틸렌의 수화반응의 역반응인 에탄올의 탈수반응에 의해서도 에틸렌은 제조할 수 있다.

합성가스는 석탄이나 천연가스 등에서 만들어지지만 목재 등의 식물자원에서도 만들어질 수 있으므로, 식물자원을 원료로 한 경우는 「바이오가스」라 부르며 합성가스와는 구별된다.

바이오가스에서 만들어지는 에탄올은 식물자원을 원료로 하고 있으므로 당연히 바이오에탄올이다.

1) 에틸렌의 수화반응에 의한 에탄올 합성

에틸렌의 수화반응은 1930년대에 Union Carbide Chemical사에 의해 처음 공업화되었다. 에틸렌을 진한 황산법(약 96%)으로 흡수・에스테르화 반응시켜 얻어지는 디에틸황산을 가수분해 시켜 에탄올을 제조하는 2단 반응방법이다. 이는 (1.2.4)식에 나타낸 흡수・에스테르화 반응 및 (1.2.5)식에 나타낸 가수분해 반응으로 진행되며, 간접 수화반응이라 불린다.

흡수・반응조건은 압력 1～3.5MPa, 온도 70～80℃에서, 가수분해 반응조건은 온도 70～100℃에서 조작된다. 가수분해에 의해 황산은

40~50%로 희석된다.

$$2C_2H_4 + H_2SO_4 \rightarrow (C_2H_5)_2SO_4 \cdots\cdots (1.2.4 \text{ 식})$$

(에틸렌) (황산) (디에틸황산)

$$(C_2H_5)_2SO_4 + 2H_2O \rightarrow 2C_2H_5OH + H_2SO_4 \cdots\cdots (1.2.5 \text{ 식})$$

(디에틸황산) (물) (에탄올) (황산)

간접 수화반응은 비교적 저품위 에틸렌까지도 원료로 사용할 수 있다. 가수분해 공정에서 희석된 묽은 황산은 농축되어 순환 재사용된다. 묽은 황산의 농축공정은 장치를 부식시키며 에너지를 많이 소비한다. 그래서 합성에탄올을 제조할 때 간접 수화반응 방법은 다음에 설명하게 될 직접 수화반응으로 거의 대체되었다.

1940년대에 Shell사에 의해 인산(燐酸)을 규산질 담체에 담지시킨 고정상(固定床) 촉매를 이용하여, 에틸렌과 수증기를 기상(氣相) 직접 수화반응으로 에탄올을 제조하는 방법이 개발되었다. 이 방법은 세계적으로 널리 확산되어 현재까지도 사용되고 있다.

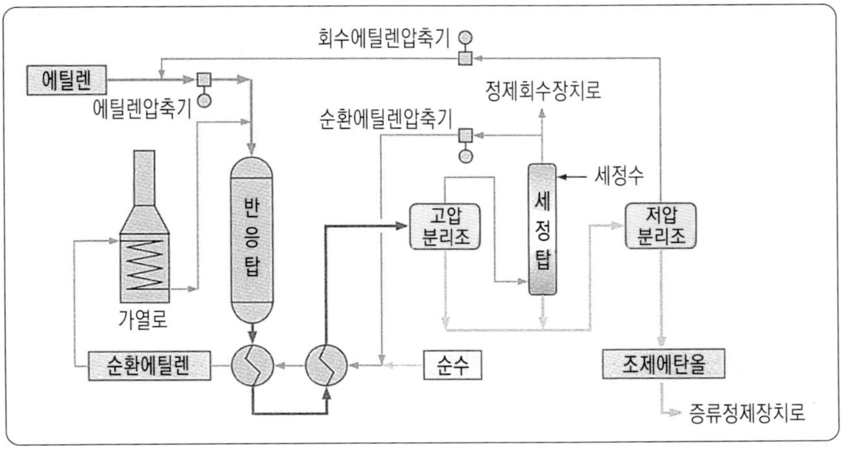

그림 1.2.2 에틸렌 직접 수화반응의 공정 개요[3)]

이 직접 수화반응은 (1.2.6)식에 나타낸 반응식으로 진행시킨다. 반응조건은 온도 약 250℃, 압력 약 7MPa, 물/에틸렌 몰비는 약 0.4~0.5에서 조작된다. 직접 수화반응은 반응평형의 관계로 1회 통과의 에틸렌 전화률(轉化率)이 낮으므로, 미반응의 에틸렌은 순환 사용된다. 선택율은 약 99% 이상으로 대단히 양호하다. 그림 1.2.2에 에틸렌 직접 수화반응의 공정 개요를 나타냈다.

$$\underset{(\text{에틸렌})}{C_2H_4} + \underset{(\text{물})}{H_2O} \xrightarrow{\text{인산촉매}} \underset{(\text{에탄올})}{C_2H_5OH} \quad \cdots\cdots (1.2.6\ \text{식})$$

2) 합성가스를 원료로 한 에탄올 합성

일산화탄소(CO)와 수소(H_2)에서 메탄올이 합성되며 합성가스에서 탄화수소유(炭化水素油)를 합성하는 핏셔·트로프슈(Fischer-Tropsch) 합성(FT 합성)이 개발되어, 합성가스에서 직접 에탄올을 합성하는 촉매반응 연구가 진행되었다[4].

남아프리카연방공화국(남아공)에서는 1948년 이후부터 인종분리정책의 강행으로 경제봉쇄를 받게 되어, 풍부한 석탄을 원료로 하여 FT합성으로 석유제품 및 화학제품을 자급하였다. 에탄올도 그 중 하나로 남아공의 SASOL사는 연간 생산량 25만kℓ의 공장을 요하네스버그에 건설했다. 이 공장은 세계에서 유일하게 합성가스에서 에탄올을 제조하고 있는 공장이다.

일본에서도 석유위기를 계기로 1980~1986년에 실시된 연구개발 대형프로젝트 「일산화탄소를 원료로 한 기초 화학품 및 제조법」(통칭 C1프로젝트)에서, 반응식(1.2.6)으로 진행하는 합성가스로부터의 직접합성 및 반응식 (1.2.7)로 진행하는 메탄올과 합성가스에 의한 에탄올의 간접합성(이 반응은 "호모로게이션"이라 함) 등의 연구개발[5]이 이루어졌다.

$$2CO + 4H_2 \xrightarrow{\text{촉매}} C_2H_5OH + H_2O \quad \cdots\cdots (1.2.6\ 식)$$

(일산화탄소) (수소) (에탄올) (물)

$$CH_3OH + CO + 2H_2 \xrightarrow{\text{촉매}} C_2H_5OH + H_2O \quad \cdots\cdots (1.2.7\ 식)$$

(메탄올) (일산화탄소) (수소) (에탄올) (물)

이 합성법은 부반응 등에 의한 수율(收率) 문제, 제조 코스트 및 석유 위기 이후의 석유공급 불안 같은 문제 때문에 아직 공업화에는 이르지 못하고 있다.

인용 · 참고문헌

1) 樫田義彦, 発酵協会誌, 28 (3), 76 (1970).
2) G. E. Martin, J. E. Noakes, F. C. Alfonso and D. M. Figert, J. Assoc. Off. Anal. Chem., 64 (5), 1142 (1981).
3) (社) アルコール協会, (財) バイオインダストリー協会編, "アルコールハンドブック第9版", 技報堂出版 (1997).
4) N. Kosaric, Z. Duvnjak, A. Farkas, H. Sahm, O. Goebel, D. Mayer, "Ethanol", Ullmann's Encyclopedia of Industrial Chemistry, A9, p.595 ~ 598, VCH Verlagsgesellshaft mbH (1993).
5) 藤田 潔, "触媒", 23 (2), 173 (1981).

제2장

바이오매스 제조 재료로 본 여러 나라의 동향

7 일본의 여러 프로젝트 기술과 원료

바이오에탄올 제조에 관한 각종 실증 프로젝트가 추진되어왔지만 그 평가에 대해서는 공개되지 않고 있다. 여기에 저자가 아는 범위 내에서 개요를 소개하고자 한다.

2006년도까지 시작된 여러 프로젝트를 표 2.1.1에 일람표 형태로 나타냈다. 모두 소규모 기술개발 혹은 실증 프로젝트인데, ②의 바이오에탄올 저팬칸사이프로젝트(Japan Kansai Project)에서는 건설 폐자재에서 매년 1,400kℓ의 바이오에탄올을 제조한다고 하며, 비교적 규모가 크다. 이 제조 공정은 묽은 황산법으로 전처리하는 방법을 채택하고 있지만, 최초의 묽은 황산법 처리에서는 특이하게도 헤미셀룰로오스가 분해되어 펜토오스를 함유하는 당의 혼합물이 미국에서 개발된 유전자 조작 대장균에 의해 발효되었다. 이 공정에서는 셀룰로오스가 에탄올로 전환되지 않고 연료로 사용되고 있는데, 싼 값으로 고활성인 셀룰라이제가 개발되면 셀룰로오스를 에탄올로 전환하는 계획도 추진해볼 수 있다고 한다. 물론 브라질에서 사탕수수로부터 에탄올을 생산하거나, 미국에서 옥수수로 에탄올 생산하는 규모에 비하면 너무나도 작은 규모이다. 기술도 아직 완성되지 않았지만, 셀룰로오스계 바이오매스에서 에탄올을 제조하는 방법으로는 상업규모로 세계 최초이어서 그 의의가 크다. 전처리에서 당화, 발효, 증류, 폐액처리까지 포함하여 앞으로도 더욱 더 많은 시행착오를 반복하리라 생각되지만 이런 시행착오가 오히려 초석이 되어 많은 기술개발로 이어지리라 기대된다.

표 2.1.1 바이오에탄올의 실용화를 위한 일본 국내외의 각종 프로젝트
(제4회 에코연료이용 추진회의(2006년 5월) 등 참조)

사업명칭	사업주체	사업내용	기간	지원기관	비고
①목질바이오매스·에탄올전환 기술개발	NEDO, 알코올협회, (주)니끼, BNR, 산업기술종합연구소, 간사이페인트	진한황산당화, 응집성아밍효모, C5당 발효성, 막탈수 등	2001-2005	NEDO 100%	니끼와 알케놀사가 진한황산법으로 캘리포니아주와 사업화계획
②건설폐재로부터의 에탄올 제조사업	바이오에탄올 저팬간사이(오사카), 다이세이건설	사까이시에코에리어에서 쯔끼지마기술, 건설폐재 등에서 1,400kℓ/년	2004-2006	환경성 50%보조	묽은 황산 전처리, 유전자조작대장균 KO11(미국특허) 사용
③바이오매스 등 미이용 에너지 실증시험사업	미쓰이조선	오까야마현 마니와시, 미이용 임산자원 사용. 300ℓ /일	2004-2007	NEDO 50%보조	묽은 황산 전처리+셀루라제당화, C5당 발효효모, 관용차로 E3실증
④당밀로부터 에탄올생산과 E3 실증시험	(주)류세끼, 미쓰이물산, BNRI 외	오끼나와현 미야꼬지마, 저품질 당밀에서 1kℓ/일	2004-2007	환경성 100% 보조	에너지절약 막탈수, 관용차로 E3 실증
⑤에너지용 케인을 이용한 바이오에탄올생산	아사히맥주, 큐슈농업연구소, 동경대학생산기술연구소	오끼나와현 伊江島, 다수확성 사탕수수에서 바이오에탄올과 설탕생산. 1kℓ/년	2005-2007	농림수산성 환경성 경제산업성	관용차로 E3실증시험
⑥에너지목적작물 재배와 에탄올제조 실증	홋카이도개발국 등	토카쯔지역, 농림산 바이오매스 이용, E3 한랭지 시험	2003-2006	농림수산성 환경성	한랭지 주행실증, 규격외 소맥 등에서 제조
⑦솔감으로부터 연료용에탄올 제조와 E2실증	야마가따시	솔감의 재배실증과 액즙에서 바이오에탄올 생산	2003-2005	농림수산성	E3차 주행실증, 관용차, 시민 모니터링 차
⑧식품폐기물 에탄올화 리사이클시스템 실증사업	신니혼제철, 기타큐슈시, 니시하라상사	식품폐기물에서 바이오에탄올 제조실증시험, 400ℓ /일	2005-2010	NEDO	관용차로 E3 시험

농림수산성은 2007년도 시책의 일환으로, 원료 조달부터 이용까지 일관적인 실용적 규모에서 이 문제를 다루기로 했다. 즉 바이오연료 지역이용모델 실증사업(바이오에탄올 혼합가솔린 사업)이다. 평가는 2007

표 2.1.2 바이오연료 지역 이용 모델 실증사업

(2007년 6월 농림수산성)

지 역	사업실시 주체	지역협의체	원료	에탄올 제조시설
홋카이도 시미즈쵸	홋카이도농업협동조합연합회가 중심이 되어 회사 설립	홋카이도농업 바이오에탄올연료추진협의회	사탕무우 소맥	홋카이도 가와카미군 시미즈쵸(호꾸렌 토카쯔 시미즈 제당공장내) 년산: 15,000kℓ 가동일수: 300일
홋카이도 센코마끼시	오에논홀딩스 주식회사	홋카이도 바이오연료지역협의회 오에논홀딩스 주식회사 사단법인 홋카이도 종합연구조사회	쌀	홋카이도 센코마끼시(합동주정 주식회사 센코마끼공장) 년산: 15,000kℓ 가동일수: 300일
니이가따현	전국농업협동조합연합회(JA전농)	벼 원료 바이오에탄올지역협의회JA전농, 독립법인 농업・식품산업기술종합연구기구・호꾸리꾸 연구센터	쌀	니이가따현 니이가따시(코프케미컬 니이가따공장내) 년산: 1,000kℓ 가동일수: 300일

년 6월 1일에 농림수산성에 의해 발표되었는데 표 2.1.2에 나타냈다.

본 사업에서는 식료생산 과정의 부산물, 규격외 농산물 등을 활용하여 바이오연료의 지역이용 모델의 정비와 기술실증을 목적으로 하고 있다. 지금까지의 소규모적인 실증레벨에서 전환하여, 바이오연료의 본격적인 도입을 향해 원료공급부터 제조, 유통까지 일관성 있게 대규모로 실증함과 동시에, 5년 후(2012년)에는 한 해에 5만kℓ 이상의 일본산 바이오연료를 도입하는 것을 목표로 하고 있다. 바이오연료에 관계된 총예산 109억엔 가운데 일본산 바이오연료의 본격적인 도입을 위해, 위에 적은 3개 공장분으로 85억엔의 예산을 잡아놓고 있다. 그 밖에 중장기적인 시야에서 자원 작물을 도입하기 위한 연구개발 예산으로 21억엔을 잡아놓고 있다. 여기에는 게놈정보 등을 이용한 고(高)바이오매스량 농산물 육성 및 자원작물의 저(低)코스트 재배법 개발 등이 들어있다.

위의 3개 공장에서 에탄올 원료는 셀룰로오스계 바이오매스가 아니고 농산물이지만, 과거에 소규모적으로 다루어온 프로젝트에 비하면 대단히 큰 규모의 실증사업이어서 그 의의가 더욱 크다. 일본 내에서는 폐수처리 규제가 강화되면서 1980년경부터 당밀을 주원료로 하는 당시의 전매 알코올(현재는 알코올사업법에 의거한 공업용 알코올) 제조가 하나 둘 축소 폐지되어, 지금은 대부분 외국에서 들여온 조제 알코올(粗留알코올이라 부름)을 정제하여 공급하고 있다. 현재 일본 알코올산업주식회사의 이즈미 알코올 공장에서만 일본산 당밀로 에탄올을 발효시키고 있다. 필자는 지금 이대로 두면 일본 내에서는 에탄올 발효기술과 기술자가 곧 사라져버리지 않을까 오랫동안 걱정해 왔는데 이 기회에 에탄올 발효관련 기술이 다시 발전하기를 기대한다. 에탄올 발효는 전처리, 당화, 발효, 증류, 폐액처리, 에탄올 발효 미생물의 육종개량, 당화효소(아밀라아제, 셀룰라이제) 개량, 발효 프로세스 고도화 등 많은 관련기술을 포함하는 것으로 깊이 파고 들어갈수록 어렵다. 지금까지 일본이 잘 해온 바이오테크놀로지의 중요한 분야이므로 이 분야의 기술로 일본이 지구온난화 방지에 크게 공헌해갈 수 있길 기대해 본다.

2 일본의 주요 미이용 바이오매스 원료와 특징

바이오매스 원료로는 목질계 바이오매스를 중심으로 한 임산계 원료, 주로 식량, 사료 등의 생산에 관련된 농업계 원료 및 인류, 동물의 생산 활동 과정에서 함께 생성되고 배출되는 이들 혼합물을 주성분으로 하는 도시폐기물, 산업폐기물 등이 일반적이다.

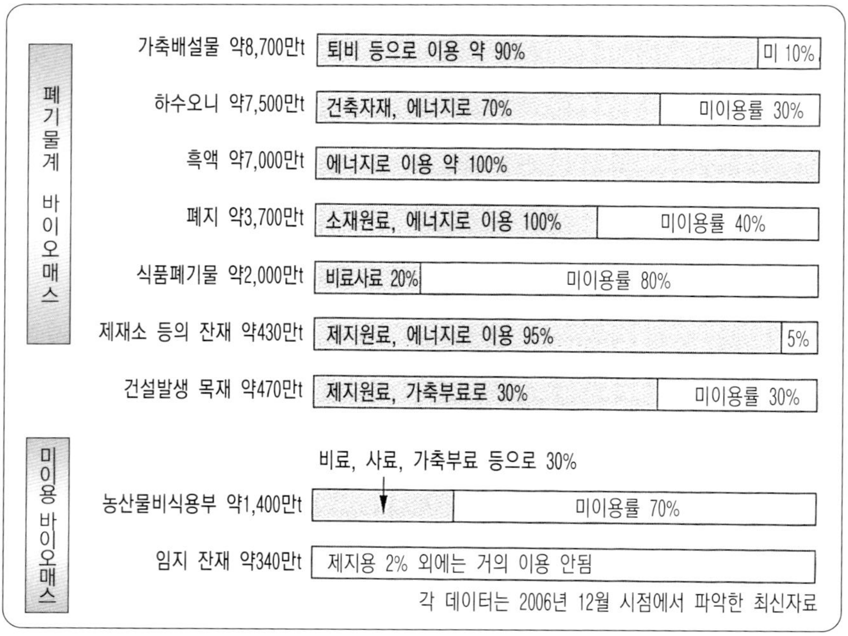

출전 : 바이오매스 · 일본 종합전략추진회의 2007년 2월

그림 2.2.1 일본의 바이오매스 부존량 · 이용률 (2006년)

바이오에탄올 제조용 "원료"로 어떤 원료가 좋고 어떤 원료가 좋지 않은지의 적부 평가기준은 ① 바이오매스 구성성분 등의 화학적 특성 ② 부존량 ③ 코스트를 생각할 수 있다. 이 항에서는 여기에 초점을 맞추어 검토하겠다.

이들에 관한 저명한 해설서 및 연구논문도 많이 찾아볼 수 있지만, 삼림의 유효이용에 관해서는 후지야[1] 등의 보고를, 농업계 바이오매스의 에탄올 원료로의 활용에 관해서는 카바자와[2] 등의 최근 연구보고를 참고하기 바란다.

그림 2.2.1에는 2007년 2월에 바이오매스·일본 종합전략추진회의에서 발표된 일본의 폐기물계 바이오매스 및 미이용 바이오매스의 부존량과 이용률을 나타냈다. 이 그림에 의하면, 바이오에탄올 원료로 폐기물계에서는 폐지, 식품폐기물, 건축발생 목재의 이용률이 높은 것을 알 수 있다.

또 미이용 바이오매스로는 농업계 비식용 부분과 임지 잔재 등의 셀룰로오스계 바이오매스가 대부분으로 이들의 유효이용이 긴급한 과제이다.

농업계 바이오매스 원료

1) 사탕무우(Beet, sugarbeet)

식물학상으로 시금치와 같은 아가자 과(科)이며 한랭지에서 재배된다. 주된 생산지는 유럽이며 일본에서는 홋카이도에서만 생산되고 있다(그림 2.2.2). 주로 제당용 원료로 생산되고 있다. 조성을 보면, 뿌리 부분은 수분이 75%, 가용무질소(탄수화물 등)를 21% 함유하고 있다(그림 2.2.3). 일본에서 사탕무우 재배면적은 6.8만 헥타르이고 수확량은 465만톤이다.

출처: 재단법인
시미즈쵸 농업진흥공사

그림 2.2.2 사탕무우

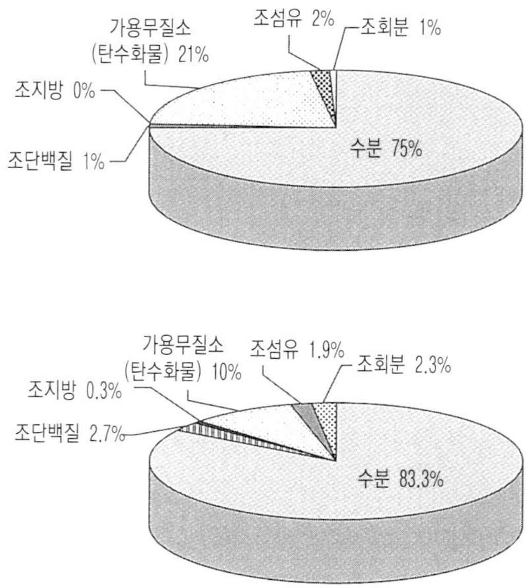

출처: 중앙축산회,
일본표준사료 성분표(2003)

그림 2.2.3 사탕무우의 조성 (위: 뿌리, 아래: 비트톱)

2) 마령서(馬鈴薯, Potato, Irish potato)

가지과(科) 가지속(屬) 식물로 남미 안데스산맥의 고지대에 분포하는 야생종을 교잡시켜 얻은 재배종이다. 뿌리 부분을 식용으로 취한다. 세계에서 가장 많이 생산되고 있는 감자 종류이다. 일본에서 최대 생산지는 홋카이도로 여름이 끝날 무렵부터 가을에 걸쳐 수확한다. 마령서는 용도별로 전분 원료용, 가공용, 청과용, 종자용의 4가지로 분

출전: 홋카이도 농업연구센터

그림 2.2.4 감자(전분원료용 마령서)

표 2.2.1 감자(마령서) 경작면적 등 지역별 순위(2003년)

	경작면적(ha)		수확량(t)		10a당의 수확량(kg)		밀도(t/km²)	
1위	홋카이도	55,600	홋카이도	2,286,000	홋카이도	4,110	홋카이도	27
2위	나가사끼현	4,540	나가사끼현	109,400	이바라끼현	2,600	나가사끼현	27
3위	가고시마현	4,270	가고시마현	86,300	나가사끼현	2,410	가고시마현	9
4위	이바라끼현	1,750	이바라끼현	45,400	아오모리현	2,360	이바라끼현	7
5위	후꾸시마현	1,650	치바현	35,400	시즈오까현	2,270	치바현	7

자료: 야채출하통계

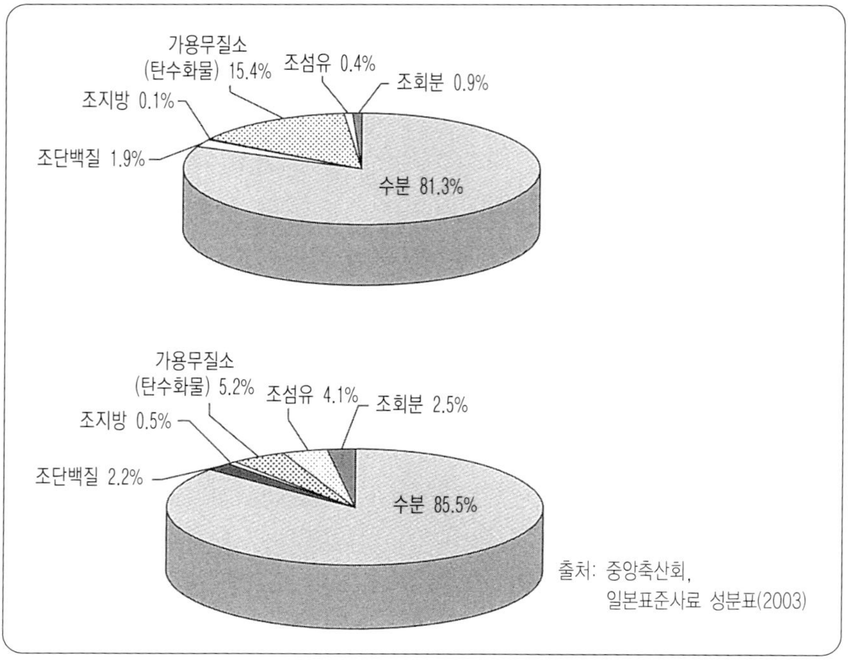

그림 2.2.5 감자(마령서)의 조성(위: 뿌리, 아래: 감자 잎줄기)

류된다. 각각 용도에 맞게 재배되는 품종이 다르다. 조성은 뿌리의 함수율이 81%, 가용무질소가 15%, 잎줄기 부분에서 함수율이 85%, 가용무질소가 5%, 조섬유(粗纖維)가 4%이다(그림 2.2.4, 2.2.5). 재배면적은 8.8만 헥타르이고 수확량은 293만톤이다. 주요 산지는 홋카이도로 수확량의 60%를 차지하며 표 2.2.1에는 일본의 지역별 감자 생산량을 나타내었다.

3) 벼(Rice)

벼는 벼과에 속하는 일년초로 벼의 종자 부분을 쌀이라고 부른다(그림 2.2.6). 쌀은 세계 3대 곡물중 하나이다. 벼의 품종은 크게 자포니카

자료: 농림수산청

그림 2.2.6 벼

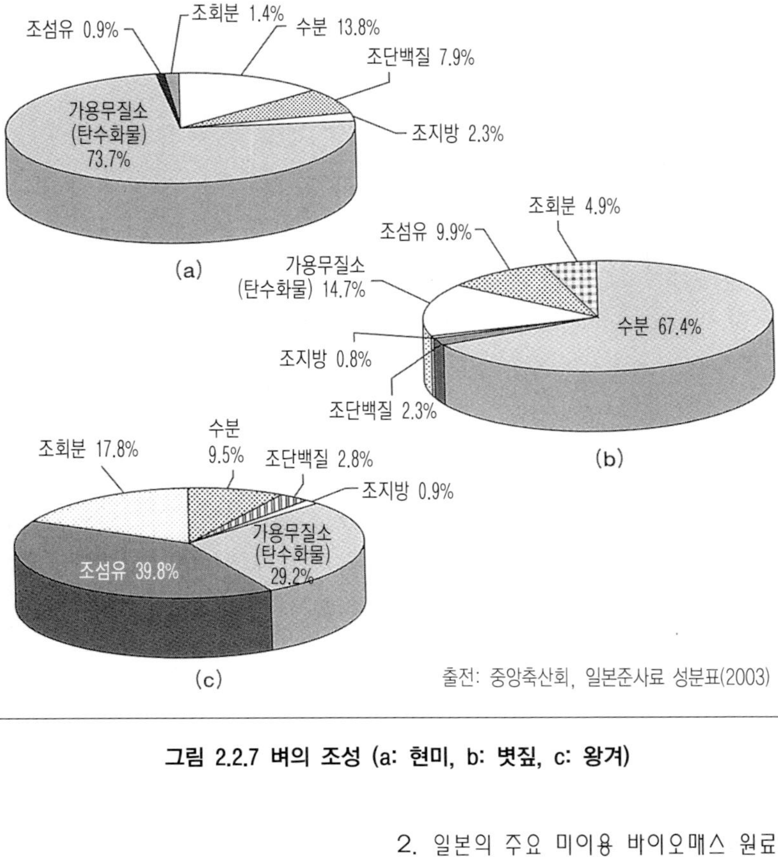

출전: 중앙축산회, 일본준사료 성분표(2003)

그림 2.2.7 벼의 조성 (a: 현미, b: 볏짚, c: 왕겨)

표 2.2.2 벼의 경작면적 등 지역별 순위(2003년)

	경작면적(ha)		수확량(t)		10a당의 수확량(kg)		밀도(t/km^2)	
1위	홋카이도	117,800	니이가따현	594,900	나가노현	611	토야마현	73
2위	니이가따현	116,200	아끼타현	479,100	야마가따현	593	이바라끼현	63
3위	아끼타현	90,500	홋카이도	454,000	아오모리현	582	치바현	61
4위	이바라끼현	80,700	이바라끼현	381,200	아끼타현	573	사가현	58
5위	후꾸시마현	80,200	야마가따현	378,000	니이가따현	536	니이가따현	54

종과 인디카종이 있으며 일본에서는 자포니카종을 재배하고 있다. 또 현재 재배되고 있는 품종은 약 300 종류라고 하는데 일본에서는 가장 많이 재배되고 있는 품종이 코시히까리이고 경작면적의 약 38%를 차지하고 있다. 재배방법은 파종하는 토지조건에 따라 물벼와 밭벼의 두 종류가 있는데 밭벼는 미질이 안 좋아서 일본에서는 주로 물벼를 재배한다. 현미의 조성은 함수율 13.8%, 가용무질소 73.7%이다. 벼줄기는 함수율 67.4%, 가용무질소 14.7%, 조섬유 9.9%이다. 왕겨는 수분 9.5%, 조섬유 39.8%, 가용무질소 29.2%이다(그림 2.2.7).

일본에서 벼의 경작면적을 표 2.2.2에 나타냈는데 총 170만 헥타르로 수확량은 873만톤이다. 생산량이 가장 많은 곳은 홋카이도이며, 니이가따, 아끼따가 그 다음이다.

4) 맥류(소맥 Wheat, 대맥 Barley)

일본에서 재배되고 있는 주된 보리는 소맥, 대맥이다. 소맥은 벼과 소맥속에 속하는 일년생 작물이고(그림 2.2.8), 대맥은 벼과 대맥속에 속하는 일년생 작물이다. 대맥에는 이조대맥과 육조대맥, 라맥이 있다. 이조대맥은 맥주 등의 원료로 이용된다. 소맥의 조성은 수분이 11.5%, 가용무질소가 70%, 조(粗)단백질이 12%이다(그림 2.2.9). 일본에서 경작면적과 수확량은 소맥에서 21만 헥타르, 86만톤(현맥), 이조대맥에서

자료: 홋카이도청

그림 2.2.8 소맥(가을보리)

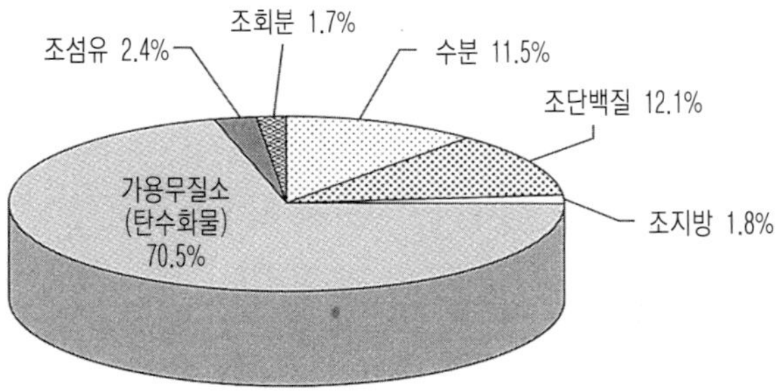

출전: 중앙축산회, 일본표준사료 성분표(2003)

그림 2.2.9 소맥의 조성

3.7만 헥타르, 13만톤, 육조대맥에서 1.7만 헥타르, 5만톤, 라맥에서 0.5만 헥타르, 1.5만톤으로 소맥 생산량이 가장 많다.

표 2.2.3에는 각 지역별 맥류 경작면적을 나타냈는데 홋카이도에서 압도적으로 많이 생산되고 있다.

표 2.2.3 맥류 경작면적 등 지역별 순위(2003년)

	경작면적(ha)		수확량(t)		10a당의 수확량(kg)		밀도(t/km^2)	
1위	홋카이도	115,100	홋카이도	565,800	홋카이도	495	사가현	23
2위	사가현	21,200	도찌기현	62,000	군마현	468	후꾸오까현	12
3위	후꾸오까현	19,600	후꾸오까현	58,300	가가와현	426	도찌기현	10
4위	도찌기현	15,800	사가현	56,600	도꾸시마현	420	사이타마현	9
5위	이바라끼현	12,300	군마현	46,500	사이타마현	413	군마현	7

5) 옥수수(Maize, 미국에서는 Corn)

옥수수는 벼과 옥수수속에 속하는 일년생 작물이다(그림 2.2.10). 품종으로는 식용의 스위트콘, 사료용 덴트콘(馬齒種) 등이 있다. 여기서는 마치종(馬齒種)에 대해 조성과 재배 개요를 설명하겠다. 에탄올 연료로 사용하는 경우에는 옥수수 줄기가 완전히 마를 때까지 완열화(完熱化) 시키기도 한다. 완전히 마르지 않은 상태에서 베었을 때의 조성은 수

자료: 쥬고꾸 시꼬꾸 농정국

그림 2.2.10 옥수수

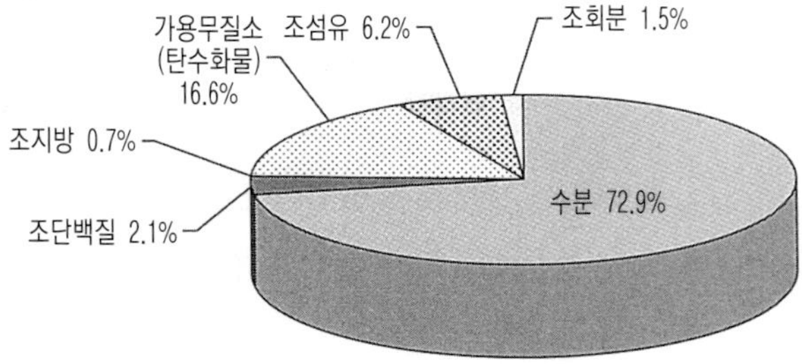

출전: 중앙축산회, 일본표준사료 성분표(2003)

그림 2.2.11 옥수수(식물전체)의 조성

표 2.2.4 옥수수(마치종) 경작면적 등 지역별 순위(2003년)

	경작면적(ha)		수확량(t)		10a당의 수확량(kg)		밀도(t/km²)	
1위	홋카이도	37,000	홋카이도	1,906,000	토오쿄오	6,440	미야자끼현	60
2위	미야기현	7,510	미야자끼현	398,000	토꾸시마현	6,410	도찌기현	42
3위	이와테현	5,680	도찌기현	266,100	치바현	5,930	구마모또현	36
4위	구마모또현	5,360	구마모또현	246,600	가가와현	5,720	군마현	31
5위	도찌기현	4,660	이와테현	237,400	도찌기현	5,710	이바라끼현	25

분이 73%, 가용무질소 17%, 조섬유 6.2%이다(그림 2.2.11). 일본에서의 총 재배면적은 8만5천 헥타르이며, 생산량은 464만톤이다(표 2.2.4).

6) 목초

목초는 크게 콩과의 목초와 벼과의 목초로 나뉜다. 콩과의 목초로는 붉은 토끼풀, 흰 토끼풀, 알팔파 등이 있고, 벼과의 목초로는 오차드그라스, 티모시, 이탈리안그라스 등이 있다(그림 2.2.12). 조성은 평균적으로 수분이 73%, 가용무질소가 약 13%, 조섬유가 약 10%이다(그림 2.2.13).

(a) 붉은 토끼풀 (b) 오차드그라스

출전: (a) 도후꾸 농업연구센터, (b) 농업수산성 농림수산기술회의

그림 2.2.12 목초

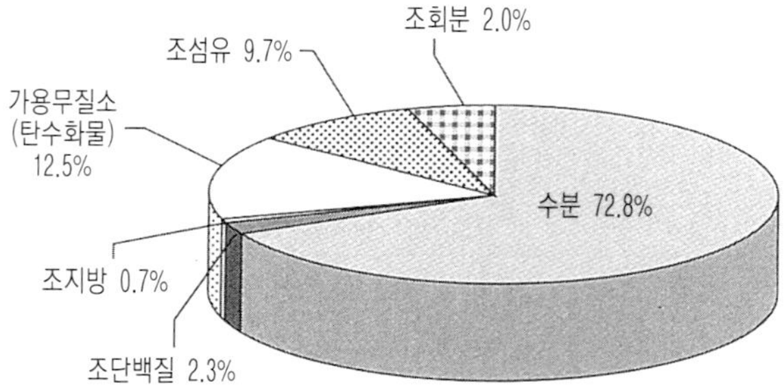

출전: 중앙축산회, 일본표준사료 성분표(2003)

그림 2.2.13 목초의 조성 (오차드그라스)

목초의 재배면적은 78만 헥타르이고 수확량은 2,968만톤이다. 단위면적당 생산량은 다른 작물에 비해 많다. 표 2.2.5에 목초의 경작면적 및 수확량의 베스트 5를 살펴보면 모두 홋카이도가 가장 높았다.

표 2.2.5 목초 경작면적 등 지역별 순위(2003년)

	경작면적(ha)		수확량(t)	
1위	홋카이도	573,600	홋카이도	18,738,000
2위	이와테현	42,400	가고시마현	1,420,000
3위	아오모리현	20,800	이와테현	1,416,000
4위	가고시마현	20,400	미야자키현	1,056,000
5위	미야자키현	17,100	아오모리현	661,400

7) 바이오에탄올 원료로서의 농업계 바이오매스 비교평가

현 상태에서 농업계 바이오매스는 식량, 사료로서의 생산이 목적이다. 바이오에탄올 원료는 그림 2.2.1에 나타냈는데, 미이용 바이오매스로서의 농산물 비식용 부분 1,400만톤의 약 70%에 상당하는 약 1,000

표 2.2.6 농업계 바이오매스의 조성 일람표

(단위: wt%)

바이오매스 종류	수분	조회분	조섬유	탄수화물	조지방	조단백질
사탕무우(뿌리)[1]	75.0	1.0	2.0	21.0	0	1.0
사탕무우 (뿌리 제외 상단부)[2]	83.3	2.3	1.9	10.0	0.3	2.7
마령서(뿌리)[2]	81.3	0.9	0.4	15.4	0.1	1.9
마령서(줄기)[2]	85.5	2.5	4.1	5.2	0.5	2.2
벼(현미)[2]	13.8	1.4	0.9	73.7	2.3	7.9
벼(볏짚)[2]	67.4	4.9	9.9	14.7	0.8	2.3
벼(왕겨)[2]	9.5	17.8	39.8	29.2	0.9	2.8
소맥(낱알)[2]	11.5	1.7	2.4	70.5	1.8	12.1
덜 마른 옥수수[2]	72.9	1.5	6.2	16.6	0.7	2.1
목초/오차드[2]	72.8	2.0	9.7	12.5	0.7	2.3

출전: 1) 농업기술보급협회 홋카이도 벼농사 기술
2) 중앙표준사료 성분표, 2003

만톤의 유효이용은 자원량으로서도 코스트 면에서도 모두 중요하다.

표 2.2.6에는 에탄올 원료로 해서 중요한 성분인 섬유(셀룰로오스, 헤미셀룰로오스) 및 탄수화물(설탕, 전분)에 주목하여 앞에서 기술한 (1)~(6)의 각 바이오매스의 구성 성분을 총괄해 놓았다. 쌀, 보리 등의 곡류를 빼면 일반적인 농업계 바이오매스는 수분 함유량이 60%~80%로 정도로 높은 점, 벼, 목초의 회분 함유량이 비교적 높다. 아무튼 농산계 바이오매스의 비식량 부분에 주목한다면 조섬유와 탄수화물 함유량이 비교적 많은 볏짚, 왕겨, 덜 마른 옥수수 줄기, 목초는 유망한 자원이 될 것이다.

임산계 바이오매스 원료

1) 바이오매스 특성

그림 2.2.14는 바이오에탄올의 원료로 유력시 되는 목질계 바이오매스의 전형적인 현장사진이고, 표 2.2.7은 이들의 구성성분 실측치이다[3].

목질계 바이오매스의 주요 3대 성분인 셀룰로오스, 헤미셀룰로오스 그리고 리그닌 가운데 리그닌을 제외한 셀룰로오스와 헤미셀룰로오스

그림 2.2.14 목질계 바이오매스 수집 현장 사진[3]

표 2.2.7 대표적인 미이용 셀룰로오스의 성분 조성[3)]

구성 성분	전나무 조각	전나무 칩	전나무 바크	폐목재	활엽수
알코올·벤젠 가용분	0.57	4.22	0.81	2.80	2.36
α-셀룰로오스	42.41	43.21	41.52	41.89	43.36
β-셀룰로오스	0.00	0.00	0.05	0.14	0.06
헤미셀룰로오스, γ-셀룰로오스	25.37	27.22	23.49	21.78	29.24
산(酸)불용성 리그닌	31.61	25.31	34.08	33.22	23.90
산 가용성 리그닌	0.04	0.05	0.06	0.17	0.37

를 합쳐 호로셀룰로오스라 하는데, 이 호로셀룰로오스의 함유량이 바이오에탄올 원료 원단위(단위 에탄올생산에 필요한 바이오매스량)를 결정짓는 중요인자가 된다. 표 2.2.7을 보면, 침엽수에는 리그닌 성분이 많고 활엽수에는 헤미셀룰로오스량이 상대적으로 많다. 그러나 셀룰로오스는 양쪽 모두 큰 차이가 없다. 따라서 이를 에탄올 발효원료의 관점에서 보면 호로셀룰로오스 함유량이 많은 활엽수가 보다 좋은 원료라고 말할 수 있다. 또한 건설 폐재는 국산재, 수입재 모두 전나무, 소나무, 미송나무 등의 침엽수이므로 그 구성성분은 전나무와 거의 같다. 에탄올 원료가 되는 그 어떤 바이오매스라도 건조 바이오매스 기준으로 호로셀룰로오스 함유량이 대략 65~ 70wt%이므로, 에탄올 생산을 위한 원료 원단위는 이론적으로는 1톤의 건조 바이오매스에서 약 450~480리터의 에탄올을 생산해낼 수 있는 자원이라고 할 수 있다.

2) 바이오매스 자원량

바이오에탄올의 제조 원료가 되는 목질계 바이오매스로는 ① 미이용 삼림자원(간벌재·임지 잔재) ② 제재공장서 나오는 잔폐재(제재 폐재) ③ 대나무 ④ 신축 및 해체공사에서 나오는 건설발생 목재(건설발생 목재) 등을 들 수 있다. 현실적으로 이용가능한 양을 추산하는 데는 그

정도(精度)에 있어서 약간 문제가 남는다. 그래서 실제로 실용화를 검토하기 위한 첫 단계로는, 맨 먼저 이미 발표된 자료를 참고로 각 바이오매스 종류별 유망 대상 사이트를 우선 선정하고, 선정한 사이트에서 대상자원의 양 · 코스트 · 수집기술 등에 관해 현지 방문을 포함한 상세한 조사를 실시하여, 원료 공급 측면에서 에탄올 제조 가능성을 검토할 필요가 있다.

① 미이용 삼림자원

바이오에탄올의 대상자원인 삼림계 미이용 자원으로는 간벌재와 임지잔재가 있는데 그 발생량을 종래에 발표된 자료를 토대로 표 2.2.8에 정리하였다[4]. 이 표에서는 그 지역의 소재(素材) 수요량에, 소재(素材) 수요량에 대한 임지(林地) 잔재율을 곱함으로써, 임지잔재로써 발생하고 있는 양을 추정하여 계산을 하고 있다. 소재 수요량에 대한 임지잔재율에 대해서는 농림수산성 자료(바이오매스 · 일본 종합전략책정자문그룹 제2회 회의자료)에서 산출한 50.9%(=임지잔재 3.88백만톤/(전 벌채량 11.50백만톤-임지잔재 3.88백만톤))를 사용했는데, 이 표는 바이오매스의 수집 코스트 삭감이라는 관점에서 임지잔재/임야면적(톤/헥타르/년)를 지표로 하여 전국 주요 삼림 지역의 임지발생량을 추정한 것이다. 이렇게 해서 바이오에탄올의 원료가 되는 미이용 임지 잔재량을 임지잔재 건물(乾物) 환산으로 매년 292만톤이 발생하고 있다는 것을 알 수 있다. 미이용 삼림자원 수집 · 수송의 관점에서 임야 면적당 임지 잔재량이 많은 지역은 미야기현, 구마모또현, 오이따현 등 큐슈 남부지역에 편재되어 있다. 또한 이 표의 임지잔재/임야면적(톤/헥타르/년)은 자연림의 수치이며, 보통의 인공림의 간벌재 평균치는 9～10(톤/헥타르/년) 정도로 추산된다.

표 2.2.8 지역별 삼림 자원량, 임지잔재 발생량의 추정결과(임야청 HP)

지역명 (t/ha 상위)	삼림 축적량 (천m^3)	임야 총면적 (천ha)	임지 잔재량 (천m^3/년)	임지잔재건물(乾物) (천t/년)	임지잔재/임야면적 (t/ha/년)
미야자끼	117,599	590	569	216	0.366
구마모또	104,563	466	371	141	0.302
오이따	89,281	457	313	119	0.260
도찌기	57,636	345	200	76	0.220
애히매	79,838	401	231	88	0.219
사가	21,724	110	56	21	0.194
이바라끼	30,126	190	96	37	0.193
미야기	63,500	414	188	72	0.173
미애	62,251	375	170	64	0.172
이와테	193,320	950	484	184	0.159
나라	59,854	284	117	44	0.156
아이찌	37,951	220	90	34	0.154
아오모리	95,633	630	251	95	0.151
아끼타	127,450	840	328	328	0.148
가고시마	102,020	593	338	204	0.131
전국 합계	3,757,845	24,918	7,685	2,920	평균 0.117*
비 고	* 이 값은 평균치로, 보통 인공림의 간벌재 평균치는 9-10(t/ha/년)이다.				

② 제재 폐재

제재 폐재는 제재공장으로의 입하량에 대해 일정량 배출되는데 그 비율은 48.2%이다[5]. 단, 제재 폐재는 부위(종류)에 따라 이용률이 달라지는데, 특히 수피(바크)의 이용률이 낮아 현 상태에서는 처분이 곤란한 상황이다. 바크 발생량을 파악하기 위해 제재공장으로의 입하량을 토대로 제재 폐재의 종류별 발생량을 정리하고, 제재 폐재 종류별 발생비율로부터 바크의 발생율은 21.4%로 시산된다[6]. 또한 바이오에탄올 원료라는 관점에서 제재 폐재의 현 상태를 고찰하면, 전국적으로는 건물(乾物) 기준으로 연간 약 320만톤의 제재 폐재가 발생하지만, 소각·폐기처분되고 있는 양은 약 5.7% 상당의 18만톤 정도로 극히 일부분이다. 한편, 바크는 소각 외에는 유효이용이 되지 않고 있어 원료면에서 연간 약 70만톤(=320만톤×0.214)의 바크를 유효이용하는 방법을 찾아야 할 것이다.

③ 죽림

바이오에탄올 원료로 대나무는 호로셀룰로오스(셀룰로오스와 헤미셀룰

표 2.2.9 대나무 부존량 추정[7)]

추산 전제조건: 최소 3,000～최대 8,000그루/ha → 평균 5,000그루/ha
건(乾) 중량 20～30wet-kg/그루 → 평균 25wet-kg(12.5dry-kg)/그루

전국순위	지역	죽림면적(ha)	평균 생산량(천wet-t)	평균 건중량(천dry-t)
1	가고시마	16,309	1,996	998*
2	오이따	13,338	1,632	816
3	야마구찌	11,073	1,354	677
4	후꾸오까	11,020	1,348	674
5	구마모또	10,578	1,294	647
6	돗토리	9,719	1,252	626
7	치바	5,896	721	360
8	교토	5,412	662	331
9	미야자끼	4,991	610	305
10	오까야마	4,938	604	302
11	고치	4,388	536	268
12	시즈오까	4,195	513	206
13	애히매	3,967	485	242
	전국합계	136,081	18,633	9,316

비고: 전국합계에는 통계자료가 없어서 홋카이도, 아오모리를 뺐는데 결과에 미치는 영향은 미미함. 대나무의 성장속도로부터 보면 5년 주기로 벌채가능. 따라서 전국의 연간 벌채 가능량은 약 300만톤/년.

* 또한 가고시마의 이즈미(出水), 川薩地區삼림조합의 죽림생산량은 6.7만톤/년(2만kℓ/년 에탄올에 상당)

로오스의 합)의 함유량이 높아 임지잔재 이상으로 더욱 유용한 원재료이다. 그러나 대나무의 재적(材積), 중량에 관한 지역별 통계정보가 존재하지 않기 때문에 죽림의 면적으로부터 축적량을 최소치로 해서 헥타르당 30톤, 최대치로 헥타르당 136톤을 설정해 놓고, 함수율을 0.52로 해서 시산하여[7] 표 2.2.9에 나타냈다. 가고시마현이 가장 많은데, 최소 23만톤, 최대 106만톤의 부존량이 예상된다. 여기서의 방문조사 결과, 평균 수량(收量)으로 대충 최대치에 근접한 수치가 나오고 있다. 죽림을 이용하는 경우 전량을 일년 내내 이용하는 것은 자원보호 측면에서도 바람직하지 않으니 5년 사이클로 나누어 윤벌하는 것이 좋을 것 같다. 그 경우 가고시마현에서만 1년에 4.6～21.1만톤을 이용할 수 있으리라 추산된다.

④ 건축발생 폐재

건축발생 폐재에 관해서는 각 지방자치단체가 자료를 어느 정도 가지고 있는데 국토교통성이 2002년도에 실시한 건설 부산물 실태조사에서는 표 2.2.10에 나타냈듯이 전국 합계로 재이용량 284만톤, 감축량 131만톤, 최종 처분량 49만톤의 총 464만톤으로 되어 있다[8]. 그렇

(2003년 연간 취급량 실적에서)
리사이클량 전국 합계: 약 235만톤 도쿄돔으로 환산: 약 9.5개분

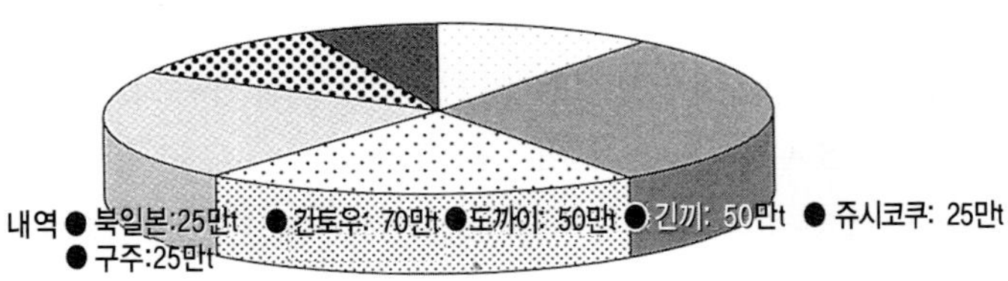

출전: NPO법인 전국목재자원 리사이클협회연합회
http://www.woodrecycle.gr.jp/recycle.html

그림 2.2.15 건설발생 목재의 리사이클 실적[8]

표 2.2.10 2002년도 건설 부산물 실태조사 결과(건설발생 목재)

지역	재이용		감축량		최종 처분량		합계	
	천t	%	천t	%	천t	%	천t	%
홋카이도	337.1	70.7%	76.3	16.0%	62.9	13.2%	476.3	100.0%
아오모리현	39.3	52.1%	28.7	38.0%	7.4	9.8%	75.4	100.0%
이와테현	20.5	26.3%	36.0	46.3%	21.2	27.2%	77.7	100.0%
미야기현	38.1	40.2%	42.1	44.4%	14.5	15.3%	94.7	100.0%
아끼타현	36.0	52.4%	19.5	28.4%	13.1	19.0%	68.6	100.0%
야마가따현	43.1	61.5%	17.3	24.7%	9.6	13.7%	70.0	100.0%
후꾸시마현	24.0	34.8%	36.4	52.9%	8.4	12.2%	68.8	100.0%
이바라끼현	58.2	59.6%	32.3	33.1%	7.0	7.1%	97.5	100.0%
도찌기현	37.6	44.0%	40.4	47.3%	7.3	8.5%	85.3	100.0%
군마현	39.3	40.7%	42.4	43.9%	14.8	15.3%	96.5	100.0%
사이타마현	69.6	52.4%	48.2	36.3%	14.8	11.1%	132.6	100.0%
치바현	144.9	80.7%	28.9	16.1%	5.6	3.1%	179.4	100.0%
도쿄	175.8	74.3%	50.0	21.1%	10.7	4.5%	236.5	100.0%
가나가와현	111.5	60.3%	55.2	29.8%	18.1	9.7%	184.8	100.0%
야마나시현	16.2	69.5%	5.1	21.8%	2.0	8.5%	23.3	100.0%
나가노현	45.9	52.3%	32.8	37.4%	9.0	10.2%	87.7	100.0%
니가따현	76.7	61.9%	33.4	26.9%	13.7	11.0%	123.8	100.0%
도야마현	40.0	79.2%	5.9	11.6%	4.6	9.1%	50.5	100.0%
이시카와현	32.9	57.3%	18.0	31.3%	6.5	11.3%	57.4	100.0%
기후현	69.3	69.5%	25.3	25.3%	5.1	5.1%	99.7	100.0%
시즈오까현	145.7	83.8%	20.5	11.8%	7.5	4.3%	173.7	100.0%
아이찌현	143.4	71.9%	46.6	23.3%	9.2	4.6%	199.2	100.0%
미에현	55.6	74.9%	11.5	15.4%	7.1	9.5%	74.2	100.0%
후꾸이현	23.8	44.8%	23.8	44.8%	5.5	10.3%	53.1	100.0%
시가현	35.7	58.5%	18.7	30.6%	6.6	10.8%	61.0	100.0%
교토부	32.2	52.0%	22.4	36.1%	7.3	11.7%	61.9	100.0%
오사까부	91.7	64.4%	36.7	25.7%	13.9	9.7%	142.3	100.0%
효고현	35.0	51.4%	45.4	35.9%	16.0	12.9%	126.4	100.0%
나라현	21.4	57.3%	12.0	32.1%	3.9	10.4%	37.3	100.0%
와까야마현	19.8	73.6%	4.3	15.9%	2.8	10.4%	26.9	100.0%
돗토리현	19.3	54.2%	14.6	41.0%	1.7	4.7%	35.6	100.0%
시마네현	49.7	71.3%	11.7	16.7%	8.3	11.9%	69.7	100.0%
오까야마현	46.9	75.4%	13.2	21.2%	2.1	3.3%	62.2	100.0%
히로시마현	59.6	50.8%	48.5	41.3%	9.1	7.7%	117.2	100.0%
야마구찌현	79.9	52.8%	50.3	33.2%	21.1	13.9%	151.3	100.0%
도쿠시마현	12.5	30.3%	20.9	50.7%	7.8	18.9%	41.2	100.0%
가가와현	32.3	63.2%	10.3	20.1%	8.5	16.6%	51.1	100.0%
애히메현	28.2	53.8%	16.8	32.0%	7.4	14.1%	52.4	100.0%
고우찌현	18.9	50.5%	11.4	30.4%	7.1	18.9%	37.4	100.0%
후꾸오까현	82.4	62.1%	37.2	28.0%	13.0	9.8%	132.6	100.0%
사가현	17.1	51.0%	11.1	33.1%	5.3	15.8%	33.5	100.0%
나가사키현	70.3	57.2%	40.6	33.0%	11.8	9.6%	122.7	100.0%
구마모또현	17.4	29.7%	25.5	43.5%	15.6	26.6%	58.5	100.0%
오이따현	32.1	49.1%	25.9	39.6%	7.3	11.1%	65.3	100.0%
미야자끼현	68.7	76.5%	14.3	15.9%	6.7	7.4%	89.7	100.0%
가고시마현	82.0	59.5%	40.0	29.0%	15.3	11.3%	137.6	100.0%
오끼나와현	28.1	64.7%	4.3	9.9%	11.0	25.3%	43.3	100.0%
전국합계	2,835.7	61.0%	1,312.7	28.2%	495.5	10.6%	4,643.9	100.0%

(출전: 국토교통성 2002년도 건설부산물 실태조사)

지만 건설발생 목재구분에는 콘크리트 건설물에 사용된 거푸집 나무 등도 포함되어 있으며 이들은 재이용될 가능성이 매우 낮다.

건설 분야에서 발생한 목재의 취급량을 통계적으로 파악하고 있는 NPO법인 「전국 목재자원 리사이클협회연합회」의 자료를 참고하여 그림 2.2.15에 나타냈다. 이에 따르면 2005년도 실적으로 리사이클 양이 전국에서 약 226만톤이고, 소각 및 매립 등으로 감축량을 고려한 리사이클 비율을 전국 평균으로 약 60% 정도로 가정하면, 2005년에는 연간 380만톤의 건축목재가 발생하고 있다고 추정된다.

3) 에탄올 원료로서의 바이오매스 조달 코스트 검토

바이오에탄올 제조용 원료의 평가기준은 바이오매스 구성성분 등의 화학적 특성, 부존량 그리고 코스트라는 것은 이미 설명했는데, 여기서는 사업화에 있어서 가장 중요한 인자의 하나인 코스트에 대해 고찰해보자.

① 목질계 바이오매스의 조달 코스트

일본에서 자원량으로 가장 안정공급이 기대되는 자원은 삼림인데, 그 가격 구성예로서 미야기현 삼림조합의 실적치를 표 2.2.11에 나타냈다. 또, 작업공정별 경비 실적을 가고시마현 삼림조합에서 제공해준 실적조사 결과를 토대로 삼림의 벌채, 집재(集材), 운반에 드는 경비를 작업별로 해석해서 표 2.2.12에 각각 예시했다.

표 2.2.11과 표 2.2.12의 실적치에는 지역에 따라 약간의 조달 코스트의 차가 있지만, 전국적인 삼림계 바이오매스 조달 코스트는 대강 톤당 15,000엔~23,000엔/t(-건조 중량 베이스 목재)이다. 이 사실은 현 상태에서 바이오에탄올 제조 코스트를 대폭 끌어올려버리는 원인이 되고 있다.

한편, 목재의 제재공정에서 발생하는 바크는 일종의 산업폐기물이

표 2.2.11 주벌재 및 간벌재의 시장에서 판매가격과 조달 코스트[3)]

	판매가격 (엔/m^3)	조달코스트(엔/m^3)		조달코스트(엔/t건중 베이스)	
		소재 생산비 (시장 도착가격)	입목가격 (산주인에게 지불)	소재 생산비 (시장 도착가격)	입목가격 (산주인에게 지불)
개벌(皆伐) 고성능임업기계사용	10,000~ 12,000	4,000	3,000	10,526	10,526
개벌(皆伐)		6,000		10,789	
간벌(間伐)	9,000	6,000		10,789	

표 2.2.12 바이오매스 조달에 드는 경비

		(엔/m^3)	엔/t건중 베이스
벌채(伐採)		3,286	8,647
	인건비	890	2,342
	기계・연료비	2,396	6,305
집재(集材)		4,915	12,934
	인건비	3,631	9,555
	기계・연료비	1,284	3,379
적재・운반	기계・연료비	403	1,061
합 계		8,604	22,642

주) 시산할 때, m^3당 코스트는 기건(氣乾)비중 0.38t/m^3(출전: 미야자끼현 「목질 바이오매스 활용비젼 책정사업에 관계한 미이용 목질자원 등 조사보고서」(2004년 3월)를 곱해서 환산함.

며, 현 상태에서도 처분에 애를 먹고 있으며 코스트도 톤당 0~500엔(건조중량 베이스 바크 정도이지만)이 든다. 양적인 면과 품질, 특히 수지나 불순물이 다량으로 혼재하고 있는 점에서 보면 바이오에탄올 원료로라기 보다 발전용 바이오칩 원료로나 검토해볼 만한 자원일 것이다.

건축발생 목재는 그림 2.2.16에 나타냈듯이, 일반적으로는 민간건설공사, 공공건설공사에서 발생하는 폐재는 산업폐기물이므로 민간의 중

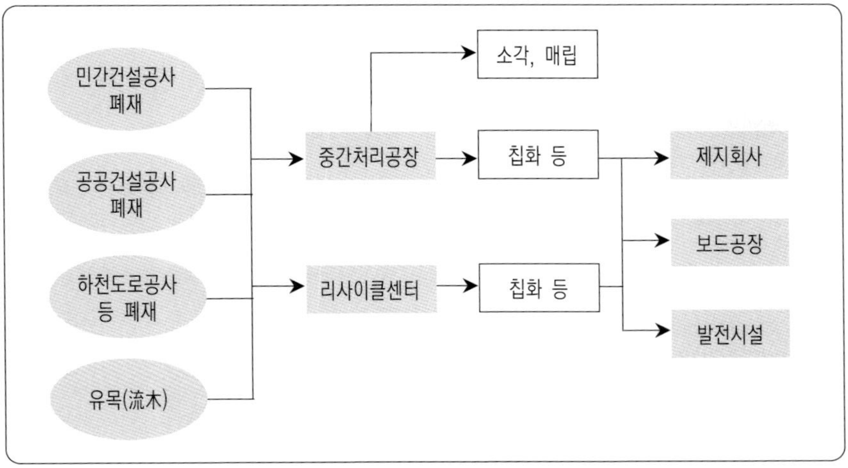

그림 2.2.16 건설현장 발생 목재의 유통 흐름[3)]

간처리공장과 삼림조합의 리사이클센터에서 처리비를 받고 처분해주고 있다. 중간처리공장에서 나오는 처리를 끝낸 폐재를 제지용 칩, 보드 원료 혹은 발전(發電)이나 바이오에탄올 제조 원료로 하는 경우의 코스트는 이들 중간처리 공정에서 받아들인 폐재 처분료와 폐재 처리를 위한 소요경비와의 밸런스로 결정된다. 예를 들면 폐재 발생현장에서 직접 바이오에탄올 원료로서 입수하는 경우에는 발생자로부터의 처분비용을 입수하는 역유상(逆有償) 가격이 되고, 또 중간처리공장에서의 칩 잔재로 생각하는 경우에도 대강 처리공장에서의 바이오에탄올 공장끼리의 수송비 상당의 톤당 1,000엔~3,000엔-건중(乾重) 베이스 칩 정도이다. 어느 쪽이든 건설발생 폐재는 코스트로 보면 매력적인 바이오에탄올 원료이겠지만, 양적으로 보다 안정적으로 확보하는 것이 과제가 된다.

인용 · 참고문헌

1) 藤野純一, 久保山浩史, 安藤範規, 藤井重雄, Journal of Institute of Energy, 84, 967 (2005).
2) 樺沢雅之, 和田洋之, 館山留男, 大深正徳, 秀島好安昭, 平成17年度農業土木学会大会要旨集, (社)農業土木会(2005).
3) NEDOバイオエネルギー高効率転換技術開発／セルロース系バイオマスを原料とする新規な発酵技術等による燃料用エタノールを製造する技術の開発 NEDO平成14年度成果報告書.
4) 林野庁HP, 宮崎県「木質バイオマス活用ビジョン策定事業に係わる未利用木質資源等調査報告書」(平成16年3月).
5) (財)日本住宅木材技術センター, 再利用・廃棄技術調査報告書
6) 伊東祐司, 村田光司, 森林総合研究所研究報告 2(2), p111-114, June (2003).
7) 農林水産センサス2000, 千葉県バイオマス利活用マスタープラン.
8) 国土交通省, 平成14年度建設副産物実態調査.

3 해외(ASEAN)의 주요 미이용 바이오매스 원료와 특징

곡물, 당질 혹은 식용유 등의 식량생산 과정에서 병산(倂産)되는 농업계 미이용 바이오매스 가운데, 에탄올 제조 원료로 막대한 양의 자원을

그림 2.3.1 팜 야자나무(위), CPD(Crude Palm Oil, 왼쪽아래), 껍데기(오른쪽 아래)

보유하고 있는 아세안지역의 미이용 자원과 그 특징에 대해 살펴보자.

아세안 지역에서 생산해내는 주요한 미이용 바이오매스 자원으로는 사탕수수에서 나오는 바가스(bagasse), 카사바 전분의 정제과정에서 같이 생산되는 카사바 전분찌꺼기, 쌀 생산에서 나오는 볏짚, 옥수수수염・심・줄기, 팜 야자껍데기(그림 2.3.1 참조) 등이다.

표 2.3.1은 아세안지역 및 일본에서 생산되는 주요 셀룰로오스계 폐기물(일부 전분 혼합물 포함)의 에탄올 생성 소재가 되는 셀룰로오스, 헤미셀룰로오스와 전분의 조성에 관한 저자들의 분석결과를 정리한 것이다. 또 표 2.3.2에는 농업계 바이오매스 종류별 주요작물 1톤당의 구성성분 및 대상작물 1톤을 생산하는 과정에서 병산되는 미이용 셀룰로오스계 바이오매스의 양을 추산함과 동시에 기대되는 에탄올 생성량을 시산한 결과를 종합한 것이다.

표 2.3.1 셀룰로오스 함유 바이오매스의 조성

Waste-biomass	Water cont.	Ash cont.	alcohol-benzene soluble	α-cellulose	Hemi-cellulose	lignin	starch
Rice straw	7.15	6.20	4.39	38.32	33.49	23.80	0
grass+potato(1:1)	4.77	5.85	2.29	23.02	32.99	11.00	31.0
bagasse	6.71	1.73	5.14	38.50	36.33	20.00	0
Sago-starch	10.20	2.93	1.53	13.39	11.56	6.02	70.5
Sago starch waste	7.87	5.94	0.89	22.21	23.85	12.99	42.3
Sago stalk & leaves	5.70	4.49	4.40	35.99	25.58	35.18	0
Oil palm old tree	6.64	3.23	5.03	40.08	34.08	20.42	0
Oil palm EFB	4.65	3.53	3.70	46.94	28.47	21.06	0
Dent corn	7.42	4.26	5.35	21.03	28.83	10.07	31.4
Cassava starch waste	7.14	6.70	0.52	14.86	10.24	7.03	62.7
Gum old tree	6.59	1.68	1.47	42.90	32.13	23.43	0

표 2.3.2 주요 농업계 바이오매스의 구성성분과 기대되는 에탄올 생성량

(1) 사탕수수 wet-1t base

물질명	조성(kg)	수분함유량(%)	평균 단당량(kg)
설탕(sugar)	105-120	0	123
수분	500-510		
바가스(bagasse)	270-290	50-52	176
케익(filter cake)	28-40	70-72	9
폐당밀(molasses)	50-60	40-45	23
두엽부(tops/leaves)	300	20	143
총계	953-1,020 (1,300)		331 (476)

(2) 카사바 전분 wet-1t base

물질명	조성(kg)	수분함유량(%)	평균 단당량(kg)
카사바 전분	349	0	384
조섬유	8		7
(전분겨)*[1]			
조단백	43		
수분 외	600		
수염	62	50	18
총계	1,000 (1,062)		391 (409)

*[1] 카사바 전분겨/카사바=400kg/t (전분 70kg, 섬유 10kg, 수분 320kg)로 (태국 현지조사) 에탄올 생산량 추산

(3) 쌀겨 1t base

물질명	조성(kg)	수분함유량 및 회분, 지방(%)	평균 단당량(kg)
쌀(탄수화물)	737	0	810
조섬유	9		8
조단백	79		
수분 외	175		
볏짚	1,757	31(수분 15, 회분 16)	721
왕겨	267	35(수분 15, 회분 20)	103
총계	1,000 (3,024)		818 (1,185)

(4) 메이즈(옥수수)　　1t base

물질명	조성(kg)	수분함유량 및 회분, 지방(%)	평균 단당량(kg)
옥수수 전분	675		742
조섬유	80		48
조단백	80		
수분 외	165		
수염	2,000	15	1,011
심	273	15	138
메이즈껍질	200	15	101
총계	1,000 (2,473)		790 (1,624)

*1)은 수분함유율을 15% 정도로 가정하여 시산.

(5) 팜야자 생선과방(FFB)　　1t base

물질명	조성(kg)	수분함유량 및 회분, 지방(%)	평균 단당량(kg)
조(粗) 팜	565		0
과실껍데기	65		33
섬유	140		70
빈 과방	230		116
총계	1,000		259

*1)은 수분함유량을 15%정도로 가정하여 시산.

(출전: Weerathawon, 2nd Biomass-Asia Workshop 2005 2005.12.17-19 Bangkok
Data for crop production available from FAO 1997)

아세안지역의 2030년에 농산물 생산량에 관여하는 포텐셜 조사결과를 가지고, 병산 미이용 바이오매스 부위별 에탄올 제조과정에서 셀룰로오스, 헤미셀룰로오스로부터 구성 단당(單糖)으로의 변환수율을 87%(진한 황산법 가수분해에서의 실적치), 단당류로부터의 에탄올 발효에 따른 대이론(對理論) 발효수율을 90%로 가정한 경우의 바이오에탄올 생산 포텐셜을 표 2.3.3에 나타냈다.

표 2.3.3에 의해 2030년의 아세안지역의 태국, 말레이시아, 인도네시

표 2.3.3 ASEAN에서 농산 폐기물 발생량 예상(2030년 에탄올 환산)[1]

(단위: 에탄올 환산 천kℓ/년)

농산물의 종류	사탕수수	카사바	옥수수	쌀	오일팜	코코넛	합 계
대상부위	바가스 · 필터케익	즙 찌꺼기 · 수염 · 잎	수염 · 잎 · 껍질 · 심 · 조섬유	볏짚	과실껍질 · 빈 과방	과실껍질 · 섬유	
태국	4,441	1,123	2,038	13,702	1,128	186	22,618
말레이시아	108	20	42	873	15,024	115	16,183
인도네시아	8,606	2,349	14,499	19,334	24,680	2,584	72,055
필리핀	2,555	187	5,572	6,265	32	5,186	19,797
베트남	1,319	388	3,906	12,696	0	137	18,446
미얀마	1,392	20	1,421	7,161	0	132	10,126
캄보디아	16	40	400	2,436	0	16	2,908
라오스	72	12	327	1,511	0	0	1,922
합계	18,508	4,140	28,205	63,978	40,869	8,355	164,055

회색틀은 폐기물 발생량이 에탄올 환산에 있어서 유망한 것임

아, 필리핀, 베트남, 미얀마, 캄보디아 및 라오스의 8개국의 총 에탄올 생산 포텐셜은 연간 1억 6,400만kℓ라는 막대한 양의 자원으로 추산되고 있다. 특히 인도네시아에서만 사탕수수의 바가스, 카사바 전분찌꺼기, 옥수수 수염, 잎, 심, 볏짚, 오일팜 껍데기나 찌꺼기 및 코코넛 과실껍질, 섬유 등의 셀룰로오스계 잔사(殘渣)만 해도 연간 7,200만kℓ의 에탄올 생산 포텐셜이 기대되고 있다.

인용 · 참고문헌

1) NEDO公開報告會「アジア諸國におけるバイオエネルギーに關する調査」平 成19年1月12日.

제3장

전처리 · 발효기술

1 당질 및 전분질[1~8)]

합성법으로 제조되는 에탄올의 원료는 에틸렌이지만 발효법으로 생산되는 에탄올의 주요 원료 농산물은 당질원료와 전분질 원료이다. 당질 원료로는 글루코스(포도당), 후르크토스(과당), 슈크로스(자당)를 주성분으로 하는 케인(사탕수수) 즙이나 사탕무(비트) 즙 등이 있다. 케인 또는 비트를 원료로 하는 제당산업의 부산물인 당밀도 에탄올 발효의 원료로 많이 사용되며 일본에서는 감귤의 과즙밀(果汁蜜)도 소량이기는 하지만 사용되고 있다. 특수한 예이기는 하지만, 낙농산업에서 많이 배출되는 밀크호에(유청)에 들어있는 유당이나 아황산법에 의해 펄프를 제조할 때 아황산펄프 폐액에 들어있는 수% 농도의 당분(헥소스와 펜토스) 속에서 헥소스만을 추출하여 원료로 사용하는 경우도 있다.

전분질은 글루코스의 고분자인데 콘(옥수수), 고구마, 타피오카 등이 주된 전분질 발효원료로 사용된다. 돼지감자라고 하는 야생 국화과 식물의 뿌리에 포함된 이누린(β-2, 1-후루크탄)과 같이 아주 특수한 식물을 발효원료로 사용하는 연구도 세계 각지에서 진행되고 있다.

셀룰로오스계 바이오매스를 원료로 하는 에탄올 제조기술에 대한 연구는 현재 진행 중이지만 가까운 장래에는 공업규모로의 생산도 기대되고 있으니 제2절에서 자세히 설명하겠다.

당질 원료

케인(cane)은 열대 및 아열대 지방에서 재배되며, 케인주스는 11~17%의 당분(슈크로오스, 글루코오스, 후르크토스(과당))을 함유하고 있다. 케인주스는 브라질에서 연료에탄올 제조용으로 주로 이용되고 있다. 비트주스는 당농도가 14~20%로 케인주스보다 농도가 좀 더 높다. 비트(사탕무우)는 온대나 한랭지방에서 재배된다.

당밀에는 케인을 원료로 하는 것과 비트를 원료로 하는 것이 있다. 케인 혹은 비트주스를 농축하여 조당을 결정화시키는 공정을 몇 차례 거친 후 잔액(모액)을 다시 농축시킨 것이 당밀인데, 흑갈색을 띤 점성의 액체이다. 당밀은 슈크로오스가 적어서, 이것을 가지고 다시 설탕을 얻는 것은 경제적으로 타산이 맞지 않는다. 당밀은 글루코오스, 후르크토스, 슈크로오스 등의 당분을 45~55% 함유하며, 고농도의 칼륨과 주스의 청징화(淸澄化)를 위해 집어넣는 석회분 등을 함유하고 있다. 비타민, 미네랄을 많이 함유하여 에탄올 발효에 좋은 원료이다. 일본에서도 홋카이도에서는 비트를, 오키나와와 가고시마(도서부)에서는 케인을 재배하고 있다. 홋카이도산 비트 당밀은 주로 가축용 사료로, 그리고 오끼나와산 당밀은 에탄올발효 원료와 가축용 사료로 쓰이고 있다.

뉴질랜드에서는 낙농업으로부터 다량으로 부생하는 밀크호에(우유에서 지방분을 제거한 것)(약 4%의 유당 함유)를 배출수의 BOD 저하와 부가가치물질 회수를 위해, 에탄올 발효 원료로 이용하고 있다. 이를 발효하면 에탄올 농도는 2% 정도 밖에 되지 않으므로 증류에너지가 커진다. 그래서 밀크호에 당밀을 역삼투막으로 농축하려는 시도가 이루어지기도 하는데, 인산칼슘 배관에 침착하여 막혀버리는 일이 자주 발생하는 것을 보면 기술적으로 곤란한 부분이 있는 것 같다.

과즙밀(果汁蜜)은 귤에서 과즙을 짠 다음의 과피에서 당분 약 8%와 쓴맛을 갖는 과즙을 다시 짜서 이를 당분 40% 이상으로 농축한 것이

표 3.1.1 알코올의 원료가 될 수 있는 주된 농산물 생산량[9)]

(단위: 1,000t)

나라	고구마	감자	옥수수	쌀	맥류	타피오카	당밀	설탕
	2005년	2005년	2003년	2005년	2005년	2001년	2005/2006	2004/2005
세계 계	129,404	321,061	638,043	618,535	628,101	~178,000	50,217	143,892
미국		19,111	256,905	10,012	57,106		1,861	7,744
브라질			47,809	13,141		~24,000	12,670	28,620
중국	107,176	73,037	114,175	185,454	96,340		2,400	11,260
인도	900	25,000	14,800	129,000	72,000	~7,000	7,700	13,600
인도네시아	1,840		10,910	53,985		~16,500	1,270	1,977
한국			*4,400	6,418				
일본	1,050	2,900	0	10,989	850		100	933
필리핀			*4,854	14,800			870	2,320
베트남	1,550			36,341			330	1,300
미얀마				24,500			197	320
태국			*3,675	27,000		~18,000	2,020	7,300
방글라데시				40,054			65	197
파키스탄				7,351	21,591		1,500	3,480
우크라이나		19,480	6,900		18,700		785	1,790
러시아		36,400			47,608		800	2,065
벨라루즈		8,185					94	326
폴란드		11,009			8,556		380	2,065
루마니아			9,577		7,027		24	33
독일		11,158			23,578		900	4,186
네덜란드		6,836					195	1,022
프랑스		*6,000	11,898		36,922		880	4,400
영국					14,950			
이탈리아			8,978		7,530		600	1,085
캐나다			9,587		25,547		22	109
멕시코			18,616				1,877	5,640
아르헨티나			15,040		16,000		685	1,740
오스트레일리아					24,067		1,120	5,550
남아프리카			9,714				863	2,247

주 1) 고구마, 감자, 쌀, 맥류는 「포켓 농림수산통계(2005년)」 참조.

주 2) 옥수수는 FAO 홈페이지 자료 참조.

주 3) 당밀은 World Molasses Feed Ingredients Report, Oct.17, 2005, F.O.Licht 참조.

주 4) 타피오카는 World Molasses Feed Ingredients Report, Nov.26, 2002, F.O.Licht 참조.

주 5) 설탕은 International Sugar Sweetener Report, Oct.5, 2004, F.O.Licht 참조.

주 6) *1990년 수치

다. 이 과정에서 발효저해 성분인 테르펜류 등이 제거된다. 유기산의 농도가 높고 발효저해를 피하기 위해 보통은 당밀과 혼합하여 발효원료로 이용한다. 일본에서는 일본 알코올산업주식회사(구, NEDO 알코올사업본부)의 알코올공장에서 주로 이용하였다.[1,2]

표 3.1.1에 에탄올 원료가 될 수 있는 주된 농산물의 세계의 생산량을 나타냈다[9].

전분질 원료[9]

발효원료로 많이 이용되는 전분질 원료는 콘(옥수수), 보리 등의 맥류, 고구마, 감자 등이다(표 3.1.1). 세계의 옥수수 연간 생산량은 약 4.8억 톤으로 그 가운데 미국이 약 2.6억 톤을 생산한다(2003년). 미국에서 최근 연료에탄올 대량증산이라는 분위기 속에서 2007년에는 3억 톤을 넘으리라 예측하고 있다. 다량의 콘을 에탄올 원료로 하고 있는 것은 미국 이외에는 중국과 캐나다 등이다. 중국의 경우, 1990년대에 곡물증산에 의해 자급이 가능해져, 금세기 들어서 잉여 콘을 이용한 연료에탄올의 대규모 생산계획이 시작되었다. 현재 생산량은 연간 생산량 약 380만kℓ로 세계 3위이다. 그러나 생활수준 향상과 더불어 콘의 소비가 증대하여 드디어 최근에는 콘의 수급균형이 깨지게 되었다고 언론에 보도되고 있어 곡물에서 연료에탄올을 생산하는 것에 대해 국가발전위원회가 규제하고 있는 상황이다. 고구마의 세계 전체 수확량(2005년)은 1.29억 톤인데 그 가운데 중국이 1.07억 톤(약 83%)을 차지하고 있다. 고구마를 에탄올 원료로 이용하고 있는 나라는 중국이고, 감자를 에탄올 원료로 많이 사용하는 나라는 폴란드, 독일 등이다.

쌀은 물론 전분질 원료로 좋은 에탄올 원료로 일본에서도 잉여상태이지만, 공업용 혹은 연료용 에탄올의 원료로 이용하기에는 가격이 너무 높다. 현재 일본에서 쌀 생산은 가능한 한 맛좋은 쌀을 농약과 비료를 많이 써서 정성껏 재배하고 있다. 그런데 에너지를 얻을 목적으로 다수확 쌀을 에너지 절약적인 방법으로 재배했을 때에는 어느 정도의 코스트와 에너지 수지로 수확할 수 있을까에 대한 체계적인 검토가 필요해진다. 장기적으로는 다수확 쌀을 대량생산함으로써 쌀은 식용 및 사료용도로, 볏짚이나 왕겨 등은 바이오에탄올 등의 원료로 이용하는 것을 생각해 볼 수 있다.

당질 및 전분질 생산기술

1) 에탄올 발효의 역사

에탄올 발효는 일반적으로는 옛날부터 알코올 발효라 불렀는데 미생물 발효대사 산물로 생성하는 알코올류는 에탄올 이외에 *n*-프로판올, 이소프로판올, *n*-부탄올, 이소아밀 알코올, 글리세린 등 많이 있는데 여기서는 에탄올 발효에만 한정해서 살펴보겠다.

주류의 발효, 즉 에탄올 발효는 역사적으로는 수천 년 전의 고대문명 때까지 거슬러 올라갈 수 있다. 또 에탄올이 주류에서 증류 농축되는 것은 옛날 중국, 아랍 세계에서 발견되었다. 중세(17세기)에는 증류주가 만들어졌는데 에탄올 순도도 높아져 의약품으로도 쓰이게 되었다. 근세 유럽에서는 산업혁명 중에 용매 및 화학원료로의 수요가 생겨 에탄올 제조는 최초의 화학공업으로 발전하였고, 증류기술을 시작으로 많은 화학기술을 발전시키는 기초가 되었다. 이런 가운데 미생물학과 생화학도 장족의 발전을 하게 되었는데 1857년에는 프랑스의 파스퇴르에 의해 발효가 미생물에 의해 일어난다는 것이 증명되었다. 또 효모(*Saccharomyces cerevisiae 사카로미세스 세레비시에*)가 덴마크의 미생물학자(Hansen한센)에 의해 맥주의 단술에서 처음으로 순수 분리되었다(1883).

더 나아가 1897년에는 Buchner에 의해 무세포계에서도 발효가 일어나는 것이 증명되어 해당계(解糖系) 효소의 메커니즘 규명으로 이어지게 되었다.

20세기 초에는 전분질의 당화에 쓰이던 것은 맥아 또는 아미로균이었다. 현재의 Mucor, Rhizopus 등의 쿠모노스카비(텐페균)라 부르는 실 모양의 사상균은 이전에는 아미로미세스라 불렀기 때문에 아미로균이라 하는데 강력한 아밀라아제 활성을 지니고 있다. 맥주, 위스키의 양조에는 맥아의 당화력을 이용하는데 발아시의 보리에는 강한 아밀라아제가 들어있어서 서유럽에서는 이를 술의 양조에 이용해왔다. 한편, 전분질의 당화에 중국에서는 쿠모노스카비를 쓰고 일본에서는 코우지카비(누룩곰팡이)를 쓰고 있듯이, 양조 · 발효에 관한 문화와 기술의 차이는 술의 원료와 풍토의 차이와도 관련되어 있어서 흥미롭다[10~12]. 일본의 누룩곰팡이는 전분을 당화하는 능력은 강하나 에탄올 발효기능이 없어서, 단술 같은 일본 감주를 마시고 취하는 일은 별로 없다. 그러나 쿠모노스카비의 경우는 전분당화 기능 외에도 약하긴 하지만 에탄올 발효기능을 갖고 있어서 중국산 감주에는 에탄올도 함유되어 있는 점이 차이점이라고 하겠다.

제1차 세계대전부터 제2차 세계대전에 걸쳐 에탄올 수요는 증대하여, 10% 에탄올을 함유하는 가솔린(가소홀)이 자동차용 연료로 유럽에서 널리 쓰였다.

일본에서는 1899년에 감자(마령서)를 원료로 하여, 맥아당화법에 의한 에탄올공장이 홋카이도에 건설되었다. 이어 타이완과 일본에 도입된 아미로법은 일본의 전통 청주 양조기술인 누룩균의 액화 아밀라아제를 응용하여 개량되었다[7]. 이 방법에 의해 당화형 아밀라아제는 강하지만 액화형 아밀라아제가 약한 아미로균의 약점을 개량하여, 전분질의 저장농도를 올릴 수 있게 되었다. 더구나 누룩도 고체를 이용하던 것을 액체를 이용하게 되어, 아미로 액체누룩 절충법으로 기술적

면에서도 완성되었다. 2차 대전 이후에는 여기서 다시 효소 당화법으로 발전하여 교체되었다. 한편, 일본 통치하에 있던 타이완에서는 제당업의 발전과 더불어 대량으로 나오는 당밀을 원료로 한 에탄올 제조와 발효기술의 연구가 많이 발전했다. 1909년에는 타이완 총독부 중앙연구소가 창립되어, 나까자와료지 등에 의해 1933년 당밀용 우수효모로서 *Saccharomyces formosensis*(현, *Saccharomyces cerevisiae*) Taiken396이 분리 보고되었다[7]. 현재도 일본알코올산업(구, 신에너지·산업기술종합개발기구 알코올사업본부)의 알코올공장에서 발효생산에 사용되고 있는 효모는 바로 이 효모를 친주(親株)로 해서 길러내고 있는 것이다.

1937년에는 전매알코올제도가 발족하여, 군수와 농촌진흥 목적으로 고구마, 감자를 주원료로 하는 연료용 에탄올을 제조하기 시작하였고, 최 전성기(1944) 때는 연간 약 17만kℓ의 에탄올이 제조되었다[2].

제2차대전 후에는 오직 민수용으로만 에탄올이 제조되었는데 주원료는 생고구마에서 수입당밀로 바뀌었고, 제조 코스트 문제, 환경규제 강화에 따른 발효폐액 처리 곤란 등의 이유 때문에 조류(粗留) 알코올로 원료를 전환하고 있다.

2) 에탄올 발효의 원리와 특징

많은 미생물, 고등생물은 해당계(解糖系)에 의해 1분자의 글루코오스로부터 피르빈산을 거쳐 2분자의 유산을 생성한다. 효모 *S. cerevisiae*에 의한 에탄올 발효에서는 해당계의 마지막 부분이 다른데 피르빈산에서 2분자의 에탄올이 생성된다(식 1)[1,4,5].

식 1

	$C_6H_{12}O_6$	→	$2C_2H_5OH$	+	$2CO_2$
분자량	180.16		2×46.07		2×44.01
	100g		51.14g		48.86g

글루코오스, 후르크토스, 슈크로오스 등의 당류는 기본적으로는 *S. cerevisiae*에 의해 Embden-Meyerhof-Parnas(EMP) 경로(해당계)를 거쳐 에탄올로 전환된다. 즉 100g의 글루코오스에서 51.14g의 에탄올과 48.86g의 CO_2가 생성되는데, 이 반응에 의해 1분자의 글루코오스에서 2분자의 ATP(아데노신 삼린산)가 생성되고 약 218kJ/52kcal의 열이 발생한다[10]. 에탄올 발효는 발열반응으로 이 발열량의 수치는 발효조 냉각장치의 열교환 전열(傳熱) 면적을 계산하는데 아주 중요하다. 100g의 글루코오스에서 51.4g의 에탄올이 생성되면 발효수율이 100%가 되지만, 당분의 일부는 효모생육 등에 쓰이므로 실제 에탄올 수율은 이론치보다 다소 낮다. 즉, 전분질의 경우에 88~93% 정도, 당밀의 경우는 全糖(발효성 당+비발효성 당)의 80~83%이다[1,4]. 이 발효과정에서 글루코오스가 갖는 에너지(2,872kJ/mol)의 약 91%가 에탄올로 보존되므로 셀룰로오스계 원료와 당질, 전분질의 액체연료로의 변환기술로는 아주 뛰어난 방법이다[4-8].

전분질은 글루코오스의 폴리마인데, 먼저 액화형 아밀라아제에 의해 액화되고 다음으로 당화형 아밀라아제에 의해 당화되어 글루코오스가 된다(식 2)[1]. 그 다음은 식 1과 동일하다.

식 2

	$(C_6H_{10}O_5)n$	+	nH_2O	→	$nC_6H_{12}O_6$
분자량	n(162.14)		n(18.02)		n(180.16)
	100g		11.11g		111.11g

에탄올 발효에서 부산물로 고급 알코올을 함유하는 퓨젤유(油)와 메탄올 등도 생성되는데 상당 부분이 아미노산의 대사산물이다. 그러나 이소프로판올은 효모의 발효산물이 아니고 당밀원료는 혐기성 *Clostridium*속 세균인 아세톤·부탄올·이소프로판올 발효균에 의한 오염 때문에, 또한 전분질 및 밀크호에 원료는 유산균에 의한 오염 때문에 만

들어지는 경우가 많다. 이소프로판올은 증류조작에서 에탄올과 거의 같이 움직이므로 이를 제거하기가 대단히 어려우므로 고순도 에탄올 제조를 목적으로 하는 경우에는 특히 주의해야 한다. 메탄올은 발효원료에 함유되는 펙틴메틸에스테르에서 나오는 것으로 효모의 발효산물이 아니다. 따라서 펙틴질을 많이 함유한 고구마나 포도 같은 발효원료를 이용한 경우, 발효 단술에 들어있는 메탄올 농도는 높아진다. 고구마술이나 와인을 원료로 하는 브랜디는 일반적으로 메탄올 농도가 높다. 단, ppm 단위에서의 독성은 거의 문제가 되지 않을 정도이다.

*Zymomonas mobilis*에 의한 발효경로는 Emden-Meyerhof 경로가 아니고, Entner-Doudoroff 경로에 의한 것으로, 발효식(1)에서처럼 이 경로에서는 ATP가 1분자밖에 생성되지 않는다. ATP 생성량은 균체의 생성량과 비례하기 때문에 소비 글루코오스당 에탄올 수율은 효모보다도 높다. 에탄올 생성속도도 효모 보다 빠른 것으로 보고되고 있다[14].

또한, 자일로오스 등의 펜토오스 발효는 아래 식에 따른다.

식 3

	$3C_5H_{10}O_5$	→	$5C_2H_5OH$	+	$5CO_2$
분자량	3×150.13		5×46.07		5×44.01
	100g		51.14g		48.86g

에탄올의 이론 수량(收量)은 중량 베이스에서는 0.5114g/g으로 글루코오스 발효의 경우(식 1)와 같지만, 몰(mol) 베이스에서는 자일로오스 1몰당 1.67몰이다[15].

3) 에탄올 발효의 기본 프로세스[1,4,5,6,8,9]

① 당질 원료의 에탄올 발효

이론적으로는 100g의 글루코오스에서, 51.14g의 에탄올과 48.86g의 CO_2가 생성된다. 이 경우의 발효비율은 100%이다. 당질원료는 비발효성 당을 일정 농도 함유하고 있는 경우가 많고, 발효성 당분도 약 5%는 효모 균체의 증식과 부산물 생성에 쓰이므로, 실제로는 발효 비율은 95% 이하가 된다.

케인주스와 비트주스는 보존성이 없고 장거리 수송이 불가능한 계절적 원료이다. 수확해서 즙을 짠 후에는 바로 효모에 의해 에탄올 발효시켜 약 15시간 후에 7～8vol%의 에탄올을 함유하는 단술을 얻을 수 있다. 케인주스의 당분을 12%, 전당에 대한 발효 비율을 85%, 증류비율을 99%로 가정하면, 95vol% 에탄올 1kℓ를 제조하는데 필요한 슈거케인의 양(원단위)은 약 14.6톤이 된다.

케인당밀 또는 비트당밀을 발효원료로 해서 쓰는 경우는 당농도 20～24%로 묽게 해서 발효시키는 경우가 많다. 필요에 맞춰 질소원으로 유안(硫安)을 채워주는 경우도 있다. 에너지 절약을 위해 당밀을 미리 살균하는 일은 없다. 당밀은 당농도가 높고(45～55%) 염농도도 높으므로 보존성이 좋고 1년 내내 원료로 사용할 수 있는 무역상품이다. 당밀의 전당분(全糖分) 55%, 발효비율 82%(전당에 대해), 증류비율 99%로 가정하면, 95vol% 에탄올 1kℓ를 제조하는데 필요한 당밀 원단위는 약 3.3톤이 된다.

전분질 원료에 비해 당밀계 원료는 비발효성 당분이 상당히 많이 들어있으므로(전당의 5～10% 정도), 전분질 원료의 전당에 대한 발효수율에 비하여, 당밀원료의 전당(全糖)에 대한 발효수율이 다소 낮은 수치이다. 당밀을 원료로 하는 경우의 발효수율에 대해서는 발효성 당을 베이스로 해서 산출하는 경우와, 전당을 베이스로 하여 산출하는 경우의 두 경우가 문헌에 자주 나오는데, 문헌에 따라서는 반드시 어느 쪽 방법으로 산출했는가가 명기되지 않은 경우도 있으므로 효모의 성능과 발효법을 비교하는 경우에는 주의가 필요하다.

② 전분질 원료의 에탄올 발효

(1) 생고구마를 원료로 하는 저온 증자법(蒸煮法)

생고구마를 발효원료로 하는 경우는 일본에서 쓰이던 저온 증자법(蒸煮法)[1,2,8]을 가지고 설명해보자. 생고구마는 해머크러셔로 분쇄하여 80~90℃에서 30분간 찐다. 전당분 약 15%가 되도록 단술을 조제하여 58℃까지 식힌 다음 α-아밀라아제(액화형 아밀라제)와 글루코아밀라아제(당화형 아밀라제)를 넣어 약 2시간에 전분을 액화, 당화시킨다. 그 다음에는 34℃로 냉각시켜 효모를 접종(接種)하고 30~33℃에서 4일간 발효시키면 약 8 vol%의 에탄올을 함유하는 숙성 단술이 만들어진다. 생고구마의 전분가(價)를 24.3%(글루코오스 함량 27%), 발효비율 92%, 증류비율 98.5%로 가정하면, 95vol% 에탄올 1kℓ를 제조하는데 필요한 생고구마의 원단위는 약 6.03톤/kℓ이 된다.

중국은 세계 최대의 고구마 생산국으로 공업용 에탄올 원료로 고구마를 대량으로 사용하고 있는데 그 발효기술 역시 많이 발달했다고 생

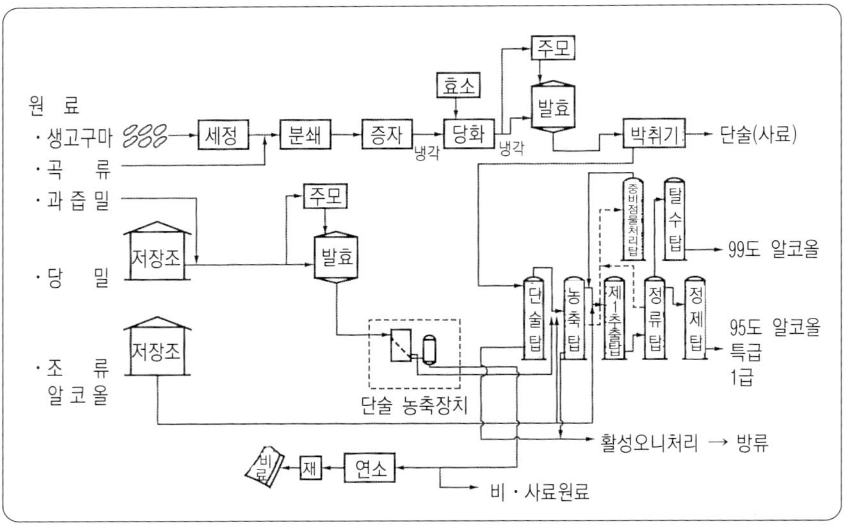

그림 3.1.1 발효법에 의한 에탄올 제조공정[2)]

각된다.

그림 3.1.1에 7개의 증류탑으로 구성된 고순도 공업용 에탄올의 제조공정을 나타냈다[2]. 연료용 에탄올의 경우는 고품질은 필요하지 않으므로 증류는 단술탑, 농축탑, 탈수탑의 3개 탑으로 구성되는 것이 보통이다.

(2) 콘을 원료로 한 습식 및 건식 밀(mill)법[17]

콘을 발효원료로 하는 경우, 미국에서 채용되고 있는 전형적인 하나의 방법은 콘을 우선 묽은 아황산에 담근 다음 습식 분쇄하여 배아,

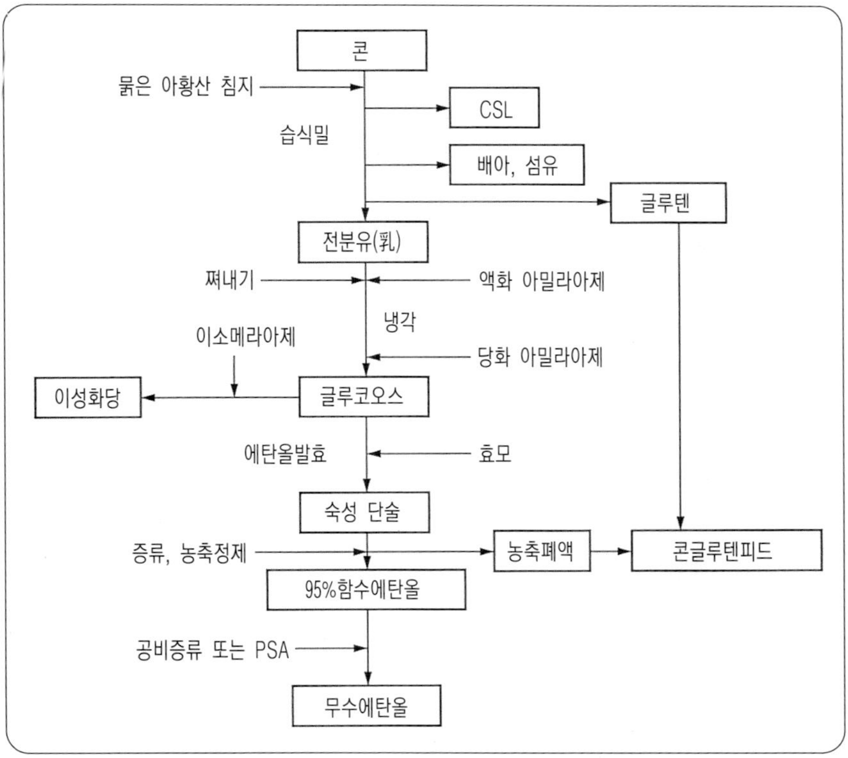

그림 3.1.2 콘 습식밀에 의한 에탄올 및 이성화당 제조공정(문헌 17 참조). 공비증류 및 PSA는 제4장 제2절 참조

표 3.1.2 습식 밀법의 부산물[17)]

부산물	kg/t 건조(乾燥)콘
콘유(油)	34~38
글루텐 피드	306
글루텐 밀	68
CO_2	308

섬유분과 단백질을 분리한다. 남은 전분질을 쪄서 아밀라아제를 써서 액화, 당화한다. 냉각한 다음은 당질원료와 같이 효모를 넣어 발효한다. 배아에서는 배아유(油)가 제조되고 섬유분과 단백질의 글루텐은 가축사료로 쓰인다. 묽은 아황산 침지액은 유산발효를 시키는데 이를 농축한 것이 CSL(Corn Steep liquor)이다. 미네랄과 비타민 등을 많이 함유하여 미생물에 의한 각종 발효생산을 위해 좋은 보조 영양원이 된다. 많은 공장에서는 전분질을 당화한 다음, 이소메라아제로 이성화당(異性化糖: 콘 전분 등을 당화한 다음, 이소메라아제로 고농도의 후르크토스를 함유하는 액상 감미료)을 제조하는 공정을 병설해 두는 경우도 있다. 이처럼 아깝게 버려지는 부분이 없으며, 에탄올 이외에 각종 부가가치 산물이 생산되므로 콘 리파이너리라고도 불린다(그림 3.1.2).

표 3.1.2에 습식 밀법의 부산물을 정리하였다[17)].

이어서 콘을 원료로 하는 건식 밀(mill)법에 대해 설명해보자. 건식밀법의 개요를 그림 3.1.3에 나타냈다[18)]. 우선 콘을 건식 밀로 분쇄하는데 분쇄 입도(粒度)는 쪄내는 습도, 쪄내는 시간, 아밀라아제의 필요량과 밀접한 관계가 있다. 경험적으로 최적치를 정할 필요가 있다. 분쇄된 콘에 가수분해해서 슬러리 상으로 가열한다. 이 가수 과정에는 증류탑에서의 폐액을 이용하는 경우가 많은데, 이 폐액은 70℃ 이상이므로 폐열이용과 용수절약, 그리고 미네랄 성분 이외의 영양분의 리사이클을 할 수 있다. 전분질의 액화 아밀라아제에 의한 액화에서는 전분질이 짧은 고리형의 덱스트린이 되어 당도가 저하한다. 현재는

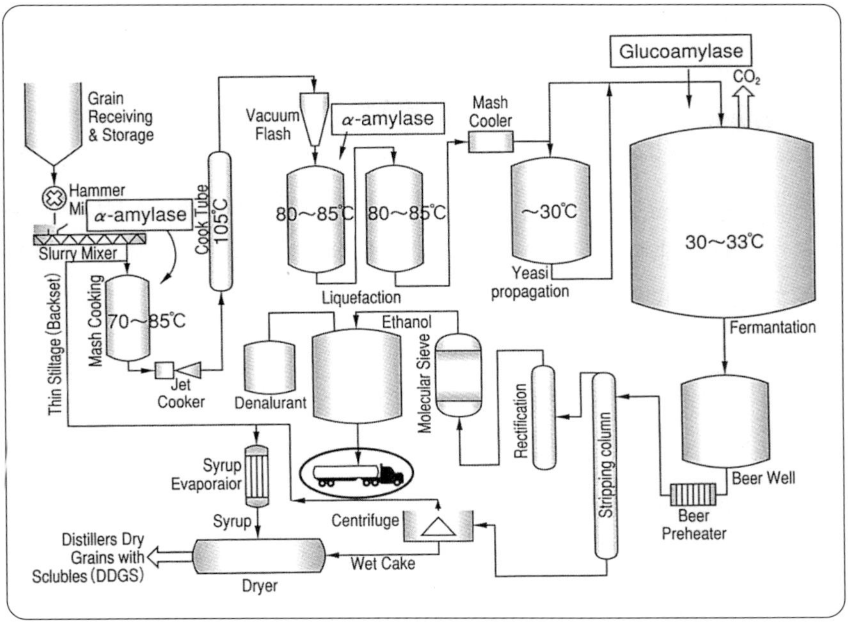

그림 3.1.3 건식 밀법에 의한 콘에서 바이오에탄올 생산 공정[18)]

105℃의 고온에서도 죽지 않는 내열성 액화형 아밀라아제를 이용할 수 있지만 가열과 액화를 연속적으로 하는 제트 쿠킹 방식이 많이 쓰이고 있다. 쪄낸 후의 전분질의 점도 향상을 위해 종래에는 농축도가 15% 정도가 한계였으나, 내열성 아밀라아제를 써서 쪄내기와 액화를 동시에 실시함으로써 경우에 따라서는 20~25%의 고농도까지 농축이 가능해졌다. 액화 후는 당화형 아밀라아제의 적온인 60℃ 부근에서 당화하고, 글루코오스로까지 분해한다. 완전한 당화가 되려면 보통 2~3일은 있어야 하는데, 너무 오랜 시간동안 당화하면 잡균에 오염되기 쉬우므로 보통은 당화가 불완전한 채, 효모의 적온인 30~35℃에서 발효를 시작한다. 즉 당화와 발효가 동시에 일어나도록 하는 것인데 이렇게 함으로써 고농도 글루코오스에 의한 아밀라아제의 저해를 피할

수 있게 된다. 효모에 필요한 영양원의 대부분은 증류폐액의 리사이클에 의해 공급 가능하지만 경우에 따라서는 발효 엑기스와 CSL을 이용하기도 한다. 일반적으로 건식 밀 방식에서는 건조콘 1톤당 460리터의 무수 에탄올과 380kg의 DDGS를 얻을 수 있다[17].

효모를 원심분리로 리사이클 하여, 여러 개의 발효탱크를 직렬로 연결하여 연속 발효하는 Vogelbusch사(오스트레일리아)의 프로세스도 많이 이용되지만 회분(回分)발효 프로세스도 가끔 이용한다. 최종발효 단술의 에탄올 농도는 8～11vol%이다[1,4].

전분가(價) 63%(글루코오스 환산 70%), 발효비율 90%, 증류비율 98.5%로 가정하면, 95vol% 함수에탄올 1㎘를 제조하는데 필요한 콘의 원단위는 약 2.4톤이 된다.

4) 에탄올 발효제조의 공업 프로세스

에탄올의 발효법으로는 아래에 예시한 것 이외에도 단순한 회분발효, 연속발효, 이들의 변형형 등 많은 발효 프로세스가 있으며 이들은 문헌에 자세히 나와 있다[1,4,6].

① 회분(回分)발효

가장 단순한 발효 프로세스로 발효탱크에 술밥을 넣고 효모를 접종하여 일정온도(30～33℃)에서 필요시간 발효시켜 숙성 단술을 얻는다. 열대지방에서는 충분히 낮은 온도의 저온 냉각수를 얻을 수 없고 발효온도가 40℃ 부근까지 올라가는 수도 있어서, 발효 관리상 어려운 점이 많다. 발효종료 후에는 효모가 대부분 사멸하므로 효모를 회수하여 재이용할 수 없다.

② 첨괘(添掛)발효법[1,4]

회분식 발효로 농후하게 담그는 경우, 발효는 고농도 당분과 생성되는 에탄올에 의해 증식과 발효저해를 받아 발효비율이 저하되고 발효 시간이 늦어지게 된다. 당밀의 경우는 고농도 염류도 악영향을 준다. 그래서 발효를 시작할 때 저기질(低基質) 농도로 맞추어 효모를 충분히 증식시키는데, 기질이 소비된 시점에서 일정시간마다 새로 기질을 공급해줌으로써 고농도 기질에 따른 저해를 피하고 최종적으로는 고농도 발효산물을 생성시키는 방법(단첨괘법, 段添掛法)이다.

전후, 구 통상산업성의 알코올공장(현재는 일본알코올산업)에서는 첨괘발효법이라 불리는 일종의 단괘발효법이 당밀발효법으로 자리를 잡았다[1,4]. 이 방법에서는 처음에 전당분 17%의 단술에 효모를 집어넣고, 32℃, 약 20시간 발효시켜 충분히 효모를 증식시킨 다음, 당농도 42%의 덧술을 24시간에 걸쳐 첨가하고, 마지막 단계 당농도를 약 24%로 유지한다. 이 방법으로, 주모(酒母)를 첨가한 후 32℃, 4~5일 만에 13.0~13.5 vol%의 에탄올을 함유하는 숙성 술이 만들어진다. 이 방법은 시간은 걸리지만 가장 높은 에탄올 농도를 얻을 수 있으며 폐액의 양도 비교적 적게 나오는 아주 좋은 방법이다.

당분농도 55%의 당밀을 이용하는 경우, 전당에 대한 발효비율을 82%, 증류비율을 99%로 가정하면, 95vol% 함수에탄올 1kℓ를 제조하는데 필요한 당밀의 양(원단위)은 3.3톤이다.

③ Melle-Boinot 반연속 발효법[1,4,16]

브라질에서 발효원료는 당분 11~17%의 케인주스나 당밀이다. 케인주스는 단독으로 또는 당밀과 혼합하여 효모 *S. cerevisiae*를 이용해서 Melle-Boinot법이라 불리는 방법으로 에탄올발효를 한다(그림 3.1.4)[16]. 프랑스의 Melle사가 1933년에 특허를 받은 효모회수 재이용 반연속 발효법이다. 이 방법에서는 발효 종료시 효모균체를 원심분리로 회수하고 묽은 황산(pH3)으로 잡균을 살균처리 한 다음 반복해서 사용한다. 높은 효모농도로 발효하므로 케인주스라면 약 15시간이라는 단시간에 에탄올 농도 7~8%의 단술을 얻을 수 있다. 당밀의 경우는 당 농도 20% 전후로 희석해서 발효한다. 현재 브라질에서 가동하고 있는 많은 에탄올공장이 이 방법을 이용하고 있다.

④ 연속발효법

연속발효 프로세스에서는 정상상태에서 효모와 에탄올 농도가 일정하게 유지되는데, 숙성 단술 빼내기와 당액 공급이 일정 속도로 이루어진다. 연속발효에는 많은 변형 방법들이 있다. 즉 수많은 발효조(醱酵槽)를 직렬로 연결하여, 최초의 1~2조(槽)를 낮은 저농도로 설정해서 종모조(種母槽)로 사용하고, 후반의 1~2조를 비교적 고농도 알코올로 설정하여 숙성조로 사용하는 경우도 있다 연속 발효법에 효모균체 회수 재이용을 합한 Vogelbusch사(오스트리아)의 프로세스는 미국에서 이용하기 시작하여 지금은 세계 각국에서 채용되고 있다[4]. 당밀을 이용하는 연속발효법은 구 통상산업성의 치바 알코올공장에서 공업화되었다(1970)[7].

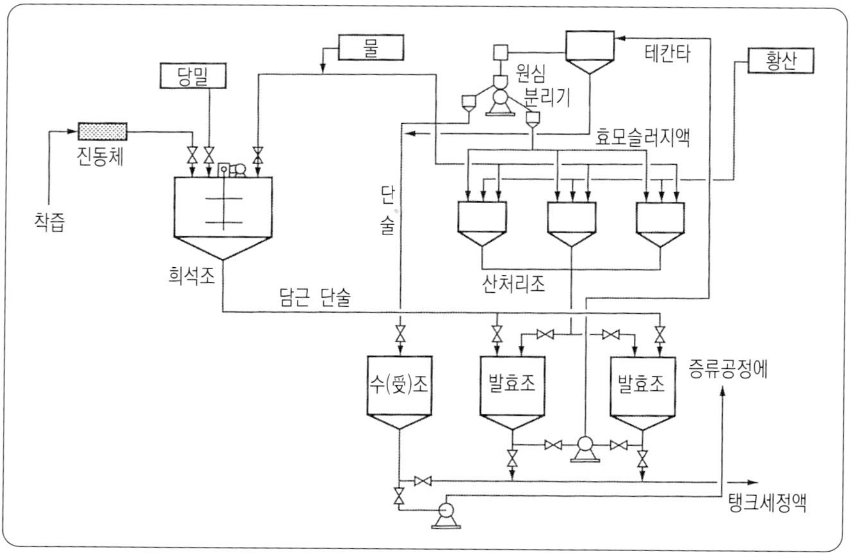

그림 3.1.4 Melle-Bionot법에 의한 발효 공정[16]

5) 비교적 최근 개발된 발효기술

① Biostil 프로세스

신규 발효기술 개발에 대해 많은 시도가 되어왔는데 실용화된 대표적인 기술의 하나는 스웨덴의 Alfa-Laval사가 개발하여 현재 그 특허권 관련회사인 Chemateur사가 보유하고 있는 Biostil 프로세스이다(그림 3.1.5)[4,6,20]. 이는 연속발효조와 단술탑을 합한 장치로 당밀, 케인주스, 전분질 당화액 등에 사용할 수 있다. 효모는 원심분리로 발효조로 리사이클하고, 단술은 열교환기를 거쳐 단술탑으로 보내지는데 탑에서 약 40% 에탄올이 정류탑(精留塔)으로 공급된다. 탑저에서 나오는 폐액의 대부분은 술 담그는 물로 재이용된다. Biostil의 특징은 발효와 증류를 병행하여 일어나므로 발효조 내의 에탄올 농도는 항상 5%로 유지되며, 에탄올에 의한 발효저해가 일어나지 않고 효모를 리사이클해서 사용하므로 효모농도가 높고 회분법에 비해 에탄올 생산성이 높다.

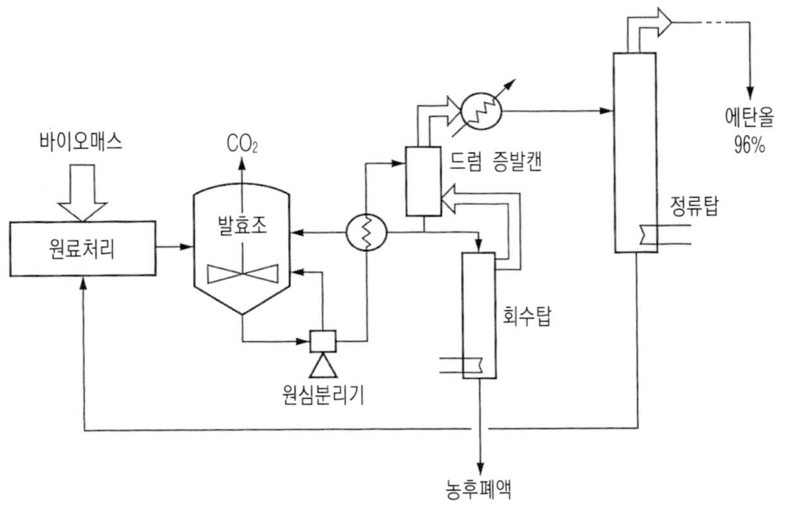

그림 3.1.5 Biostil법에 의한 에탄올 제조 공정[20]

기질은 고농도(당밀의 경우 40~50%)로 공급되나 당은 빨리 발효되어 발효조 내의 남은 당분은 약 0.2%로 유지된다. 이 프로세스에서는 원료가 당밀의 경우 단술의 염분농도가 높아지므로 효모로 내염성의 *Schizosaccharomyces pombe*를 사용하고 있다. 이 프로세스는 오스트레일리아, 인도네시아 등에서 쓰이고 있다.

② 응집성 효모를 이용하는 반복적 회분 발효법

응집성 효모의 연구는 하면(下面)발효 맥주효모의 연구에서 시작되었는데 지금까지 많은 응집성 효모가 분리되어 발효법에 대한 연구도 많이 이루어졌다[4,5,6,21,22]. 몇 개의 응집성 유전자도 단리(單離)되어 유전자적 배경이 명확히 밝혀져서 육종(育種)도 시도되어왔다[23].

NEDO기술개발기구 알코올사업본부(현재 일본알코올산업(주))에서는 오랜 기간에 걸쳐 해온 반복적 회분발효 프로세스에 관한 연구개발에 기초하여 이즈미공장에 이 프로세스로 공업스케일의 발효장치를 시설하였다(1995). 한편, 응집성 발효는 우수한 세포융합 응집성 균주(菌株)로 *S. cerevisiae* F-5주(株)를 이용하고 있다. 이 프로세스에서는 24시간 1사이클의 발효 종료시에 교반(攪拌)을 정지하고 효모 자신의 응집 침강성을 이용하여 원심분리에 의한 고액(固液) 분리를 한다. 이어서 상등부의 단술을 증류공정에 빼서 보낸 다음 침강한 효모에 대해 다시 당액을 공급하여 교반시킴으로써, 곧바로 다음 발효 사이클로 들어갈 수 있게 된다. 첨괘발효법의 생산성(발효조의 용적효율) 에탄올 약 1g/ℓ·hr에 대해 반복적 회분발효의 경우, 당밀의 산지 및 품질에도 따라 달라지지만 수배로 생산성이 향상되었다. 회분법 및 첨괘법에 비해 매번 주모를 만들 필요가 없어서 자동화 가능한, 에너지 절약 프로세스이다(그림 3.1.6, 그림 3.1.7)[4,9].

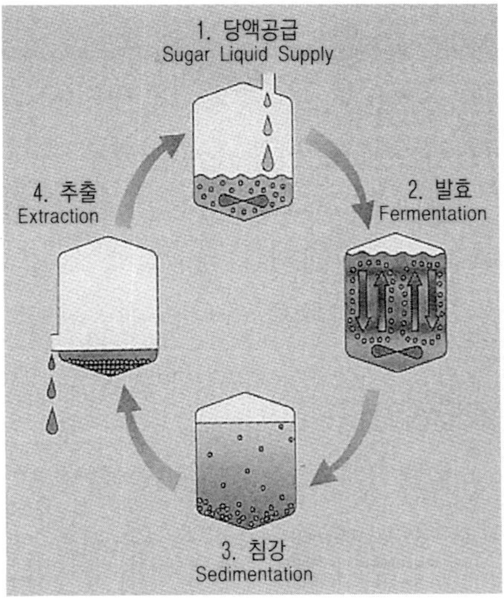

그림 3.1.6 응집성 효모를 이용한 반복 회분발효법[9)]

그림 3.1.7 응집성 효모를 이용한 반복 회분발효법의 발효 탱크 (260kℓ)[9)]

③ 무증자(無蒸煮) 당화발효 기술

생전분을 당화할 수 있는 쿠모노스카비(*Rhizopus* 屬)의 강력한 아밀라아제를 이용한 에너지 절약적인 무증자당화법의 연구가 마쓰모또 등에 의해 이루어져[24~26], 이 기술을 이용하여 콘에서 위스키 원주를 제조하는 플랜트가 1980년대의 주식회사 산토리의 臼杵공장에 건설되었다. 이 발효법의 특징은 아밀라아제로서 생전분에 대한 강력한 활성을 갖는 글루코아밀라아제 이외에 프로테아제, 펙틴아제, 알파 아밀라아제 등의 활성을 함유하는 *Rhizopus*의 효소 제제를 쓴 것이다. 콘 등의 곡류를 아주 잘게 분쇄하여 효모의 접종농도를 아주 높게 담그는 것이 특징이다. 이렇게 함으로써 신속한 발효를 가능하게 하여 잡균오염을 방지할 수 있다. 단, 쪄내는 방식인 증자법에 의한 전분당화법에 비해, 아밀라아제 제제를 몇 배나 많이 써야한다. 전분질을 쪄내면 점도가 올라가 배관으로 보내기가 어려워진다. 그래서 종래에 쓰던 방법으로는 삭힐 때의 당 농도가 15% 정도(숙성 단술 에탄올 농도에서 8vol% 정도)가 한계였지만, 찌지 않는 무증자의 경우는 점도의 상승이 없기 때문에 고농도로 담글 수 있게 되어, 15 vol% 가까운 에탄올을 함유한 단술을 얻을 수 있는 것이 또 하나의 중요한 특징이다. 이렇게 함으로써 증자 에너지가 불필요해지고 증류 에너지도 절약할 수 있게 된다.

무증자 당화발효를 실시하는데 필요한 조건으로 마쓰모또 등은 다음을 지적하고 있다[24].

① 옥수수의 경우, 분쇄는 건식 분쇄법이 가장 좋으며 낟알 입경이 840㎛보다 작은 것이 75% 이상을 차지할 정도로 분쇄한다.

② 당화 효소제로는 리조프스 기원의 것이 가장 좋은데 액화효소, 프로테아제, 펙틴아제 등의 여러 효소활성도 함유되어 있을 필요가 있다.

③ 효소제의 첨가량은 당화에 따라 생성하는 당이 효모의 에탄올 발효 속도와 맞게 조절한다.

④ 발효는 발효초기부터 최대 효모수가 되도록 첨가한다.

⑤ 주입하는 당의 농도를 가능한 고농도로 하여 발효후기의 단술 에탄올 농도를 높여 유해 미생물의 증식을 막는다.

⑥ 단술 수송 배관내의 유속은 농후한 생알갱이 현탁액이라는 유동성이 있으므로 0.6m/sec 이상으로 한다.

또 마쓰모또 등은 무증자 당화발효법의 좋은 점으로, 증자 에너지 및 냉각수를 필요 없게 할 뿐 아니라 설비를 대폭 간소화할 수 있는 점, 또 단술이 풀처럼 호화(糊化)하지 않으므로 알갱이 옥수수 분쇄물을 원료로 한 경우에는 종래의 방법으로는 곤란했던 생성 에탄올 농도 14~15 vol%라는 고농도로 만드는 것이 공장규모로도 쉬워진 점, 생산성 향상과 부산물 처리공정에서의 에너지 절약 등의 여러 가지 점들을 들고 있다.

이 무증자 당화발효법은 주식회사 산토리의 臼杵공장에서 1980년대 전반에 공업화되었는데 그 후 유감스럽게도 이 공장은 통폐합으로 폐

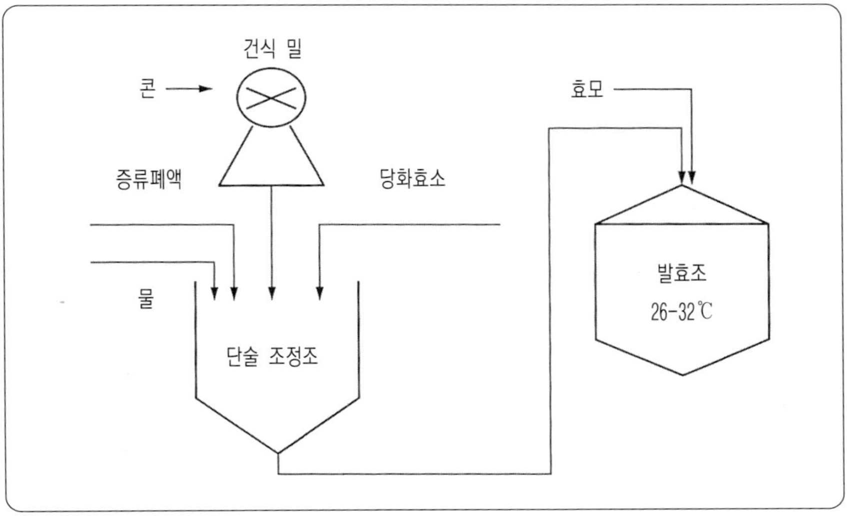

그림 3.1.8 무증자 당화발효법 공정(문헌 24 참조)

표 3.1.3 공업 스케일에서 무증자 당화발효 후 단술의 분석결과[24)]

용량	112.5kℓ
pH	4.8
전산도(全酸度)	3.3mℓ
에탄올농도	14.5vol%
잔전당(殘全糖)	1.57% 글루코오스로서
잔직당(殘直糖)	0.18w/v% 글루코오스로서
생효모	6.5 x 107cells/mℓ
세균수	3.5 x 105cells/mℓ
발효비율	88.5%

지되었다.

그림 3.1.8에 무증자 당화발효법의 공정도를 나타냈다[24)]. 또 표 3.1.3에 무증자 당화발효법의 결과의 한 예를 나타냈다.

무증자 당화발효 기술은 유감스럽게도 공업적으로는 그 후에 국내에서 실용화된 적이 없지만, 미국의 에탄올 회사인 Bloin사에 의해 다시 개발되어 2004년에 실용화되었다고 한다[18)]. 이 프로세스에 이용되는 주요 효소는 알파아밀라아제와 글루코아밀라아제이다. 여기서 사용된 알파아밀라아제는 촉매 도메인에 링커를 통해 전분흡착 도메인을 가지고 있는 것으로 유전자 공학적으로 개량된 효소이다. 이를 글루코아밀라아제와 작용시킴으로써 생전분의 당화를 아주 좋게 해준다. 자연계에 존재하는 효소보다도 당화효율이 비약적으로 향상되어 있음을 말한다.

④ 그 밖의 공정

공업화에는 이르지 못했지만 많은 새로운 발효법이 파일럿 스케일 혹은 공업 스케일로 검토되어 귀중한 데이터, 노하우가 축적되어왔다. 그들은 고정화 효모를 이용하는 연속발효법, 플래시 연속발효법, 응집

성 효모를 이용하는 연속발효법 등인데 문헌에 자세히 나와 있다[1,4,5,6,8,27).]

아래에 몇 가지 예를 들어보겠다.

(1) 고정화 효모를 이용한 연속발효법

알긴산칼슘겔과 광(光)경화 수지를 이용하여 입상(粒狀) 혹은 시트상으로 고정화시킨 효모를 쓰는 방법으로 이 방법을 쓰면 생산성이 아주 높아진다.

1980년대에 통상산업성의 신연료유 개발기술연구조합(RAPAD)의 프로젝트에서, 고정화 효모를 이용하는 연속발효법이 검토되었다. 알긴산칼슘겔 또는 광가교성(光架橋性) 폴리에틸렌글리콜 수지에 효모를 고농도로 고정화시켜 타워형의 리액터로 낮은 pH에서의 무살균 당밀을 원료로 연속운전 시킨다. 그 결과, 리액터의 용적당 생산성에서 회분법에 비해 10～20배나 좋은 성능을 얻을 수 있게 되었고, 수개월부터 반년에 걸쳐 연속운전이 가능했다(표 3.1.4).

표 3.1.4 여러 종류의 에탄올 발효 공정 비교

프로세스	효모농도 (g/ℓ)	생성에탄올 농도(vol%)	발효시간 또는 체류시간(h)	발효수율 (%)	생산성에탄올 (g/ℓ/h)
회분법(당밀)	3～5	12～14	70～76	85～86	1.3～1.5
Melle-Boinot법 (케인주스)	9.6	7～10	13～20	85～86	4～5
고정화 효모 연속발효법(당밀)	40～50	8～10	3～8	90～95	12～18

주: 문헌 1, 9에서 일부 바꿈. 발효원료는 당밀. 단, Melle-Boinot법은 케인주스가 원료.
회분법과 Melle-Boinot법의 발효수율은 전당(全糖)에 대한 수치이고 고정화 효모법의 발효수율은 발효성 당(糖)에 대한 수치임.

(2) 플래시 연속발효법[1)]

발효조에서 단술을 감압하여 유지한 플래시 탱크로 보내 에탄올을 제거한 다음, 단술을 발효조로 리사이클 하여 발효조 내의 에탄올 농도를 낮게 유지함으로써 효모의 활성에 대한 에탄올의 저해를 줄이고 생산성을 높일 수 있다.

(3) 응집성 효모를 이용한 연속발효법[28)]

Hoedhst-Uhde 두 회사는 응집성 효모를 이용하여 에탄올 생산능력 1일 15kℓ의 실증 플랜트에서 연속발효를 실시하였다. 효모의 리사이클에 의해 높은 효모농도(약 50g/ℓ)를 유지하고 높은 에탄올 생산성(약 15g/ℓ · hr)을 얻고 있다. 발효 단술의 에탄올 농도는 8.0∼8.3 vol%였다. 이유는 불분명하지만 이들 회사는 그 후 운전 중지하였다.

6) 효모의 육종

① 전분질 직접발효 효모의 육종

아시가리 등은 생전분의 분해력이 강한 글루코아밀라아제 유전자를 조작한 *S. cerevisiae*를 육종했다. 이 효모에 의해 전립콘 분쇄물을 써서 무증자 발효법으로 시험을 해봤더니 약 82%의 발효비율을 얻을 수 있었다. 시판하는 글루코아밀라아제 제제를 이용한 경우의 발효비율 약 90%에는 도달하지 못하였는데, 이는 시판하는 글루코아밀라아제에는 프로테아제와 펙틴아제 등 그 밖의 가수분해 효소 활성도 포함되어 있기 때문에 이들 활성이 효모에 영향을 미친 것으로 생각해볼 수 있다[26,29)]. 아무튼 이 같은 효모를 이용함으로써, 장래에는 아밀라아제도 절약할 수 있고 에너지도 절약할 수 있을 것이다.

② 응집성 효모의 육종

기다 등은 응집성 효모를 이용한 연속발효법, 반복 회분발효법의 연구개발을 오랫동안 해오다가, 세포 융합법에 따라 응집성 효모에 내열성, 내염성을 부여하는데 성공하였다[21].

통상산업성 기초산업국 알코올課의 「고생산성효모 고효율 발효기술에 관한 연구개발」 프로젝트(1987-1993)에서, NEDO의 당밀용 효모 *S. cerevisiae* 396-9-6V주와 에탄올 발효기능은 약하나 응집성이 뛰어난 효소를 모태로 하는 세포융합법에 의한 에탄올 발효기능과 응집성이 뛰어난 우수효모 F-5주를 육종되었다[4]. 이 효모주는 현재 일본 알코올산업주식회사 이즈미알코올공장의 반복 회분발효법에 의해 실제 생산에 쓰이고 있다(2006년 현재).

*S. cerevisiae*396주와 그 유도체도 포함해서 공업적으로 이용되고 있는 효모는 2배체든지 그 이상의 배수성(倍數性)을 지닌 경우가 많으며 포자형성 빈도도 대단히 낮아서 유전자 공학기술에 의한 육종은 일반적으로 곤란함이 많다. Ishida-Fujii 등은 396-9-6V주에 대해 호스트벡터계를 확립하고, 이어 응집성 유전자 FlO1을 도입하여, 응집성 주(株)를 육종하였다. 그들은 셀프클로닝계에 의한 FlO1 유전자를 염색체에 도입하는 데에도 성공하였다[23].

③ 기타 펜토오스 발효효모 등의 육종

리구노셀룰로오스계 바이오매스는 헥소오스와 펜토오스를 대략 2:1의 비율로 함유하고 있다. 펜토오스를 발효시킬 수 있는 효모로 *Pichia stipitis* 등이 알려져 있는데, 에탄올 내성이 약하고 또 펜토오스 대사계는 헥소오스의 존재하에서 억제되는 일도 많다. 그래서 펜토오스 대사계 효소(*xylose reductase, xylitol dehydrogenase*)의 유전자를 *S. cerevisiae*에 도입하는 육종이 일본과 유럽에서 활발히 이루어져 가까운 장래에 실용화될 가능성이 높다[30,41]. 단, 이와 같은 DNA 조작 효모는 글루코오스의 존재 하에서는 자이로스의 발효가 늦어지기 때문에(글루코오스에 의한 발효억제), 이 약점을 극복하는 것이 공업화를 위한 과제가 된다. 자이로스 등 각종 펜토오스 발효성의 *Zymomonas mobilis*의 육종도 활발히 진행되어 성과도 많이 나오고 있지만, 효모와 더불어 글루코오스 억제 문제는 커다란 과제였다[31]. 그러나 야나세 등은 *Zymobacter palmae* 등을 이용하여 이 문제를 해결해 가고 있다[32,33].

Ingram, Ohta 등은 *Zymomonas mobilis*의 피르빈산 탈탄산 효소의 유전자 pdc와 알코올 탈수소 효소의 유전자 adh를 대장균의 염색체에 집어넣어 에탄올 발효성을 갖는 안정한 형질전환 대장균주를 육종했다[34]. 대장균은 거의 대부분 종류의 단당을 자화(資化)할 수 있으므로 이 DNA 조작 대장균은 거의 대부분의 당을 에탄올로 전환할 수 있는 특징이 있다.

Ingram 등의 특허는 많은 박테리아속(屬)을 커버하는 강력한 특허로 생각되는데, 그 범주외의 코리네 박테리아를 이용하여 유가와 등은 에탄올 발효성을 부여하는 일에 성공하였다[35].

지금까지 각종 에탄올 발효 미생물을 육종하려고 많은 시도가 이루어져왔지만, 펜토오스 발효성, 특히 글루코오스 억제 문제가 최종적으로는 공업 스케일에서 해결되어야 할 것이다.

아주 새로운 세포표층 제시기술을 이용하여 셀룰로오스 분해 발효성을 갖는 *S.cerevisiae*의 육종도 시도되고 있다[36,37,41]. 그리고 효모에서 발현시키기 위한 셀룰라이제의 유전자적 연구도 진전되어가고 있다[42].

【바이오매스를 가스화한 후, 에탄올을 발효 생산하는 방법】

바이오매스를 가열하여 (3.1.1)식처럼 CO, CO_2, H_2를 함유하는 합성가스가 얻어져 이 가스에서 효율적으로 에탄올을 생성하는 혐기성 균이 분리되었음이 보고되었다[38]. 이 혐기성 균은 신종의 *Clostridium ljungdhallii*라 명명되었다.

$$\text{바이오매스 } 8H_2O + (4N_2) \rightarrow 6CO + 2CO_2 + 8H_2O + (4N_2O) \quad \cdots\cdots\cdots (3.1.1\text{식})$$

이 세균은 (3.1.2) 식, (3.1.3)식처럼 합성가스에서 에탄올을 생성할 수 있다.

$$6CO + 3H_2O \rightarrow C_2H_5OH + 4CO_2 \quad \cdots\cdots (3.1.2식)$$

$$2CO_2 + 6H_2 \rightarrow C_2H_5OH + 3H_2O \quad \cdots\cdots (3.1.3식)$$

합성가스의 원료로는 석탄에서 얻은 가스도 사용할 수 있다. 이 방법의 이점은 바이오매스중의 당분뿐만 아니라 리그닌 성분도 포함해서 가스화 되어 에탄올 발효의 기질이 되므로 수율이 높다. 발효산물로 초산도 생성하지만, 배양조건의 검토에 따라 거의 대부분의 에탄올만을 생성하는 조건이 확립되고 있다. 최종 배양액 중의 에탄올 농도는 47g/ℓ 이다.

일본에서도 같은 성능을 갖는 호열성 세균의 검색이 사카이 등에 의해 이루어져, *Moorella*에 속하는 혐기성 균이 분리되었다[39,40]. 이 세균은 위의 가스에서 초산과 에탄올을 생성하는 것인데 장기적인 연구과제로도 대단히 흥미로운 부분이다.

인용 · 참고문헌

1) 「アルコールハンドブック」, 第9版, 通商産業省基礎産業局アルコール課監修, 技法堂出版㈱ (1997)

2) 通商産業省基礎産業局編, アルコール専売五十年史, (社)アルコール協会

3) 唐木　功, アルコールのはなし, 財団法人通商産業調査会 (1994)

4) 斉木　隆, 西　惟義　著, 栃倉辰六郎ほか監修：発酵ハンドブック, pp.43-48, 共立出版 (2001)

5) 栗山　博, 微生物工学ハンドブック (鈴木智雄　編), pp.175-185, 朝倉書店 (1990).

6) 斉木　隆, バイオマスハンドブック, (社) 日本エネルギー学会編, pp157-165, オーム社 (2002).

7) 加藤弁三郎編, 日本のアルコールの歴史 · その事業と技術, 協和発酵工業株式会社, 1974

8) Saiki, T., Karaki, I., Roy, K., Ethanol and Methanol, in "CIGR Handbook of Agricultural Engineering", Vol.V, Energy and Biomass Engineering, pp. 139-164, American Soc. of Agricultural Engineers (1999).

9) 斉木　隆, 図解　バイオエタノール最前線, pp.119-145, 大聖泰弘, 三井物産㈱編, 工

業調査会 (2006).
10) 坂口謹一郎, 世界の酒, 岩波新書 (1957).
11) 坂口謹一郎, 日本の酒, 岩波新書 (1989).
12) 秋山裕一, 日本酒, 岩波新書 (1994).
13) 4 バイオマス資源の高度利用, pp.104, 日本農芸化学会編集, 朝倉書店 (1985).
14) 外村健三 著, 栃倉辰六郎ほか監修：発酵ハンドブック, pp.49-50, 共立出版 (2001).
15) McMillan, J.D., (1996), "Hemicellulose conversion to ethanol" in Handbook on Bioethanol, pp.287- 313, ed. Wyman, C. E., Tailor & Francis Pub., Bristle, PA
16) 唐木　功, ブラジルおよびアルゼンチンのアルコール工業, エタノール工業, 醗酵工業協会編集委員会 編, pp.13-45, 醗酵工業協会 (1986).
17) R.T. Elander and V.L. Putsche., (1996), "Ethanol from Corn: Technology and Economics" in Handbook on Bioethanol, pp.329-350, ed. Wyman, C. E., Tailor & Francis Pub., Bristle, PA
18) 高木忍, バイオエタノール生産に用いられる酵素－現状と将来, 平成18年度JBA-アルコール・バイオマス研究会講演会資料集, pp.18-23 (2007-2月)
19) NEDOプロジェクト「バイオマスエネルギー高効率転換技術開発／セルロース系バイオマスを原料とする新規なエタノール醗酵技術などにより燃料用エタノールを製造する技術の開発」平成17年度報告書, pp293-311 (2006).
20) 花井四郎, エタノール発酵技術 (1986) エタノール工業pp.106-119, 発酵工業協会編集委員会編, (財) 発酵工業協会, 東京
21) 木田建次, 森村　茂, "エネルギー多様化のための凝集性酵母による糖蜜からのエタノール生産"：生物工学会誌, 75, 15-34 (1997)
22) H. Kuriyama, Y. Sonoda, T. Murakami, H. Kobayashi, and Y. Sonoda, J. Ferment. Technol., 63, 159-165 (1985).
23) Ishida-Fuiji, K., et al.："Breeding of flocculent industrial alcohol yeast strains by self-cloning of the flocculation gene FLO1 and repeated-batch fermentation by transformants." J. Gen. Appl. Microbiol., 44, 347-353 (1999).
24) 松元信也, 福士収, 福田修, 井上繁, 吉栖肇：農芸化学会誌, 59, 291-299 (1985).
25) 国崎伸一, 松元信也, 澱粉科学, 32, 152-161 (1985).
26) 松元信也, "コメ由来バイオエタノール, 無蒸煮発酵法を中心として"：TechnoInnovation: No.64, 30-35 (2007).
27) 坂　志朗　編著, バイオマス・エネルギー・環境, アイピーシー社 (2001).
28) Dorsemagen, B; Practical experience with continuous fermentation for the production of ethanol, USDOE Rep. No. ANL-CNSV-TM-157, pp25-34 (1985).
29) T. Ashikari, S. Kunisaki, N. Matsumoto, T. Amachi and H. Yoshizumi: Appl. Microbiol. Biotechnol., 32, 129 (1989).
30) Ho, N.W.Y., Chen, Z., Brainard, A. P.:Appl. "Genetically engineered *Saccharomyces* yeast capable of effective cofermentation of glucose and xylose." Appl. Env. Microbiol. 64, 1852-1859 (1998).
31) Ali Mohagheghi, Kent Evans, Yat-Chen Chou, and Min Zhang, "Cofermentation of glucose, xylose, and arabinose by genomic DNA-integrated xylose／arabinose fermenting strain of *Zymomonas mobilis* AX101.", Appl. Biochem. Biotechnol. 98-100, 885-898 (2002).
32) H. Yanase, Dai Sato, K. Yamamoto, S. Matsuda, S. Yamamoto, and K. Okamoto, Genetic engineering of *Zymobacter palmae* for production of ethanol from xylose, Appl. Environ. Mirobiol., 73, 2592-2599 (2007).

33) H. Yanase, K. Nozaki, and K. Okamoto, Ethanol production from cellulosic materials by genetically engineered *Zymomonas mobilis*, Biotechnology Letters, 27, 259-263 (2005).

34) Kazuyoshi Ohta, et al., "Genetic improvement of Escherichia coli for ethanol production: chromosomal integration of *Zymomonas mobilis* genes encoding pyruvate decarboxylase and alcohol dehydrogenase II, Appl. Env. Micriobiol., 57, 893-900 (1991).

35) 湯川英明，特許，組換え型コリネ菌を用いるエタノールの製造方法，出 2002-510689 H13.06.12 表 WO01-096573 H15.08.12

36) 田中渥夫，植田充美"細胞表層工学によるプロトタイプのセルロソームアーキテクチャー"，生物工学，77， 505-509 (1999).

37) 植田充美，田中渥夫，細胞表層ディスプレイ，タンパク質の新しい発現系，タンパク質，核酸，酵素，46， 1480-1487 (2001).

38) Clausen, E. C., Gaddy, J. L.：Ethanol from biomass by gasification／fermentation, Prep. Pap. Am. Chem. Soc. 38, 855-861 (1993).

39) S. Sakai, Y. Nakashimada, H. Yoshimoto, S. Watanabe, H. Okada, and N. Nishio, Ethanol production from H_2 and CO_2 by a newly isolated thermophilic bacterium, *Moorella* sp. HUC22-1, Biotech. Letters, 26, 1607-1612 (2004).

40) S. Sakai, Y. Nakashimada, K. Inokuma, M. Kita, H. Okada, and N. Nishio, Acetate and ethanol production from H2 and CO_2 by *Moorella* sp. using a repeated batch culture, Biotechnology and Bioengineering, 99, 252-258 (2005).

41) NEDOプロジェクト「バイオマスエネルギー高効率転換技術開発／セルロース系バイオマスを原料とする新規なエタノール醗酵技術等により燃料用エタノールを製造する技術の開発」，平成17年度報告書，pp486-556，京都大学，神戸大学，熊本大学.

42) 同上報告書，pp440-485，大阪大学，大阪府立大学，長岡科学技術大学.

2 셀룰로오스계 바이오매스

셀룰로오스계 바이오매스의 유효이용에 관한 일본의 기술개발은 1980년대에 신연료유 기술개발연구조합[1)]과 연료용 알코올 개발기술연구조합[2)] 등의 국고 보조금 제도를 활용하여 개발이 활발하게 이루어졌다. 2000년대에 들어와서는 독립행정법인 신에너지・산업기술 종합개발기구(이하, 「NEDO기술개발기구」라 함)와 농림수산성, 환경성 등의 지원을 얻어 국가개발프로젝트가 많이 진행되고는 있지만 아직도 실용화되기에는 조금 이르다. 특히 2000년대에 들어서 2002년 12월 27일에 바이오매스・일본 종합전략이 국무회의에서 결정된데 이어, 2006년 3월 31일에는 2030년을 목표로 새로운 종합전략으로 바이오매스에서 수송

표 3.2.1 일본의 바이오연료 생산 가능량

(농림수산성 시산)

원료	생산가능량(2030년도) 에탄올 환산	생산가능량(2030년도) 원유환산
1. 당・전분질(값싼 부산물, 규격외 농산물 등)	5만kℓ	3만kℓ
2. 초목계(볏짚, 보릿대)	180만kℓ~200만kℓ	110만kℓ~120만kℓ
3. 자원작물	200만kℓ~220만kℓ	120만kℓ~130만kℓ
4. 목질계	200만kℓ~220만kℓ	120만kℓ~130만kℓ
5. 바이오디젤연료	10만kℓ~20만kℓ	6만kℓ~12만kℓ
합 계	600만kℓ 정도	360만kℓ 정도

출전: 바이오매스・일본 종합전략추진회의 2007년 2월

용 연료의 본격 도입, 아시아 각국의 바이오매스 에너지 도입에 협력과 기술이전을 적극적으로 추진한다는 방침이 국무회의에서 결정되었다. 또 2007년 2월 27일에는 2030년도의 국산 바이오연료 생산 가능량으로 표 3.2.1에 나타냈듯이 에탄올 환산으로 현재의 가솔린 소비량 6,000만kℓ의 10%에 상당하는 약 600만kℓ의 바이오매스 자원을 공급할 수 있으리라고 농림수산성이 발표하였다[3]. 표 3.2.1에서도 잘 알 수 있듯이, 바이오에탄올 제조용 국산자원으로 볏짚, 보릿대 등의 초목계 식물과 전나무 간벌재로 대표되는 목질계 원료와 자원 작물로 이루어져있으며 모두 전분질 및 당질 등의 가식(可食) 식물이 아니어서, 셀룰로오스계 바이오매스에 많은 기대가 모아지고 있음을 알 수 있다. 또 에너지 안보의 관점에서의 바이오매스 에너지 이용을 고려하면, 앞에서 말한 일본의 바이오매스뿐만 아니라 다량으로 그리고 안정적으로 이용할 수 있는 해외의 미이용 셀룰로오스계 바이오매스 자원을 활용할 생각을 하도록 바이오에탄올 양산 기술의 실증지원과 도입도 대단히 중요해진다.

한편 해외에서의 셀룰로오스계 바이오매스의 유효이용에 관한 연구개발에 대해서는 특히 미국 DOE를 시작으로 각국에서도 계속적인 지원체제가 마련된 결과, 실용화 단계에 접근하고 있다. 최신 뉴스로 2007년 2월말에 미국 에너지성(DOE)이 표 3.2.2에 내놓은 6건의 바이오리파이너리 건설 프로젝트에 총 385백만 달러(약 440억엔)의 건설지원을 한다고 발표한 것이다[4]. 이 가운데는 미국뿐만 아니라 EU, 캐나다 그리고 일본에서 개발된 NEDO프로세스도 들어있으며 이것에 의해 세계 레벨로 셀룰로오스계 바이오매스로부터의 바이오에탄올 생산기술의 실용화 개발이 더 가속화 되리라 기대된다.

바이오에탄올을 제조하고 가솔린에 혼합하여 자동차연료로 이용하는 것은 다종 · 다양한 바이오매스 재배와 합리적인 수집 · 운반에 관한 상류부분, 플랜트 건설비가 염가로 그리고 에너지 면에서도 고효율 변

표 3.2.2 미국 DOE 바이오 리파이너리 건설프로젝트 채택 안건

2007.02.28

	건설장소 보조금 건설기간	에탄올생산량 (kℓ/년)	원재료량 (t/일)	기술 타입	특기사항 (공동연구 출자자 외)
아벤고어	캔자스주 7,600만 달러 2008-2011	44,175	700	콘 건식 밀링 시설병설 농업폐기물 주체의 열 및 생화학처리	Abengoa사는 유럽에 서 대기업 알코올회사
아리코	플로리다주 3,300만 달러 2008-2010	53,865 발전 6,000kwh 수소, NH_3	770	목질계 및 농업폐기물 열화학처리에 의한 가스화	Alico사 6년간의 시범플랜트 실적
블루파이어	캘리포니아주 4,000만 달러 2008-2010	73,625	700	건설폐재, 종이 등 폐기물 효소를 이용하지 않는 신 기술(NEDO기술의 공업화)	미 Arkenol사 니끼, 미쓰비시상사 (페테로다이아몬드)
브로인	사우스타코타주 8,000만 달러 2007-30개월	484,375 (그 중 세룰로오스계 원료 25%)	842	콘 건식 밀링 시설병설에 의한 효율화	NREL, Du Ponts 시범플랜트 건설중
아이오젠	아이다호주 8,000만 달러 2008-2010	69,750	700	광범위하게 농업폐기물 이용	Shell, Goldmansax 소규모 플랜트 가동중
렌지훼르즈	조지아주 7,600만 달러 2007-2011	155,000 그 밖에 메탄올 34,875	1,200	열화학처리 목질계 원료 촉매이용	시범플랜트 가동중 2007년에 신시범 플랜트 건설예정

출전: DOE HP Selects Six Cellulosic Ethanol Plants for Up to $385 Million in Federal Funding. 2007.2.28

환이 요구되는 중류부분, 더 나아가 자동차연료로서의 인프라 정비 및 세제를 포함하는 법정비에 관한 하류부분 등, 몇 가지 해결해야 할 문제를 안고 있다. 본 절에서는 그 중 중류부분에 해당하는 일본 내외의 셀룰로오스계 바이오매스로부터 바이오에탄올 제조시스템과 코스트 평가를 중심으로 설명하겠다.

셀룰로오스계 바이오매스로부터 바이오에탄올 제조 기술

표 3.2.3에는 바이오에탄올 제조용 원료인 목질계 바이오매스 구성성분의 실측치를 나타냈다. 바이오매스의 주요 3대 성분은 셀룰로오스, 헤미셀룰로오스와 가수분해반응의 영향을 받지 않는 리그닌으로 이루어지는데, 침엽수에는 리그닌 함량이 많고 활엽수와 벼잎 같은 초목계 원료에는 헤미셀룰로오스 함량이 상대적으로 많다. 발효법으로 바이오에탄올을 제조할 때에 과거에 많이 쓰던 *Saccharomyces cerevisiae* 등의 효모와 박테리아에서는 발효 가능한 탄소원은 글루코오스, 만노오스, 갈락토오스 등의 C6 단당류밖에 에탄올로 변환할 수 없었는데, 헤미셀룰로오스에서 나온 자이로스와 아라비노스 등의 C5 단당도 발효균의 육종연구의 성과여하에 따라서는 유망한 탄소원으로 기대되고 있다.

그림 3.2.1과 그림 3.2.2에는 현재 일본 내외에서 개발도상국의 셀룰로오스계 바이오매스에서 에탄올을 제조하는 기술개발 상황을 기술 구성별로 분류하여 나타냈다. 유럽과 일본에서 개발중인 기술의 특징적인 차이는 전자는 바이오매스의 전처리 기술로, 180～190℃ 전후의 온도역에서 묽은 황산과 SO_2 등을 화학처리제로서 이용하여 헤미셀룰

표 3.2.3 바이오매스의 구성 성분표(乾物 기준, 실측치)

구성성분	전나무 조각	전나무 칩	전나무 바크	폐목재	활엽수	벼잎
알코올 · 벤젠 가용분	0.57	4.22	0.81	2.80	2.36	4.68
α-셀룰로오스	42.41	43.21	41.52	41.89	43.36	37.50
β-셀룰로오스	0.00	0.00	0.05	0.14	0.06	0.39
헤미셀룰로오스 & γ-셀룰로오스	25.37	27.22	23.49	21.78	29.24	33.70
산(酸)불용성 리그닌	31.61	25.31	34.08	33.22	23.90	23.70
산(酸)가용성 리그닌	0.04	0.05	0.06	0.17	0.37	0.02

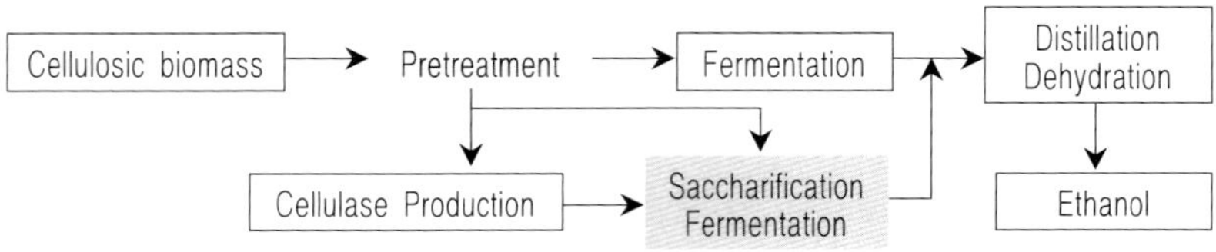

Direct Hydrolysis and Fermentation	Cellulase Saccharification and fermentation
Process reaction condition	Process reaction condition
Conc H_2SO_4 $H_2SO_4$75%, 90℃ NEDO Process	Dilute H_2SO_4 $H_2SO_4$1%~200℃ Cellulase NREL, Mitsui
dilute H_2SO_4 H_2SO_4 1.0%, 170℃ Tsukishima 1.5%, 220℃	Steam explosion. & dilute H_2SO_4? Iogen
Hot water hydrolysis 250℃ AIST Japan	SO_2 · Steam $SO_2$100ppm, 190℃ Lund Univ.
Super Critical water 300℃~ Hiroshima Univ. etc	Wet Oxidation $O_2$100ppm, 180℃ RISO National Lab.

그림 3.2.1 Typical R&D for Pretreatment and Saccharififation/Fermentation System of Cellulosic Biomass in the world

로오스를 가용화, 가수분해함과 동시에, 셀룰로오스를 비정질화 · 팽윤 처리한 다음, 효소제(셀룰라이제)로 가수분해하는 기술이 주류이다. 이에 반하여, 후자에서는 250℃ 이상의 고온의 묽은 황산과 100℃ 이하, 20~30wt%의 황산으로 직접 가수분해하는 방법이다. 이들 각 방식의 우열에 관한 평가는 대단히 재미있는 점이지만, 본 항에서는 과거부터 발표되고 있는 문헌에 추가하여 필자가 캐나다, 미국, 스웨덴, 덴마크 등의 유럽 각국을 방문 조사한 결과를 넣어 비교적 프로세스 구성과 반응 성적을 상세히 발표하고 있는 미국 NREL, 캐나다 Iogen 및 일본에서 개발된 NEDO프로세스의 3개의 기술을 중심으로 설명하겠다[5).

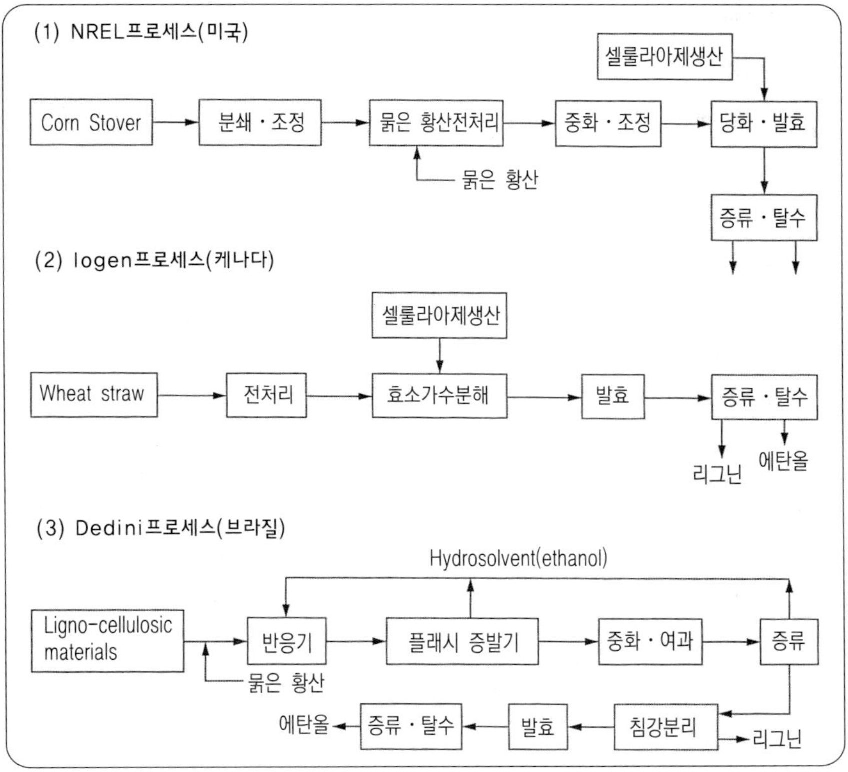

그림 3.2.2 해외 주요 바이오매스 변환 프로세스 예

1) 묽은 황산(希硫酸) 전처리 · 효소 가수분해법

① NREL프로세스[6)]

미국의 National Renewable Energy laboratory(DOE 산하의 국립 재생가능 에너지 연구소)에서 개발된 프로세스이다. 미분쇄한 옥수수마초(Corn Stover)와 볏짚, 바가스 혹은 그 밖의 각종 셀룰로오스계 바이오매스를 1wt% 이하의 묽은 황산액에서 180~190℃로 처리함으로써, 글루코만난, 자이란, 아라비난 등으로 이루어진 헤미셀룰로오스를 각각 단당으로 가수분해함과 동시에 셀룰로오스를 팽윤 처리한다. 이 단계에서 리

그닌과 셀룰로오스는 고체 상태로 공존하기 때문에, 고액분리조작으로 액상에 용해되어 있는 헤미셀룰로오스 유래의 단당과 분리한 다음에, 별도로 생산된 셀룰라이제를 첨가하여 가수분해함과 동시에 유전자조작 *Zymomonas mobiis*균[7])으로 당화와 발효를 동시에 행하는 병행 복발효(複醱酵) 방식(Simultaneous Saccharification and Fermentation)으로 에탄올로 변환하는 것이 기본 컨셉이다. 병행 복발효 종료 후의 단술액은 잔존 리그닌 등의 고형분 공존화로 에탄올을 증류-탈수(molecular sieve 방식)하여 무수에탄올을 제조하는 프로세스이다.

이 방법을 실용화하기 위한 최대과제는 싼 값으로 고활성인 셀룰라이제를 제조하는 시스템을 확립하는 것이다. 2001년 7월부터 약 3년에 걸쳐 DOE가 Genencor사와 Novozymes사에 각각 10수억엔(총계 33

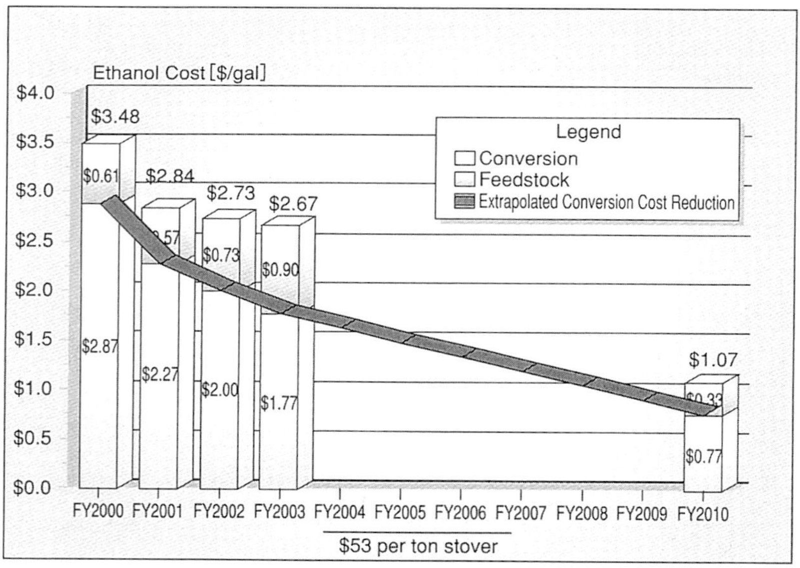

출전: Dr. John Ashworth, NREL (2006)

그림 3.2.3 미국의 바이오에탄올 제조 코스트다운 시나리오(DOE)

억엔)의 개발자금을 제공하여 집중적으로 R&D를 실시한 결과, 양사 모두 셀룰라이제 생산성을 2000년 12월에 비해 10~20배로 향상시킬 수 있게 되었다[6]. 이렇게 함으로써 셀룰라아제 제조 코스트가 대폭 다운될 것으로 예상되어 DOE의 당초 목표인 2010년 실용화가 가능해질 것으로 보고 있다. 그림 3.2.3에는 최근 DOE에서 보고된 바이오매스 제조 코스트의 연차목표를 나타냈는데[9] 현실적으로는 이 목표가 대폭 늦어지고 있다. 아무튼 이 방법의 실용화의 관건이 되는 것은 어떻게 해서 고활성이면서 생산성 높은 셀룰라이제를 싼값에 생산해내는가에 기대가 모아지고 있는 것 같다.

② Iogen 프로세스[10]

캐나다 Iogen사가 개발한 맥고(麥藁, 보릿짚)를 원료로 한 바이오에탄올 프로세스가 조기 공업화라는 관점에서 보면 지금으로서는 세계에서 가장 앞서있다.

원료 바이오매스는 캐나다에서 다량으로 생산되는 대맥 스트로, 소맥 스트로, 볏짚, 목초 등의 초목계 바이오매스인데, 특히 소맥 스트로는 가장 쉽게 구할 수 있으며 코스트도 톤당 40불 정도로 비교적 싸다. Iogen 프로세스의 특징은 원료의 전처리에 심혈을 기울이고 있는데 어떠한 방법을 쓰고 있는가에 대한 평가는 명확히 밝혀지고 있지 않다. 그러나 이 처리에 의해 종래의 1/100 정도의 셀룰라이제 양에서도 셀룰로오스가 쉽게 가수분해 되는 것이 특징이라고 하는데, 이 점은 셀룰라이제의 활성발현에 전처리가 얼마나 중요한가를 시사해주는 것으로 주목받고 있다. 또 이 법으로는 가수분해 반응과 에탄올 발효를 개별적인 공정으로 가동함으로써, 가수분해 반응 50~60℃, 에탄올 발효는 30~35℃로 각각의 최적 반응조건을 선정하고 있는데, 이는 이 회사에서 채용하고 있는 셀룰라이제가 생산물인 글루코오스에 의한 대사산물 저해를 잘 받지 않는 효소제라는 점을 의미하는 것이고, 앞에서 말한 NREL법과는 다른 방식을 채용할 수 있게 하고 있다. C5, C6 혼합당의 에탄올 발효균주는 변이 처리한 *Saccharomyces cerevisiae*에 유전자조작으로 C5 발효능을 부여한 실용주로 일컬어지고 있다.

2) 산(酸) 가수분해법

① 종래의 셀룰로오스계 바이오매스의 산분해

목재에서 에탄올 제조를 목적으로 한 산분해 기술 개발의 역사는 오래되어 1900년 초로 거슬러 올라간다. 기술 항목별로는 표 3.2.4에 나타낸 4항목으로 크게 나뉜다[11].

(1) 묽은 황산법

셀룰로오스는 고온의 묽은 황산용액 속에서는 헤미셀룰로오스→각종당류→분해 생성물, 셀룰로오스→글루코오스→분해 생성물로 축차(逐次) 반응이며 생성된 당류는 시간이 지남에 따라 과분해(過分解)한다. 이에 대한 대책으로 독일의 SCHOLLER사는 묽은 황산용액 속에서 헤미셀룰로오스의 가수분해로 얻어진 당류를 곧바로 반응계에서 꺼내고, 또 남은 셀룰로오스에 다음의 산을 첨가하여 가수분해하는 방법을 반복함으로써, 반응률의 저하를 막는 방법을 제안했다. 이 방법은 세계에서 20개 이상의 공장이 건설되어 하루에 최대 100톤을 처리할 수 있으며 18년 동안 상업화가 계속되었다. 그러나 이 법은 회분법이었기 때문에, 연속화를 목적으로 한 기술로 미국에서 Saeman 등에 의해 개발된 것이 MADISON법이다. 이 방법은 고온으로 유지된 제1단의 파코레이터에 묽은 황산을 연속적으로 흘려보내 가수분해 시간을 단축시킨 것이다. 이 방식을 기본적으로 계승한 것이 개량 MADISON법이라 부르는 TVA법이다. TVA법은 바이오매스, 황산 모두에 연속처리를 하는 가수분해법으로, 최근에는 미국 BCI사가 이 기술을 베이스로 바가스를 원료로 한 하루 4톤 용량의 파일럿플랜트를 2년간 운전시켜 원료 조달부터 발효까지를 일관된 기술을 실증하고 있다.

(2) 진한 황산법

진한 황산 가수분해를 최초로 제안한 것은 피오리아법이라 부르는 방법인데, 이는 전(前)가수분해, 주(主)가수분해, 후(後)가수분해의 3단계 프로세스로 바이오매스를 분해하는 방법이다. 전가수분해는 헤미셀룰로오스에서 나온 5단당을 함유하는 각종 당류의 분해를 목적으로 하여 행하고 있는 점에서는 묽은 황산법의 제1단의 파코레이터와 같다. 주가수분해에서는 셀룰로오스가 해중합(解重合)하여 글루코오스 중합체를 만드는데 이 단계에서는 단당(글루코오스)으로까지는 분해되지 않는다. 후가수분해에서는 주가수분해에서 얻어진 가용성 글루코오스폴리머를 가수분해하는 것인데 황산농도는 산의 회수에너지를 고려하여 20~30% 정도에서 작용시키고 있다.

그 후로 후가수분해를 간소화한 죠르다니 · 레오법과 일본에서 공업화를 시행한 홋카이도법 등이 유명하다. 특히 홋카이도법에서는 글루코오스와 각종 유도품의 제조를 목적으로 하루에 건물(乾物) 처리능력 100톤의 공장을 건설하기에까지 이르렀지만 1년간 운전한 후 폐쇄되었다.

(3) 기타 방법

염산분해는 기본적으로는 황산과 동등한 효과가 기대되지만 장치재료의 부식문제 때문에 차츰 외면당하게 되었다. 한편, 알칼리법은 리그닌의 분해, 가용화 관점에서 예로부터 펄프공업에 실시되고 있는 방법이다.

② 최근의 셀룰로오스계 바이오매스에서 에탄올 제조 시스템

(1) 묽은 황산 2단 가수분해법

종이 및 셀룰로오스계 바이오매스의 묽은 황산에 의한 가수분해는

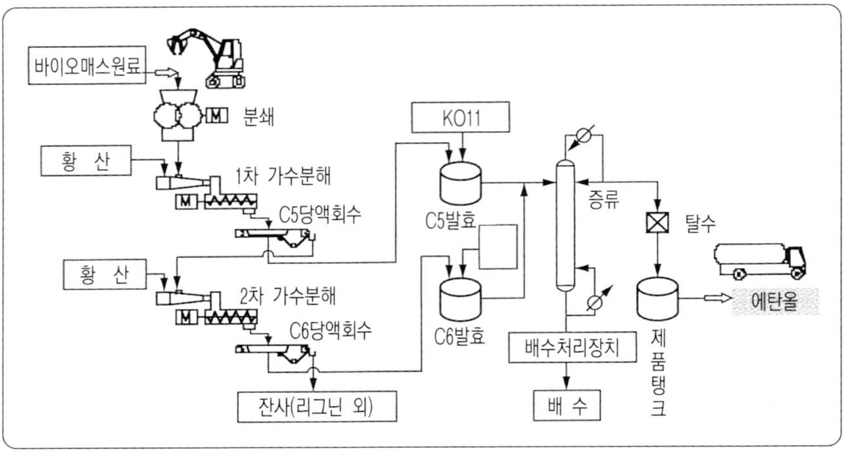

그림 3.2.4 묽은 황산 2단 가수분해법 공정 구성도(문헌 20 참조)

전술한 쇼라법이나 매디슨법을 따른 미국 BC International사에서의 도입기술을 이용한 쯔키시마기계 주식회사의 개발 프로세스가 대표적이다[12,13].

이 법의 프로세스 기본 흐름을 그림 3.2.4에 나타냈다. 제1차 가수분해에서는 건축 폐재 등의 셀룰로오스계 바이오매스를 수 mm 이하로 분쇄하여, 0.5~1.0wt%의 묽은 황산에 침지한 슬러리 액을 150~180℃, 약 10kg/cm^{2}로 가압시킨 가수분해 반응기에 연속적으로 주입하고, 수분 동안의 평균 체류시간(반응시간)으로 처리한다. 이렇게 함으로써 바이오매스 구성성분의 헤미셀룰로오스를 가수분해하여 헤미셀룰로오스 중의 글루코만난, 자이란 등을 글루코오스, 만노오스, 자이로스 등의 C5, C6단당으로 변환하는 것이다.

고액 분리후의 잔사(殘渣)에는 제1차 가수분해 조건에서는 반응하지 않는 셀룰로오스 성분 및 리그닌이 들어있다. 이어서 황산농도 0.5~1.0wt%의 묽은 황산 수용액에 첨가한 후 반응온도 230~250℃, 압력 30~50kg/cm^{2}로 유지된 제2차 가수분해 반응기로 보내면 셀룰로오스는 가수분해 반응으로 글루코오스로 전환된다.

묽은 황산 2단 가수분해법의 특징은 비교적 저온에서 가수분해되는 헤미셀룰로오스분을 제1단 반응기로 처리하여 생성되는 글루코오스, 자이로스, 만노오스 등의 단당류를 수용액 중에서 분리하는 것으로, 250℃ 전후의 엄격한 반응조건을 필요로 하는 제2단 반응에서의 이들 단당류의 2차 반응에 의한 메틸하이드로푸란(MHF)과 푸르푸랄 혹은 초산, 포름산(개미산) 등의 유기산과 알데히드로의 과분해를 억제하고 있는 것으로, 이 방식에서 헤미셀룰로오스의 단당으로의 교환수지율은 90% 이상을 달성하고 있는 것이다.

그렇다고는 하지만, 결정성 셀룰로오스의 비정질화 및 가수분해 반응은 제1차 반응조건과 비교하여 묽은 황산 조건 하에서는 더욱 고온을 필요로 한다. 그래서 이 반응온도 조건에서는 공존하는 리그닌 성분의 1부가 분해될 뿐만 아니라, 셀룰로오스→글루코오스→과분해 생성물의 반응을 억제할 수 없다. 목적으로 하는 글루코오스를 고수율로 얻는 것은 원리상 무리가 있어서, 최적 반응조건을 선정하여 얻었다 해도 셀룰로오스에 대한 이론수율에서 50~60% 정도를 얻는 것이 한계라고 알려져 있다.

또한 같은 반응조건 하에서는 위에서 말했듯이 리그닌 구성성분의 부분 분해에 의한 페놀 및 크레졸 등의 방향족계 화합물의 생성 및 원료 바이오매스 종, 예를 들면 건축 폐재 등에서는 합판속의 접착제나 도료분해 성분에 기인하는 발효저해 물질이 확인되고 있어서[14,15], 에탄올 발효용의 산(酸) 당화액 생성 프로세스로는 해결되어야 할 문제가 아직도 많은 방식이다.

(2) 진한 황산 가수분해법(NEDO프로세스)[5,7,16]

일본에서는 2001년도를 초년도로 하는 5개년계획에서 「바이오매스에너지 고효율전환 기술개발」의 일환으로 "셀룰로오스계 바이오매스를 원료로 하는 신규 에탄올 발효기술 등에 의한 연료용 에탄올을 제조하는 기술의 개발"프로젝트가 발족되어, 2006년 3월에 소기의 개발목표를 달성하여 종료되었다. NEDO프로세스의 특징 중 하나는 셀룰로오스, 헤미셀룰로오스를 선택적으로 글루코오스 기타 C6, C5 단당류로 전환하는 저온 진한 황산 가수분해법을 전처리 기술로 채용하고 있는 것과, 셀룰로오스 및 글루코오스의 저중합체인 세로올리고당을 함유하는 C5, C6 혼합당을 높은 수율로 에탄올로 전환하기 위해, 유전자 조작에 의해 육종된 효모 혹은 박테리아(*Zymomonas mobilis*)를 사용하고 있는 것이다.

이하에서는 진한 황산 가수분해법을 상세히 설명하겠다.

● 진한 황산 가수분해의 최적조건 선정

그림 3.2.5는 셀룰로오스에 주목한 결정 셀룰로오스의 비정질·가용화 현상을 가시적으로 나타낸 것이다. 이 그림으로부터 반응온도가

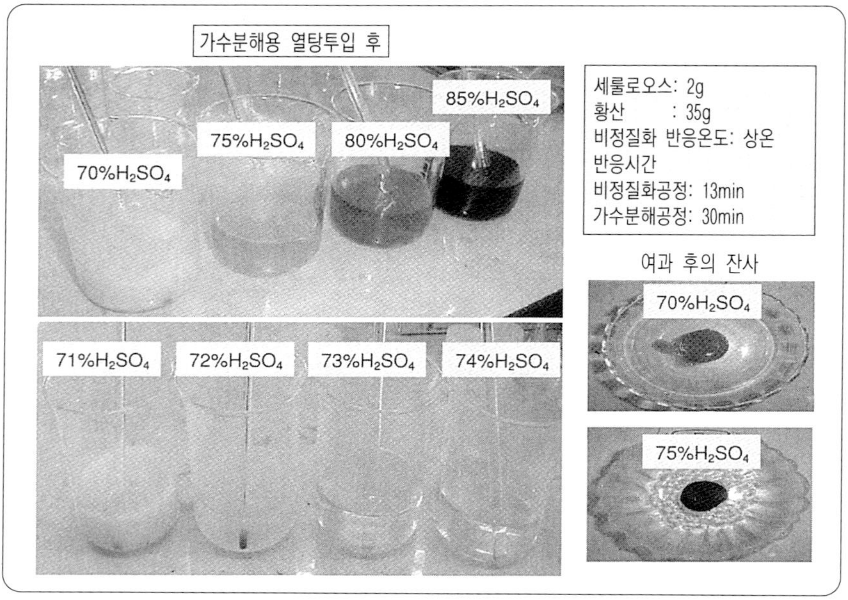

그림 3.2.5 진한 황산에 의한 셀룰로오스의 용해

상온(常溫)인 경우에는 결정 셀룰로오스는 황산 농도 70wt% 이하에서는 거의 녹지 않고, 백탁의 상태로 있음을 확인할 수 있다. 즉, 상온의 조건에서는 황산농도 70wt% 이하에서는 셀룰로오스는 가수분해 반응을 받지 않음을 시사하고 있다. 그렇다고는 하지만, 황산농도 73~74wt%에서는 셀룰로오스는 완전히 가용화하고, 가수분해 반응이 진행되고 있음을 확인할 수 있다. 한편 황산농도 75wt% 이상의 농도영역, 특히 80wt% 이상에서는 반응액이 흑색이 된다. 이는 분명히 생성 글루코오스의 2차 분해반응과 중합반응, 더 나아가 탄화반응이 일어나고 있음을 시사해주고 있다. 즉, 진한 황산 가수분해 반응은 황산농도에 대해서는 지극히 좁은 영역의 최적조건이 있다. 이 결과에 의해, 셀룰로오스계 바이오매스의 가수분해는 우선, 상온~50℃ 이하, 황산농도 70~75wt%의 조건에서 가용화·비정질화를 진행한 후 황산농도 20~30wt%에서 비정질 셀룰로오스의 가수분해를 하고 있다.

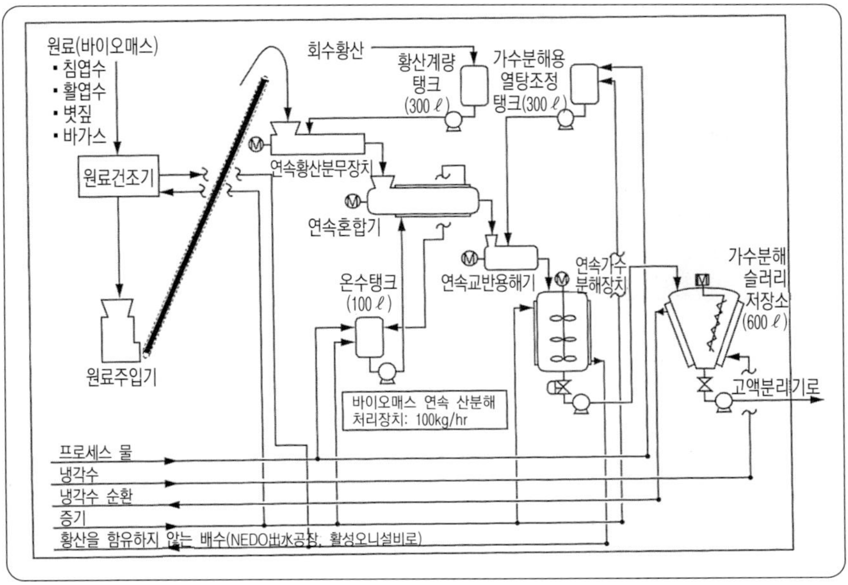

그림 3.2.6 진한 황산법 세룰로오스계 바이오매스 전처리 공정

● 진한 황산법 연속 가수분해

NEDO에서 개발한 연속 가수분해 프로세스에서는 그림 3.2.6에 나타낸 것처럼, 원료 바이오매스를 5~10mm 정도로 조분쇄한 다음, 수분농도 15wt% 전후로 습도 조절하여 연속 황산 분무장치에서 약 2분간 정도 체류시켜 섞는다. 이 과정에서 바이오매스 중의 셀룰로오스는 비정질화 한다. 그 후, 슬러리 속의 황산 농도가 20~30%가 되도록 물을 첨가하여 연속 가수분해 반응기에 약 10~15분 걸면, 가수분해 반응은 완결되고 슬러리 저조(貯槽)에 저장된 후 고액(固液) 분리기에서 당·산 혼합액과 고형분(대부분은 리그닌분)으로 분리된다.

● 바이오매스 당화액으로 부터 발효액 분리와 황산 회수

바이오매스 당화액은 보통 약 15%의 단당류와 20~30%의 황산 수용액인데, 이 당·산 분리에 음이온 교환수지를 충전시켜, 크로마토 분리방식을 채용하고 있는 것이 NEDO프로세스의 특징이다. 이 방법

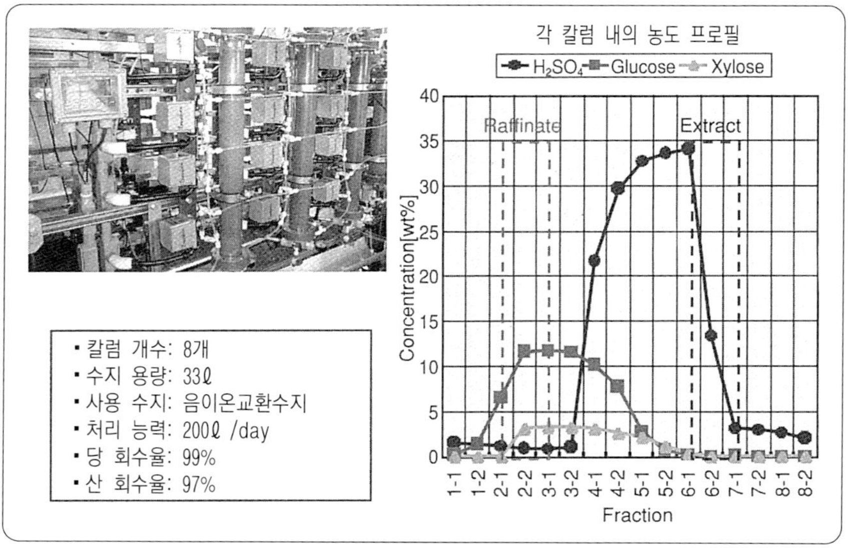

그림 3.2.7 바이오매스 당화액 중의 당·산 분해[8)]

은 음이온 수지와 당 및 황산의 친화성의 차를 이용하여, 당과 황산을 연속적으로 분리하는 것이다. 그림 3.2.7에 그 개요를 제시했는데, 보통 8개의 칼럼에 당산 혼합액, 용리수를 소정의 간격으로 도입하여 당액(Raffinate)과 황산(Extract)을 연속적으로 빼내는, 이른바 의사 이동층(Simulated moving bed) 방식이다. 또 이 프로세스에서는 어떻게 하면 에너지 절약적으로 황산을 회수·농축 재이용할 수 있는가가 필수 요건이 되어, 현재는 다중 효용캔 방식으로 에너지 절약을 시도하고 있다.

● 바이오매스 당화액의 발효

그림 3.2.8에는 본 프로세스의 기본구성을 나타냈는데, NEDO프로세스의 특징중 하나인 셀룰로오스, 헤미셀룰로오스를 고수율로 글루코오스 기타의 C6, C5 단당유로 변환하는 진한 황산 가수분해법을 전처리 기술로 채용하고 있는 것과, 셀룰로오스 및 글루코오스 저중합체인 세로올리고당을 함유하는 C5, C6 혼합당을 고수율로 에탄올로 전환시

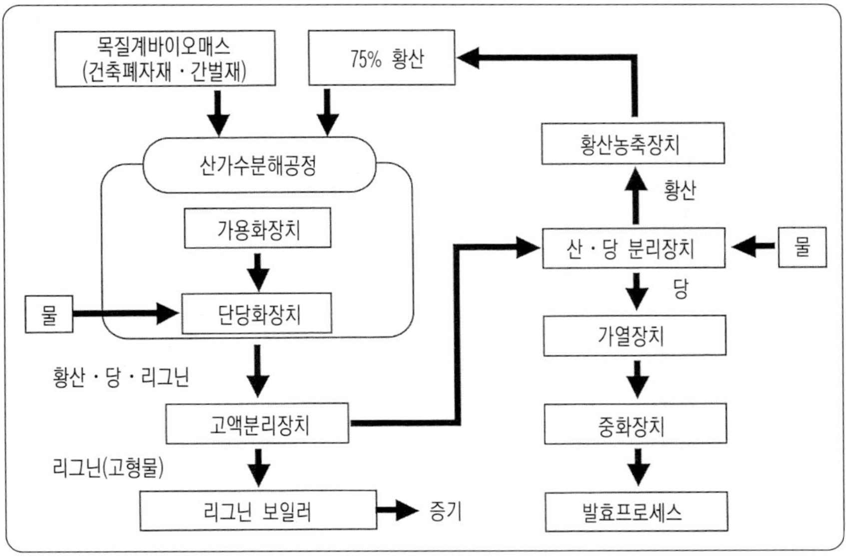

그림 3.2.8 황산 가수분해법 에탄올 제조 공정 구성도

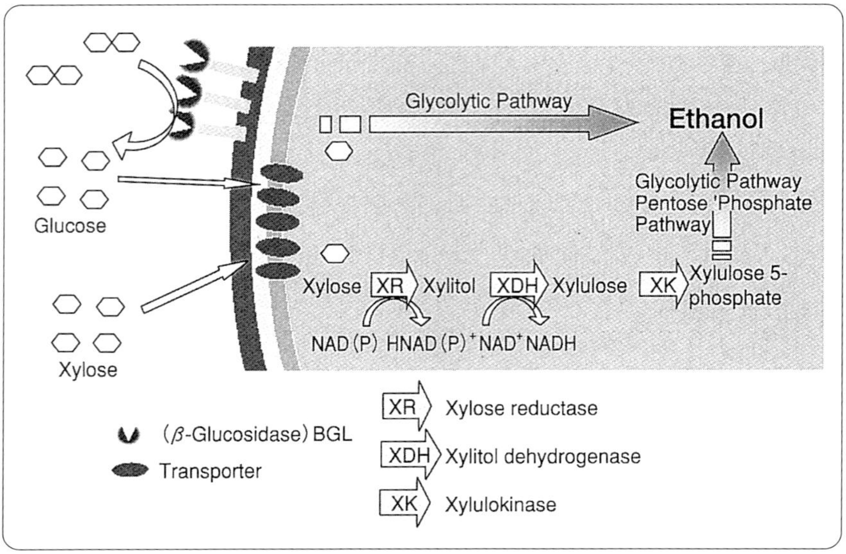

그림 3.2.9 Pathway of Ethanol Fermentation of Xylose & Cellobiose[16)]

Medium (Cell conc.OD$_{600}$=20)

Yeast nitrogen base w/o amino acids	6.7 g/ℓ
Casamino acids	20 g/ℓ
Appropriate amino acids and nucleic acids	0.02 g/ℓ
Acid hydrolysate	
Cellobiose	10 g/ℓ
Glucose	50 g/ℓ
Xylose	10 g/ℓ
Galactose	5 g/ℓ
Mannose	15 g/ℓ
Total Sugar conc.	90 g/ℓ

○ Control : 친주 KF7
△ pBG211 : β-glucosidare 도입
● pWX1X2XK : 자일로스 발효능 도입
□ pWX1X2XK+pBG211
자일로스 및 세로비오스 발효능 올리고당

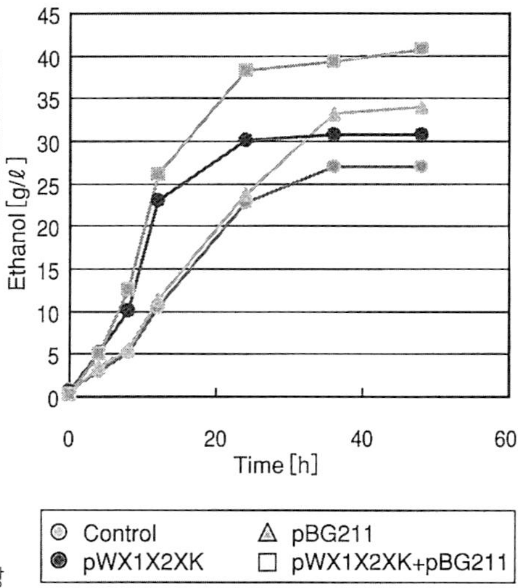

그림 3.2.10 Ethanol Fermentation of Acid Hydrolysate by Yeast[16)]

키기 위해, 유전자 조작으로 육종된 효모 혹은 박테리아를 채용하고 있는 것이다. 바이오매스 당화액의 에탄올 발효에 대해서는 35℃ 이상의 고온 내성, pH4 이하의 내산성을 갖는 응집성 효모를 친주로 하여 세포 표층에 유전자 조작으로 각종 셀룰라아제 기능을 더 나아가 자일로스 등의 C5 당류를 발효하는 기능을 가진 실용 효모, 혹은 글루코오스 이외의 만노오스 등의 6단당과 자이로스 등 C5 단당의 발효능을 부여한 유전자조작 *Zymomonas mobilis* 개발에 진전을 보여준 것이다.

그림 3.2.9에는 NEDO프로젝트에서 개발된, 세로올리고당 및 자일로스의 에탄올 변환을 위해 효모를 친주로 실시한 유전자 조작의 모식도를, 그리고 그림 3.2.10에는 그 성과의 대표적 예를 제시한 것이다. 이로부터 보통의 효모에서는 C6당 외에는 에탄올로 변환할 수 없는데 반해, 세포 표층에 셀룰라이제를 제시시킨 효모, 그리고 세포내에 자일로스 변환 유전자를 삽입한 효모에서는 세로올리고당 및 C5당의 대표인 자일로스의 거의 이론량에 상당하는 에탄올이 생산되고 있음을 확인할 수 있다.

(3) 묽은 황산 당화법과 진한 황산 당화법의 비교

바이오에탄올 생산용의 바이오매스 전처리 · 당화의 방법으로, 현재 일본 내외에서 활발하게 개발되고 있는 산분해법은 이미 설명했듯이 효소(셀룰라이제) 가수분해를 위한 전전처리를 포함하는 묽은 황산 가수분해법과 진한 황산법으로 크게 구별된다.

상세한 기술내용에 관해서는 양자의 발표 내용에 차가 있어서 명확히 비교할 수는 없지만 프로세스 구성은 그림 3.2.4(묽은 황산법)와 그림 3.2.11(진한 황산법)에 나타냈듯이 진한 황산법이 당 · 산 분리공정과 황산의 회수공정이 포함되어 있어서 복잡하다.

양자의 바이오매스 당화수율을 표 3.2.5에 총괄적으로 나타냈는데, 발표되고 있는 성적으로는 묽은 황산 2단법이 후단의 셀룰로오스 가

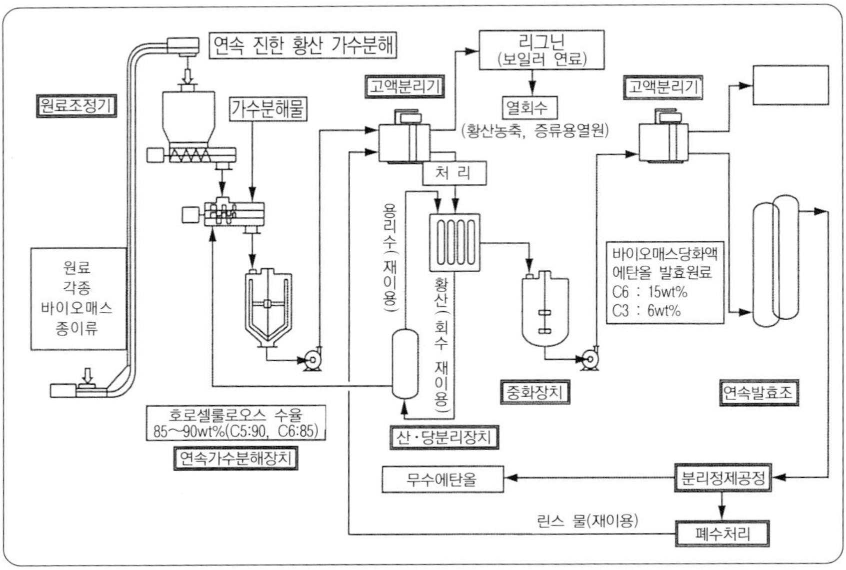

그림 3.2.11 진한 황산 가수분해법 에탄올 제조 공정 구성도

표 3.2.5 대표적인 산 가수분해 조건과 반응수율의 비교[5)]

항 목	묽은 황산 가수분해법	진한 황산 가수분해법
1차 가수분해 조건		
황산농도(wt%)	0.5~1.5	70~75
반응온도(℃)	140~190	> 50
반응시간(분)	5~15	2~5
2차 가수분해 조건		
황산농도(wt%)	1.0~2.0	20~30
반응온도(℃)	180~240	90~95
반응시간(분)	1.5~10	10~15
반응성적		
C5수율(%)	90	90
C6수율(%)	40~60	85
총수율(%)*	60~72	87

* 총수율은 셀룰로오스 45%, 헤미셀룰로오스 30%, 리그닌 25%의 바이오매스種의 가중평균치

분해율의 향상에 한계가 있을 만큼 반응 선택성이 높은 진한 황산법과 비교해서 대폭 저하하고 있지만, 양자의 우열을 종합적으로 평가하기 위해서는 당화수율 뿐만 아니라 플랜트 건설비, 에너지 수지, 황산 등의 케미컬 소비량, 또 후단의 발효저해 유무를 포함한 발효수율과 배수처리 난이도 등을 포함한 평가가 필요하다. 즉 바꾸어 말하자면 에탄올 제조 코스트에 이들 차이가 어떻게 반영되는가의 감도 해석을 포함한 종합평가가 필요하다는 뜻이다.

프로세스의 경제성 평가[17,18,19]

현재 일본 내외에서 개발중인 셀룰로오스계 바이오매스로부터의 에탄올 변환 프로세스에는 채용하는 전처리 기술과 발효기술과의 조합에 각각의 특징이 있지만, 이들 각 기술에 대해서는 에탄올 제조원가 등의 경제성을 평가하는 데에 충분한 기술정보가 발표되고 있지 않다. 그래서 본 항에서는 이미 기술내용이 발표된 앞에서 말한 NREL프로세스[6]와 필자들이 평가 검토를 담당한 NEDO기술개발 기구의 위탁연구인 연료용 에탄올 제조기술의 개발성과[8,18]를 참고로 개요를 소개하겠다.

1) 프로세스 설계의 전제조건

① NEDO프로세스

2005년도까지의 개발성과를 토대로 물질수지, 열수지에 관련한 반응성적을 시산하여 표 3.2.6에 총괄적으로 나타냈다. 이 결과를 가지고 프로세스의 기본설계를 하여 그림 3.2.11에 나타낸 프로세스 흐름도를 작성하였다. 그리고 에탄올 생산량이 연산으로 2만kℓ, 5만kℓ, 10만kℓ의 각 케이스마다 설계, 상세설계와 건설비를 시산하였다. 표 3.2.7에는 에탄올 제조량 10만kℓ/yr의 경우의 건설비 시산 결과를 나

표 3.2.6 시스템 최적화 케이스스터디 전제 조건 총괄[5)]

기본설계 베이스: 원료건축폐재, 에탄올생산량 100,000kℓ/년, 345일가동/년

전제조건	개발목표치 달성케이스
바이오매스원료 조성	호로셀룰로오스 70wt%(乾物기준)
① 당화공정 총괄수율	87wt%
당화 효율	90wt%
고액분리 효율	99wt%
당·산분리 효율	96wt%
② 발효수율	90wt%
바이오에탄올 변환수율①×②	78.3wt%
원료바이오매스 공급량	41.67t/hr(1,000t/일, 345,000t/년)
에탄올 생산량	12.2kℓ/hr(293kℓ/일, 100,000kℓ/년)

표 3.2.7 에탄올 생산량 10만kℓ/년 기준 케이스의 건설비 계산 결과[5)]

전제조건: 목질계바이오매스원료, 진한황산법전처리, C5, C6연속발효, 막 탈수, 플랜트입지장소는 일본국내

구분	항목	금액
	원료분쇄처리공정(별도)	1,170,000
전처리당화공정	원료건조 섹션	227,000
전처리당화공정	가수분해처리 섹션	573,000
전처리당화공정	고·액분리 섹션	734,000
전처리당화공정	당·산분리 섹션	1,046,000
전처리당화공정	디올리고 섹션	91,000
전처리당화공정	당액중화 섹션	90,000
전처리당화공정	황산회수·농축 섹션	1,173,000
	전처리공정 합계	3,934,000
	배양, 연속발효공정	364,000
	증류공정	169,000
	탈수공정	300,000
	폐수처리공정	522,000
	저장탱크류	48,000
	기기비 합계	5,337,000

구분	항목	금액
	리그닌연소보일러	1,200,000
공사비	토목, 건축공사	800,000
공사비	설치공사	230,000
공사비	배관공사	650,000
공사비	전기, 계장(計裝)공사	600,000
공사비	보온, 도장공사	140,000
공사비	안전대책공사	60,000
공사비	시운전 조정비	43,000
공사비	운송비	60,000
	공사비 합계	2,583,000
	일반관리비	680,000
	건설비 총계	9,800,000
비고	금액은 천엔 단위로 정리함. 리그닌연소보일러는 공사비를 포함하여 계산함. 원료분쇄공정은 합계에서 제외함.	

타냈다. 또한 에탄올 생산량이 연산 2만kℓ의 경우에, 1일의 원료 바이오매스가 건물(乾物) 기준으로 약 200톤, 5만kℓ로 500톤, 10만kℓ의 경우에는 약 1000톤의 바이오매스 원료가 필요하고, 싼값에 원료를 안정적으로 확보하는 것이 설치장소의 선정과 관련하여 중요한 과제가 될 것이다.

② NREL프로세스

공표된 문헌[6]에서는 에탄올 생산량이 69.3MMgal/yr(26.23만kℓ/년)을 기준으로 시산되고 있다. 여기서는 건설비의 적산에 대해서는 앞에서 말한 NEDO프로세스와의 비교를 용이하게 하기 위해, 26.23만kℓ/년→10.0만kℓ/년 규모로 한 경우를 상정하여 0.7승을 이용하여 시산하였다.

표 3.2.8 NREL프로세스의 바이오에탄올 제조원가[5]

Corn Stover 원료, 2010년 운전개시 에탄올생산량 10만kℓ/년(저자환산)
Dilute Acid Prehydrolysis with Saccharification and Co-Fermentation
원료 원단위 2.945 dry ton/kℓ, 원료가격 3,300엔/dry ton corn stover

1. 건설비(69.3MMgal/year)→10만kℓ/년 환산)

공 정	단위: 천엔
원료핸들링 공정	412,000
분쇄, 묽은 황산 처리공정	1,450,000
중화 · pH 조정공정	429,000
당화 · 발효공정	517,000
증류 · 잔사 회수공정	1,199,000
폐수 처리공정	185,000
저장탱크	110,000
보일러 · 발전설비	2,106,000
유틸리티	258,000
공사비, 일반관리비 등	4,603,000
총합계	11,269,000

2. 제조원가 시산

항 목	(엔/ℓ-에탄올)
원료비	11.5
보일러용 바이오매스	0.0
CSL	1.0
Cellulase(효소)	3.5
그 밖의 부원료	1.9
소모품류	1.0
소 계	18.9
감가상각비(건설비×0.2)	22.5
총 제조원가	41.4

비고: 감가상각비에는 금리, 조세공과금, 플랜트 보수비 및 기타비용 포함.

2) 건설비 계산

표 3.2.7에 나타낸 NEDO프로세스의 에탄올 생산량 10만kℓ/yr를 예로 하여, NREL프로세스에 관해서는 문헌 5의 시산결과를 토대로 에탄올 생산량 10만kℓ로 환산한 결과를 표 3.2.8에 나타냈다. NEDO프로세스와 NREL프로세스와는 양자의 적산수법에 차가 있어서라고 하겠지만, NEDO프로세스의 98억엔에 대해 NREL프로세스에서 약 110억엔 정도로 적산된 것을 보면, 양자의 적산결과에 엄청난 차이가 있다. 아무튼 셀룰로오스계 바이오매스 연료의 경우에는 현 상태에서는 전처리공정이 고가이니, 향후에도 특히 전처리 공정의 또 다른 설비비 삭감을 위한 개발을 노력할 필요가 있을 것이다.

3) 에탄올 제조원가의 시산(試算)

NEDO프로세스에 관해서는 바이오에탄올 생산량을 변수로 해서 표

표 3.2.9 개발 프로세스 경제성 평가 · 검토[5)]

장치규모: 에탄올 제조량 2만kℓ/년, 5만kℓ/년, 10만kℓ/년의 3 케이스
플랜트 건설장소: 일본국내, 원료가격: 2엔/kg(건축폐재의 평균가격)
전체 개발목표 및 발효수율 90% 달성 케이스

에탄올 생산량(kℓ/년)		2만kℓ	5만kℓ	10만kℓ
총 건설비(억엔)		33.41	61.73	98.00
제조원가구성	설비 상각비(엔/ℓ) 환산	33.4	24.7	19.6
	황산 등 케미컬 비용	5.0	5.0	5.0
	발효 부원료비	2.0	2.0	2.0
	증기 · 전력비	2.2	2.2	2.2
	인건비	4.5	2.3	1.9
	원료비	10.2	10.2	10.2
총 생산원가(엔/ℓ-에탄올)		57.3	46.3	40.9

3.2.9에 정리하였다. 이들 시산에서는 일본의 건축 폐자재를 현 상태에서의 평균가격의 2,000엔/톤으로 하고, 건설비 감가상각비에 관해서는 설비의 감가상각비 및 보수, 조세 공과금 등의 제비용을 포함시켜, 보통 채용되고 있는 설비비 총액의 약 20%/년을 채용했다. 또 같은 방법으로, 우측 란에는 NREL프로세스의 시산결과를 참고로 하여 나타냈는데, 이 프로세스에서는 2010년 이후에 가동 개시하는 것을 전제로, 셀룰라이제 제조코스트를 현 상태에서의 1/10으로 가정하고, 원료가격도 실세가격을 기준으로 미국 Corn Stover에서 3,300엔/톤으로 한 경우, 제조규모 10만kℓ/년에서의 바이오에탄올 제조코스트는 리터당 40.6엔-에탄올 으로 시산되었다. 단, 앞에서 말했듯이 NREL프로세스에서는 효소(셀룰라이제)비용을 싼값으로 설정하고 있는 점, NEDO프로세스에서는 1부에 개발 목표치가 완전히 달성된 경우의 기대치도 들어있기 때문에, 모든 케이스에서도 실제로는 약간의 코스트업 요인이 내재되어 있음을 알아주기 바란다.

프로세스의 에너지 수지 검토

바이오매스 원료, 특히 미이용 셀룰로오스 원료에서의 바이오에탄올은 지구온난화 대책 때문에 개발 도입되어 주목받고 있다.

표 3.2.10에는 이미 발표되고 있는 옥수수 원료와 사탕수수 원료를 비교하여, 셀룰로오스계 원료를 예로 들어 NEDO프로세스의 에너지수지의 시산결과를 나타냈다. 이에 따르면, 셀룰로오스계 미이용 자원의 경우에는 사탕수수에는 미치지 못하지만, 옥수수 원료보다도 에너지수지 면에서 우월하다는 것을 알 수 있다. 마찬가지로 표 3.2.11에는 이들 각종 바이오매스별 CO_2 삭감효과를 시산한 결과를 제시했는데, 예를 들면 건축 폐자재를 원료로 한 경우에는 현 상태에서의 교환기술에

표 3.2.10 바이오에탄올 전환 에너지수지 비교[6]

(단위: kcal/ℓ 에탄올)

원 료		콘	케인	셀룰로오스	
출 전		Shapouri, '02, USDA	Macedo, '97, Brazil	Lynd et al. 91, USA 간벌재	NEDO PJ '05 보고서 건축폐재
투입 에너지①	원료생산 · 수송	1,694	532	770	407
	에탄올 전환	3,447	129	5,066(1,923)	1,923
	합 계	5,141	661	5,836(2,693)	2,330
발생 에너지②	에탄올 연소열	5,589	5,589	5,589	5,589
	부생품	957	490	5,784(0)	0
	합 계	6,546	6,079	11,373(5,589)	5,589
에너지 취득량 ②-①		1,405	5,418	5,537(2,896)	3,289
발생/투입 비 ②/①		1.27	9.20	1.95(2.08)	2.40
비 고		소요변환에너지 연료를 구입	1t의 케인에서 에탄올 75ℓ 생산한다고 가정	부생리그닌 전량을 열로 평가	부생리그닌 전량을 전력, 열로 변환이용

서도 CO_2 삭감효과는 1.9～2.0kg CO_2 /L-에탄올 정도는 기대할 수 있음이 시사되어, 셀룰로오스계 자원으로부터의 바이오에탄올로의 변환은 미이용 자원의 활용뿐만 아니라, 지구온난화 대책으로서도 대단히 유망함을 시사하고 있다.

현 상태에서는 셀룰로오스계 바이오매스로부터 실용규모에서 연료용 에탄올을 공업 스케일로 생산하는 데는 실증시험 연구 기간까지 고려하면 앞으로도 3～4년은 더 걸릴 것으로 생각된다.

한편, 2005년 2월 23일의 종합자원에너지조사회 수급부회에서는 「2030년의 에너지 수급전망」 가운데서, 2010년도의 추가대책 케이스에서 바이오매스 열이용분 가운데 바이오매스에서 얻어낼 액체연료가 50만kℓ(원유환산)로 기대되고 있다. 이 목표치에는 바이오디젤도 들어있기는 하지만, 아무튼 일본의 바이오매스 이용을 전제로 하는 경우에는

표 3.2.11 바이오에탄올 전환 CO_2 삭감효과 비교

(단위 kg-CO_2/ℓ-에탄올)

원 료		콘	케인	셀룰로오스	
출 전		Shapouri, '02, USDA를 토대로 환산	Macedo, '97, Brazil을 토대로 환산	Lynd외, 91, USA&NEDO '06에서 환산 (간벌재)	NEDO PJ '05 보고서에서 환산(건축폐재)
투입에너지, 비료, 농약류의 CO_2 발생량①	원료생산 · 수송	0.61	0.19	0.29	0.16
	에탄올전환	1.27	0.05	0.70	0.70
	합계	1.88	0.24	0.99	0.86
에탄올사용에 따른 CO_2 삭감량②	에탄올연소[1)]	2.89	2.89	2.89	2.89
	부생품 연소	0.34	0.18	0	0
	합계	3.23	3.07	2.89	2.89
CO2 삭감효과 ②-①		1.35	2.83	1.90	2.03
가솔린발열량 7,500kcal/ℓ 가솔린배출 CO_2=2.78kg/가솔린		에탄올변환에너지(전력, 증기)를 전량 구입	바가스 전량을 에탄올변환 및 기타 에너지로 사용	부생리그닌 전량을 열 및 일부 전력으로 사용	부생리그닌 전량을 열 및 일부 전력으로 사용
비고[1)]		에탄올 1ℓ 블렌드해서 가솔린 1.04ℓ 대체	에탄올 1ℓ 블렌드해서 가솔린 1.04ℓ 대체	에탄올 1ℓ 블렌드해서 가솔린 1.04ℓ 대체	에탄올 1ℓ 블렌드해서 가솔린 1.04ℓ 대체

브라질 등에서의 수입에탄올과 비교했을 때 코스트 면에서도 현 상태에서 무척 어려운 상황에 놓여있다고 말할 수밖에 없다.

일본의 바이오에탄올의 실용화를 위해서는, 세제상의 혜택부터 시작해서 일본의 바이오매스 자원 벌채 · 수집 · 운반을 포함한 코스트 삭감을 위한 검토가 급선무인데, 가까운 장래에는 바이오매스 자원이 풍부한 인접 국가에 입지시키는 것도 에너지 안보라는 관점에서는 한 번 생각해 볼 필요가 있다. 아무튼 셀룰로오스계 바이오매스로부터의 바이오에탄올 제조기술 개발은 현재 급속한 발전을 보이고 있어서, 세계

레벨에서 개발·도입의 타깃이 되어 있다. 2010~2012년을 목표로 더 많은 개발을 위해 노력할 것을 기대한다.

— 사사

본 원고에는 NEDO기술개발기구의 위탁사업으로 실시된 내용의 일부가 포함되어 있는데, 인용하도록 허락해준 NEDO기술개발기구에 감사드린다. 또 본 장에서는 상당한 부분을 NEDO프로세스의 소개에 지면을 할애했는데, 이 연구개발을 담당한 니끼주식회사, 간사이페인트 주식회사, 주식회사 물산나노테크연구소, 사단법인알코올협회, 독립행정법인 산업기술종합연구소, 나가오까기술과학대학, 오사카 부립대학, 교토대학, 고베대학, 돗토리대학, 구마모또대학 그리고 시즈오카대학 관계자 여러분께 깊이 감사드리는 바이다.

인용문헌

1) 安戸　曉，セルロース系バイオマスからのアルコール生産，木材学会誌 1067～1072 (1989).
2) アルコール新生産技術開発動向，アルコールハンドブック，8版，142～163 (1986).
3) バイオマス・ニッポン総合戦略推進会議　2007年2月
4) DOE HP Selects Six Cellulosic Ethanol Plants for Up to $385 Million in Federal Funding. 2007.2.28
5) NEDO プロジェクト バイオエネルギー高効率転換技術開発／セルロース系バイオマスを原料とする新規な発酵技術等による燃料用エタノールを製造する技術の開発　平成14年度成果報告書
6) Andy Aden et al., Lignocellulosic Biomass to Ethanol Process Design and Economics Utilizing Co-Current Dilute Acid Prehydrolysis and Enzymatic Hydrolysis For Corn Stover. Biotechnology Center for Fuels and Chemicals, NREL May 30.2002
7) Zhang,M.,C.Eddy,K.Deanda,M.Finkelstein, and .Picataggio, "MetabolicEngineering of a Pentose Metabolism Pathway in Zymomonas mobilis," Science, 267; 240-243,1995
8) NEDO プロジェクト バイオエネルギー高効率転換技術開発／セルロース系バイオマスを原料とする新規な発酵技術等による燃料用エタノールを製造する技術の開発　平成15年度成果報告書 (2004.8月)
9) Dr. John Ashworth, NREL (2006) よりの入手資料
10) USP 5,916,780
11) 野口研究所木材化学研究会編，木材化学工業，成分堂 (1961).
12) 三輪 浩司　OHM, 90 (3) 66-69 (2003).
13) 小野　裕一，産業機械，2004，5，49-51 (2004).

14) 奥田 直之　バイオサイエンスとバイオインダストリー，63(9) 592-595 (2005).
15) 早川 智基　ECO INDUSTRY，9(2)，45-52 2004(2004).
16) バイオエネルギー高効率転換技術開発／セルロース系バイオマスを原料とする新規な発酵技術等による燃料用エタノールを製造する技術の開発　平成17年度成果報告書
17) 山田富明，Petrotech 29, 805-811 (2006).
18) 山田富明，バイオマス原料事情とエタノール生産プロセスの経済性評価，エコバイオエネルギーの最前線，シーエムシー出版，104－119 (2005).
19) 山田富明，BIO INDUSTRY Apr.2007, 33-43 (2007).
20) 植田充美，近藤昭彦　監修，エコエネルギーの最前線—ゼロエミッション型社会を目指して—，pp79-87，シーエムシー出版 (2005年).

3 에탄올 발효 미생물

공업용 및 연료용 에탄올 발효생산에는 *Saccharomyces cerevisiae*(사카로미세스 세레비시에, 이하에서는 *S. cerevisiae*로 간략히 표기함)에 속하는 효모가 주로 이용되고 있다. 유럽, 미국 및 브라질 등에서는 빵효모(역시 *S. cerevisiae*에 속함)를 쓰는 경우가 많다. 아울러 미생물 학명은 기본적으로 라틴어에 기초하고 있는데, 사카로란 당분의 의미이고 미세스란 균을 의미하며 세레비시에란 맥주를 의미한다. 즉「맥주의 단술에서 분리한 당분을 발효하는 미생물」이 학명의 의미이다. 맥주는 영어에서도 독일어에서도 프랑스어에서도 비어 내지는 비아인데, 스페인어에서는 라틴어에 가까운「세레베싸」인 점이 재미있다.

일본 국내에서 공업용 에탄올을 발효법으로 제조하고 있는 곳은 2006년 현재, 일본알코올산업주식회사의 4개 알코올공장 가운데 가고시마현에 있는 出水알코올공장뿐인데(타공장은 粗留에탄올 원료), *S. cerevisiae* Taiken396株의 개량주를 당밀 발효용으로 이용하고 있다[1]. 2차 대전 이전과 이후 내내 당밀 발효용으로 사용된 효모 대부분은 이 계통의 효모로 에탄올 내성과 내열성이 있으며 염농도가 높아 당밀의 발효에 적당하다.

생고구마 등의 전분질 원료에는 발효연구소(구 통상산업성 공업기술원 미생물공업기술연구소의 전신)에서 분리된 *S. cerevisiae* 발연(發研) 호를 이용하고 있다[2]. 단, 일본알코올산업주식회사에서 전분질 원료로부터 공업용 알코올을 제조하는 일은 원료의 단가가 높아져 1998년도에 중지되었다. *S. cerevisiae* Taiken396주는 글루코오스, 후르크토스, 슈크로오스, 말토오스를 발효할 수 있지만 발연 1호는 더욱 말토올리고당을 발효시킬 수 있다(사이키타카시, 미발표 데이터). 그러나 에탄올 내성은 Taiken396주 쪽이 다소 강하다. Raiken396계통의 효모로 당밀을 원료로 에탄올 발효를 시키는 경우, 일반적으로 회분법에서 8~12vol% 정도, 나중에 설명할 첨괘법(30~33℃)으로 13vol%대의 에탄올이 생성되는데 당밀에서는 이것이 상한이다. 같은 효모를 써서 콘을 원료로 같은 온도에서 무증자 당화발효 시키면 15vol%대의 에탄올이 생성되므로, 이것이 이 발효온도에서의 에탄올 생성 상한(에탄올 내성)으로 생각된다(실험실스케일 시산, 사이키타카시, 미발표). 콘이 더 높은 에탄올 농도를 생성할 수 있는 것은 옥수수 단술은 당밀 단술에 비해 염농도의 저해가 없기 때문이다.

일본술의 발효에서는 일본양조협회가 번식시켜 보급하는 이른바 협회효모(에탄올 발효력이 강한 협회7호나 향기 좋은 협회9호)가 흔히 사용된다. 이들 효모는 18~20vol% 정도의 에탄올을 생성하는 것으로 알려져 있으며, 발효로 생성되는 에탄올 그 농도로 보자면 세계에서 가장 높은 농도이다. 시판되는 일본술은 이 원주를 에탄올 농도에서 16vol% 정도로 희석한 것이다.

이 고농도 에탄올의 생성 메커니즘에 대해서는 여러 연구가 진행되어 왔는데 고려되어야 할 것으로는,

① 일본술 단술이 고농도로 삭혀지고,

② 저온에서의 병행 복발효(複醱酵) 양식이어서, 일본술의 발효가 밸런스 있게 진행된다,

③ 발효촉진 인자의 존재,

④ 일본술 효모가 특별히 에탄올 생성능, 에탄올 내성에서 우수하다,

등을 들 수 있다.

예로부터 많은 연구가 이루어졌는데 그 예로 ④에 대해서는 빵효모

나 와인효모로도 18vol% 이상의 에탄올을 생성할 수 있으므로 이는 일본술 효모만의 특수한 성질이 아니라는 것을 알 수 있다.

③에 대해서는 황색 누룩균에서 유래하는 프로테오리피드가 촉진인자로 발견되었다.

따라서 일본술의 발효에서는 일반적으로 5~20℃의 저온에서(고급술일수록 저온에서 삭히는 경향), 장기간(약 1개월)을 두고 발효할 것, 쌀누룩을 이용해서 당화하면서 병행 복발효를 하는 것이 이 고농도의 에탄올 생성을 가능하게 한다고 여겨지고 있다. 즉 일본술 발효의 원리, 그 자체에 달려있다고 양조관계 전문가들은 말한다[3].

셀룰로오스를 60~70℃에서 직접분해 발효하는 혐기성균 *Clostridium thermocellum*의 에탄올 생성농도 상한은 3vol% 정도인데[4] 이는 고온에서의 에탄올 독성(살균력)이 관여하고 있는 것으로 생각된다. 이와 같이 에탄올 발효 미생물의 에탄올 생성 능력에는 발효온도, 단술의 염농도 등이 복잡하게 관계하고, 초산 등 유기산은 일반적으로 저해하는 경향을 갖는다. 회분발효의 최종단계에는 효모가 거의 사멸한다. 그러므로 회분발효에서 가령 10vol%의 에탄올을 생성하는 동일한 조건에서 연속발효시키고 싶다면 높은 생균률을 유지해야만 하므로 에탄올 생성농도 8vol% 정도로 발효관리 할 필요가 있다.

뉴질랜드에서는 밀크호에라는 유당과 같은 특수원료를 이용하여 에탄올을 발효 생산하고 있는데 유당 발효능을 갖는 *kluyveromyces fragilis*와 *K. lactis*와 같은 특수효모를 쓰고 있다[5,6]. 일반적으로 *S. cerevisiae*는 유당 발효능이 없다.

또 공업적으로 사용될 수 있을 만큼은 아직 아니지만 자이로스 등 펜토오스 발효성과 셀룰라이제 활성을 부여한 효모의 육종도 진행되고 있다[7~10].

아황산 펄프폐액에서 에탄올을 발효시키기 위해서는 아황산에 배양시킨 효모주(*S. cerevisiae*)를 이용하고 있는데[5] 폐액 속에 들어있는 헥소오스와 펜토오스 중 헥소오스만을 발효시킨다. *Pichia stipitis*와 *Pachysolen tannophilus*와 같이 펜토오스 발효성을 갖는 특수한 효모도 알려져 있지만 에탄올 내성은 약하다. 셀룰로오스계 바이오매스의 에탄올 발효에 대해서는 글루코오스, 후르크토스, 슈크로오스 같은 헥소오스뿐만 아니라 자이로스, 아라비노스 같은 펜토오스의 발효성도 중요해지므로, 본래는 펜토오스 발효성 없는 효모와 *Zymomonas mobilis*에 유전자 조작 기술로 펜토오스 발효성을 부여하는 육종도 이루어지고 있다[11].

효모 *S. cerevisiae*와 같은 정도의 에탄올을 생산하고 효모보다 발효수율이 좋고 발효속도도 빠르다는 세균으로 *Zymomonas mobilis*가 잘 알려져 있다. 열대지방의 용설란 즙에서 발견하여 분리된 것이 1920년대였는데 발견 역사가 짧아서 그러는지 공업적으로 사용되고 있는 예는 거의 없는 것 같다[5,12]. 야생주(野生株)의 *Zymomonas mobilis*가 발효할 수 있는 당의 종류는 글루코오스, 후르크토스, 슈크로오스로 한정되어 있지만, 이에 만노오스, 자이로스 등 셀룰로오스계 원료에서 얻어내는 당류의 발효성을 부여하는 육종개량 연구도 진행되고 있다[13,14]. 자이로스 등의 펜토오스는 활엽수와 초목계 바이오매스에 많이 함유되어 있으므로 이것을 에탄올에 발효시킬 수 있는 능력을 부여하는 과제는 중요하다. 또 글루코오스 등 헥소오스의 존재하에서는 자이로스의 발효가 억제되는 *diauxy*라 부르는 현상이 생기는데 이를 극복하는 것도 중요한 과제이다. *Zymomonas*와 *Zymobacter*에 대해서는 이런 과제에 관한 연구도 급속히 이루어지고 있다[14]. 에탄올을 생성하는 세균으로는 이 밖에도 *lactobacillus*屬의 헤테로유산발효균, 셀룰로오스 분해능을 갖는 *Clostridium*屬 세균, *Thermoanaerobium*屬 등의 혐기성 호열균이 알려져 있다. 이들은 생성 에탄올 농도가 낮고 유기산 등의 부산물도 생성되므로 공업용 혹은 연료용 에탄올 제조 프로세스에 이용하는 것은 현시점에서는 어렵다고 생각된다.

표 3.1.10, 표 3.1.11에 농산물 원료 및 셀룰로오스계 원료를 이용하는 경우의 대표적 에탄올발효균과 그 특징을 정리하였다.

표 3.1.10 각종 에탄올 발효 미생물(효모), 상세한 내용은 본문 참조

에탄올발효 미생물	비 고(보존기간 등)
Saccharomyces cerevisiae Taiken 396 NBRC0216	당밀용 우수효모로 1939년 타이완총독부중앙연구소에서 나까자와료지에 의해 분리되어, 처음에는 *Saccharomyces formosensis*라 명명됨. 현재는 NITE(주)에서 보존(NITE의 카탈로그 No. NBRC0216). 일반인도 입수가능. *Formosa*는 타이완을 의미. 에탄올, 온도, 염농도에 대해 내성이 강한 출아효모임[15].
Saccharomyces cerevisiae 발연 1호	전분질 발효용 효모로 구 통상산업성 발효연구소에서 1950년대에 분리됨. 현재는 (독)산업기술종합연구소에서 보존. 일반인도 입수가능. 보통 효모는 말토오스를 발효할 수 있는데 이 효모는 말토올리고당까지 발효할 수 있음[2].
Saccharomyces cerevisiae F-5	응집성 효모로 반복 회분발효법 등에 이용됨. 경제산업성의 특허효모. 1980년대 당시의 통상산업성의 고생산성 효모프로젝트로 육종됨. (독)산업기술종합연구소 특허균주기탁센터에서 보존. 出水알코올 공장에서 사용[5]. 特公平6-36734, 「신규응집성 에탄올발효효모」
Saccharomyces cerevisiae KF7 *Saccharomyces cerevisiae* IR2	KF7주는 응집성효모로 F-5주와 거의 동등한 성능. 구마모또대학의 지적재산[16]. IR2주는 구 통상산업성 미생물공업기술연구소가 필리핀의 식품에서 분리한 응집성효모[17]. IR2주와 내열성 응집성 효모 EP-1를 세포 융합법으로 결합시켜 육종된 것이 KF7임.
Schizosaccharomyces pombe	내염성 분열효모. 스웨덴 Chemateur사의 Biostil 프로세스에 사용 중.
Kluyveromyces lactis *Kluyveromyces fragilis*	낙농산업 폐액 중의 유당발효용 효모. 뉴질랜드에서 이용되고 있음[5].
Kluyveromyces marxianus	고온내성을 가지고 있는 효모로 40℃ 전후까지 생육과 발효 가능하지만, 아직 공업적으로는 사용되지 않음. 인도, 영국에서 활발하게 연구되고 있음[18].

주 1: NITE: 제품평가기술기반연구기구·생물자원연구센터
주 2: ATCC: 미국타입컬쳐·컬렉션센터

표 3.1.11 각종 에탄올 발효 미생물(박테리아), 상세한 내용은 본문 참조

Zymomonas mobilis	에탄올 내성은 효모에 가깝고, 효모수율은 효모보다 우수하며, 발효 속도는 효모보다 빠르다고 알려짐. 내산성은 효모보다 조금 떨어짐. 독일에서 50ℓ 규모로 소맥 폐전분의 에탄올 발효에 사용된 적이 있음. 육종연구가 활발함[13].
Zymobacter palmae	1980년대에 일본에서 분리. 게놈해석중. *Z. mobilis*에 가까운 성능. 실험실 레벨에서 처음으로 diauxy 해제에 성공[14].
Getically modified Escherichia coli KO11	Ingram, 오오따 등이 대장균을 에탄올발효 할 수 있도록 유전자공학으로 육종한 특허주[19].
Getically modified Corynebacterium glutamicum	RITE의 유가와 등이 글루타민산 발효균을 에탄올발효 할 수 있도록 유전자공학으로 육종한 특허주[20].
Clostridium thermocellum	호열성 절대 혐기성균으로 셀룰로오스를 직접 발효하여, 에탄올과 유기산을 생성함. 생성에탄올 농도는 3vol% 이하로 공업화는 현시점에서는 곤란해 보임. 셀루로솜 구조로 효율적으로 셀룰로오스를 분해할 수 있음. ATCC(주2)에 많은 보존주가 있음[21].
Clostridium ljungdahllii	바이오매스를 가열하여 얻을 수 있는 가스($CO+H_2$)에서 발효로 에탄올을 생성함. 석유정제에서 나오는 오프가스도 원료가 될 수 있음. 미국에서 연구가 활발히 이루어짐[22]. 일본에서도 호열성 혐기성 세균 Moorella속에 의해 초산 및 에탄올 생성에 관한 연구가 있음[23,24].

인용 · 참고문헌

1) 斉木 隆, 西 惟義 著, 栃倉辰六郎ほか監修：発酵ハンドブック, pp.43-48, 共立出版 (2001).
2) 小野英男, 田中正雄, "折衷法に関する研究 (第1報), 折衷法醪における麹と酒母の量と糖化発酵の関係について" 発酵研究所報告, 第8号, 78-79 (1953)
3) 秋山裕一, 酒づくりのはなし, pp157-163, 技報堂出版 (1986).
4) K. Sato, S. Goto, S. Yonemura, K. Sekine, E. Okuma, Y. Takagi, K. Hon-Nami and T. Saiki, Appl. Environ. Microbiol., 58, 732-736 (1992).
5) 斉木 隆, 西 惟義 著, 栃倉辰六郎ほか監修：発酵ハンドブック, pp.43-48, 共立出版 (2001).
6) 斉木 隆, バイオマスハンドブック, (社)日本エネルギー学会編, pp157-165, オーム社 (2002).
7) M. Sedlak, and N. W. Y. Ho, Z. Chen, Production of ethanol from cellulosic biomass hydrolysates using genetically engineered *Saccharomyces* yeast capable of effective cofermenting of glucose and xylose, Appl. Biochem. Biotechnol., 113-116, 403-416 (2004).
8) 植田充美, 田中渥夫, 細胞表層ディスプレイ, タンパク質の新しい発現系, タンパク質,

核酸，酵素，46，1480-1487 (2001).

9) S. Katahira, Y. Fujita, A. Mizuike, H. Fukuda, and A. Kondo, Construction of yeast strain for xylan fermentation through co-display of xylanolytic enzymes on cell surface of xylose-utilizing *Saccharomyces cerevisiae*., Appl. Environ. Microbiol., 70, 5407-5414 (2004).

10) NEDOプロジェクト「バイオマスエネルギー高効率転換技術開発／セルロース系バイオマスを原料とする新規なエタノール醗酵技術などにより燃料用エタノールを製造する技術の開発」平成17年度報告書，pp486-532，京大，神戸大 (2006).

11) NEDOプロジェクト「バイオマスエネルギー高効率転換技術開発／セルロース系バイオマスを原料とする新規なエタノール醗酵技術などにより燃料用エタノールを製造する技術の開発」平成17年度報告書，pp557-577，鳥取大 (2006).

12) 外村健三　著，栃倉辰六郎ほか監修：発酵ハンドブック，pp.49-50，共立出版 (2001).

13) H. Yanase, K. Nozaki, and K. Okamoto, Ethanol production from cellulosic materials by genetically engineered *Zymomonas mobilis*, Biotechnology Letters, 27, 259-263 (2005).

14) H. Yanase, Dai Sato, K. Yamamoto, S. Matsuda, S. Yamamoto, and K. Okamoto, Genetic engineering of *Zymobacter palmae* for production of ethanol from xylose, Appl. Environ. Mirobiol., 73, 2592-2599 (2007).

15) 加藤弁三郎編，日本のアルコールの歴史・その事業と技術，協和発酵工業株式会社，(1974).

16) 木田建次，森村　茂，"エネルギー多様化のための凝集性酵母による糖蜜からのエタノール生産"：生物工学会誌，75, 15-34 (1997).

17) H. Kuriyama, Y. Sonoda, T. Murakami, H. Kobayashi, and Y. Sonoda, J. Ferment. Technol., 63, 159-165 (1985).

18) I.M. Banat, P. Nigram, R. Marchant, Isolation of thermotolerant, fermentative yeasts growing at 52 oC and producing ethanol at 45 ℃ and 50 ℃. World J. Microbiol. Biotechnol., 8:259-263 (1992).

19) Kazuyoshi Ohta, et al., "Genetic improvement of Escherichia coli for ethanol production: chromosomal integration of *Zymomonas mobilis* genes encoding pyruvate decarboxylase and alcohol dehydrogenase II, Appl. Env. Micriobiol., 57, 893-900 (1991).

20) 湯川英明，特許，組換え型コリネ菌を用いるエタノールの製造方法，出 2002-510689 H13.06.12 表 WO01-096573 H15.08.12

21) K. Sato, S. Goto, S. Yonemura, K. Sekine, E. Okuma, Y. Takagi, K. Hon-Nami and T. Saiki, Appl. Environ. Microbiol., 58, 732-736 (1992).

22) Clausen, E. C., Gaddy, J. L.：Ethanol from biomass by gasification/fermentation, Prep. Pap. Am. Chem. Soc. 38, 855-861 (1993).

23) S. Sakai, Y. Nakashimada, H. Yoshimoto, S. Watanabe, H. Okada, and N. Nishio, Ethanol production from H_2 and CO_2 by a newly isolated thermophilic bacterium, *Moorella* sp. HUC22-1, Biotech. Letters, 26, 1607-1612 (2004).

24) S. Sakai, Y. Nakashimada, K. Inokuma, M. Kita, H. Okada, and N. Nishio, Acetate and ethanol production from H_2 and CO_2 by *Moorella* sp. using a repeated batch culture, Biotechnology and Bioengineering, 99, 252-258 (2005).

제4장

에탄올의 농축 · 탈수기술

7 에탄올의 농축기술

에탄올 발효에서는 발효원료, 단술의 당 농도, 혹은 효모특성 등의 발효조건에 의해, 얻어진 발효 단술의 에탄올 농도는 맥주 양조처럼 수%에서 일본술 양조처럼 20% 정도까지 각각이라는 것은 잘 알려져 있다.

에탄올을 연료로 해서 사용하는 경우에는 발효 단술 속의 에탄올을 농축해서 공비조성(共沸組成)(96.0wt%[1]=97.4vol%)에 가까운 함수에탄올로 만들든지 아니면 농축·탈수해서 무수에탄올로 만들 필요가 있다. 가솔린 첨가용의 연료용 에탄올의 경우는 물에 의한 상분리(相分離)를 일으키지 않도록 무수에탄올 상태까지 농축·탈수할 필요가 있다.

발효 단술에서의 에탄올 농축기술로는 증류법, 역삼투막 농축법, 삼투기화막 농축법, 초임계 가스추출법, 초음파 무화법(霧化法) 등이 알려져 있다. 증류법을 빼면 아직은 기술개발 단계이거나 원리적으로 제약이 있어서 현실적으로는 공업 스케일로 이용되지 못하고 있다. 현재, 공업적 규모로 널리 쓰이고 있는 에탄올 농축방법은 증류법이 유일하다.

이 절에서는 증류법에 의한 에탄올 농축기술을 자세히 설명하고, 후반부에서는 그 밖의 에탄올 농축기술로 역삼투막 농축법, 삼투기화막 농축법, 초임계 가스추출법 및 초음파 무화법(霧化法)의 기술에 대해 소개하겠다.

증류법

1) 증류의 원리

해수를 가열 증발시켜 그 증기를 냉각하여 농축시키면 탈염수가 얻어진다. 이는 물은 끓어서 수증기가 되지만 염분은 증발하지 않는다는 성질을 이용한 것이다. 물이 대기압 100℃에서 끓는다는 것은 물은 100℃에서 대기압(1,013헥토파스칼(hPa))의 증기압을 갖으며 염분은 증기압을 갖고 있지 않다는 것이다.

증류는 혼합물의 각 성분의 증기압 차를 이용해서 목적 성분을 분리·농축하는 기술이다. 혼합성분을 가열 증발·냉각 응축시키는 일련의 조작을 「증류」라고 하는데 이 조작이 1회의 증류인 경우를 「단증류」라 한다. 단증류의 개념도는 그림 4.1.1과 같다.

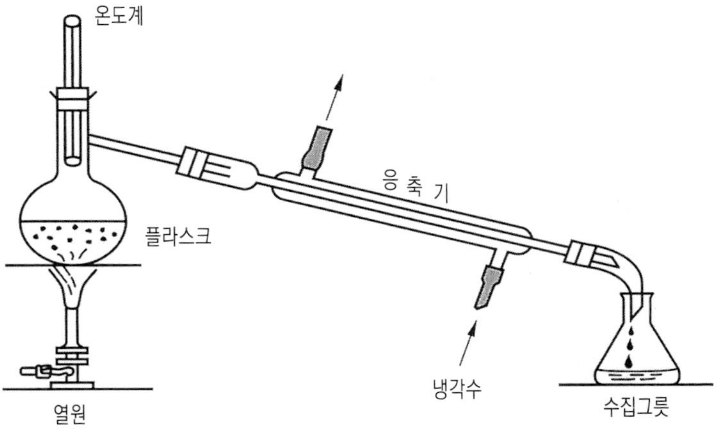

출전: 후지타 시게부미 편, "화학공학연습", 동경화학동인(1967)

그림 4.1.1 단증류의 개념도[2)]

2) 에탄올 농축의 원리

우선, 에탄올의 희박 수용액의 증발에 대해 생각해보자. 대기압 하에서는 물은 100℃에서 끓고 에탄올은 78.32℃에서 끓는다. 즉 물은 100℃에서 1,013hPa의 증기압을 갖는데 에탄올은 78.32℃에서 1,013hPa의 증기압을 갖는다. 바꿔 말하면 동일한 온도에서 에탄올은 물보다 높은 증기압(증발되기 쉬움)을 가지고 있다는 뜻이다. 에탄올의 희박 수용액을 증발시킨 때의 증기의 에탄올 농도는 에탄올이 보다 증발하기 쉬우므로 액체(액상)의 에탄올 농도보다 높아져서, 이 증기를 응축시킴으로써 에탄올을 농축할 수 있다.

에탄올의 희박 수용액을 증발시키는 경우, 기상(氣相)의 에탄올 농도는 액체의 에탄올 농도에 대응한 물성관계에 있다. 액체 혼합물에서 액상과 기상의 농도 물성 관계를 기액평형이라 한다. 증류조작은 이 기액평형 관계에 따라 이루어진다.

3) 기액(氣液)평형과 에탄올의 증류 농축

액체 혼합물의 기액평형은 이상(理想) 용액의 경우, 각 성분의 액체의 농도와 순물질의 증기압의 합이 각성분의 증기압이 되고, 각성분의 순물질의 증기압과 농도 분율과의 합의 비로 증기조성이 결정된다.

에탄올과 물의 두 성분의 혼합액체의 기액평형에서는 물과 에탄올의 친화성 때문에 각각의 실제 증기압은 이상 용액과는 다른 기액평형의 움직임을 보인다. 에탄올과 물의 두 성분의 기액평형은 물론이고 여러 종류의 화합물의 혼합액체에 대해 2성분계와 다성분계의 혼합액체의 기액평형은 무수히 실측되고 있어서, 기액평형 데이터 역시 많이 보고되고 있다.

에탄올/물의 2성분계의 기액평형을 그림 4.1.2에 나타냈는데 여기서는 증류에 의해 에탄올이 어떻게 농축되어 가는가를 설명하고 있다.

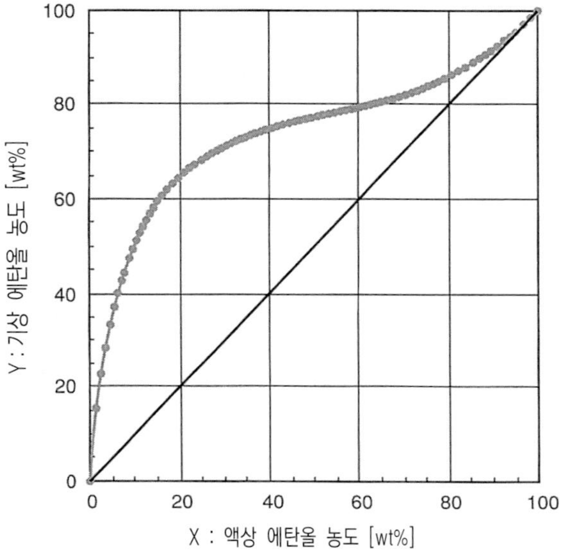

(알코올 핸드북 제9판, p.19. 기액평형표[3] 참조)

그림 4.1.2 에탄올/물 2성분계 기액평형도

횡축(X축)은 액상의 에탄올 농도, 종축(Y축)은 기상의 에탄올 농도를 나타낸다. 이 그림은 X-Y선도라고도 불린다. X-Y선도의 농도 단위는 보통은 몰분율이 많이 이용되지만, 이해하는 데는 중량%로 하는 편이 더 이해하기 편하리라 생각하므로 그림 4.1.2에서는 농도 단위를 wt%로 표시하였다.

점은 에탄올/물 2성분계의 기액평형 데이터를 찍은 것으로 이것을 이은 선이 기액평형 근사곡선이다. 대각선은 액상과 기상의 농도에 변화가 없는 경우, 즉 농축도 희석도 되지 않는 경우의 관계를 나타내고 있다.

그림 4.1.2의 에탄올/물 2성분계의 기액평형 관계로부터, 가령, 에탄올 10wt% 수용액을 대기압 하에서 기액평형이 성립하도록 단증류를

하면, 에탄올 약 52wt% 수용액을 얻을 수 있다는 뜻이다. 단, 10wt% 에탄올 수용액을 아주 많게 잔존시키므로써 증발에 의한 액농도는 변하지 않는다고 가정한 경우이다. 얻어진 에탄올 약 52wt% 수용액을 다시 같은 방법으로 단증류 시키면 에탄올 약 72wt% 수용액이 얻어지며 이렇게 단증류를 몇 차례 반복함으로써 에탄올을 농축시킬 수 있게 된다. 이 단증류를 반복하는 조작을 「재증류」라 한다.

에탄올 농도가 낮은 곳에서는 X-Y 곡선이 대각선에서 크게 벗어나므로 단증류에서의 농축효과가 대단히 크지만, 액의 에탄올 농도가 약 80wt% 이상이 되면 X-Y 곡선은 대각선에 근접해오므로 단증류에서의 농축효과는 급격히 작아져간다. 그러다가 X-Y 곡선은 최종적으로 96.0 wt%에서 대각선과 만난다. 이 교점에서는 액상과 기상의 농도가 같아지므로 재증류를 아무리 반복해도 농축이나 희석이 일어나지 않는다. 이 교점을 「공비점(共沸點)」이라 한다. 이 같은 공비점을 형성하는 액체 혼합물을 공비 혼합물, 공비점의 조성을 공비조성이라 한다. 에탄올 희박수용액을 증류법으로 농축해도 공비조성 이상으로 농축할 수 없는 것은 이런 이유 때문이며 무수에탄올을 얻기 위해서는 별도의 분리조작이 필요해진다.

4) 증류장치

에탄올을 90 wt% 이상으로 농축하는 증류조작에서, 단증류 혹은 재증류에 의해 농축하는 것은 대단히 효율이 좋지 않다고 이미 언급하였다.

증류농축의 효율을 높이는 방법으로, 하나의 긴 용기 속을 증기가 통할 수 있는 구조로 만들어 수평방향으로 여러 층 만들어 놓음으로써 층층의 수만큼 기액의 접촉횟수를 늘려 최상단의 증기를 냉각 응축시켜 그 일부를 환류시키는 「정류(精留)」라는 방법이 있다.

실제의 에탄올 증류농축에서는 원료를 연속적으로 공급하면서 유출

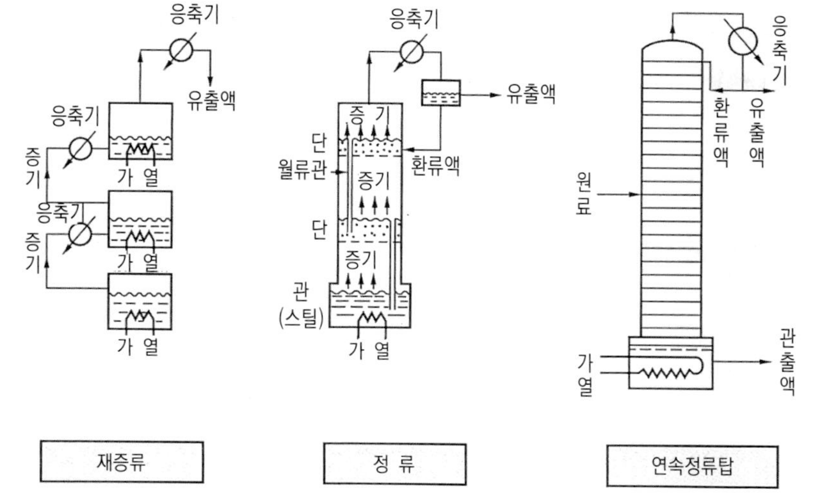

출전: 후지타 시게부미 편, "화학공학연습", 동경화학동인(1967)

그림 4.1.3 재증류, 정류 및 연속정류탑의 개념도[2)]

액(留出液)을 계속 빼내는 장치(연속정류탑)가 이용되고 있다.

그림 4.1.3에 재증류, 정류 및 연속 정류탑의 개념도를 나타냈다. 에탄올의 증류 농축에 대해 그림 4.1.3의 연속 정류탑을 가지고 설명해 보자. 예를 들면, 에탄올 10wt% 수용액을 원료 공급단에서 연속 공급받아 연속 정류탑의 저부에 설치해 놓은 가열기에서 가열되어 발생한 증기는 각 단을 상승하게 된다. 탑 정상부에서는 상승해 올라온 증기를 응축기에서 냉각 응축시켜 그 일부를 탑 정상부에 되돌려 보냄으로써 액을 하강시킨다. 각 단에서는 상승해 올라온 증기와 하강해 내려온 액이 접촉함으로써 증발과 응축이 생겨, 위쪽 단으로 갈수록 에탄올이 농축되고 탑 정상부에서는 공비조성에 근접한 95vol% 이상의 에탄올이 되는데, 그 일부를 빼냄으로써 농축 에탄올을 연속적으로 얻을 수 있게 된다. 한편 저부에서는 에탄올을 거의 함유하지 않은 물을 연

속적으로 빼내어 배수시킨다.

에탄올 농축 및 정제 프로세스에서는 복수의 연속정류탑을 조합시켜 그 연속정류탑의 역할에 맞추어 각각 술탑, 농축탑, 정류탑, 정제탑, 추출탑, 불순물처리탑, 탈수탑 및 회수탑 등의 명칭으로 부르고 있다.

에탄올 증류기술의 역사

에탄올 증류기술은 역사적으로 보면 위스키나 청주 등에 첨가되는 주류용 에탄올로서의 용도가 주된 것이어서, 첨가한 에탄올이 술로서의 「향기」나 「맛」 등 원주(原酒)의 풍미를 잃지 않도록 고순도를 목표

표 4.1.1 발효 단술에 함유된 유기불순물[4)]

불순물명	화학식	*비점℃
아세트알데히드	CH_3CHO	20.2
메탄올	CH_3OH	64.7
초산에틸	$CH_3COOC_2H_5$	76.8
메틸에틸케톤	$CH_3COC_2H_5$	79.5
다이아세틸	$CH_3CO \cdot COCH_3$	87.5
크로톤알데히드	$CH_3CH \cdot CHCHO$	104.5
아세탈	$CH_3CH(OC_2H_5)_2$	102.7
초산아밀	$CH_3COOC_5H_{11}$	142.0
n-프로필알코올	C_3H_7OH	97.2
이소부틸알코올	$(CH_3)_2CHCH_2OH$	108.0
이소아밀알코올	$(CH_3)_2CHCH_2CH_2OH$	131.7
활성아밀알코올	$CH_3CH_2CH(CH_3)CH_2OH$	129.0
아세토인	$CH_2COCHOHCH_3$	148.0

출전: 加藤辯三郎 編, "일본의 알코올 역사 -그 사업과 기술-", 協和醱酵工業(株)(1974) 참조
* 沸點 데이터는 化學便覽에 준함.

로 하여 제품이 제조되었다. 에탄올의 고순도화 방법은 발효 단술이 주로 물과 에탄올 혼합물이어서 증류법에 의한 정제방법을 주로 써왔다.

에탄올 발효에서는 물과 에탄올 외에, 알코올류, 알데히드류, 케톤류, 유기산류 및 에스테르류 등 많은 유기불순물이 따라 나온다. 에탄올 발효 단술 속의 주된 유기 불순물[4]을 표 4.1.1에 나타냈다.

연료용 에탄올에서는 에탄올 농축과정에서 이런 유기불순물이 에탄올 속에 혼재하게 된다 해도, 주류로 쓰이는 게 아니고 단순히 농도가 중요하므로 고도로 분리할 필요 없이 그대로 연료로 사용할 수 있다. 이에 대해서는 「연료용 에탄올 제조에 있어서 증류 농축」이라는 다음 항에서 자세히 설명하겠다,

1) 단증류(單蒸溜)에 의한 농축

일본에서는 메이지시대의 초기 무렵까지 소주의 제조에는 그림 4.1.4에 나타낸 단증류식의 「란비끼(증류기)」 등이 이용되었다. 또 위스키 제조에는 그림 4.1.5에 나타낸 것처럼 구리로 된 「팟스틸」이

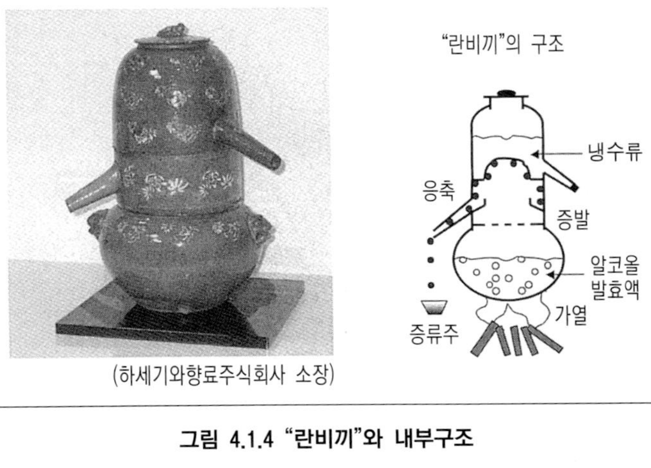

그림 4.1.4 "란비끼"와 내부구조

(하세기와향료주식회사 소장)

그림 4.1.5 팟스틸

이용되었다고 잘 알려져 있다. 이들 단증류식 주류 농축은 술로서의 「독특한 풍미」를 제대로 살려낸다는 점에서 주류 제조에 많이 이용되어 왔다.

2) 연속증류에 의한 농축정제

앞 항에서 설명한 단증류식에서는 단증류를 반복하지 않으면 발효단술을 공비조성에 근접한 에탄올 농도까지 농축할 수 없다. 또 들어있는 불순물도 추출 초기와 후기에 크게 달라진다. 그래서 이를 연속적으로 운전하여 조성 및 품질이 안정된 공비조성 가까운 고순도 에탄올 제품을 얻기 위한 연속증류법으로 농축·정제가 이루어지게 되었다.

초기의 연속식 증류장치로, 그림 4.1.6에 나타낸 이르게스식 증류장치가 있으며 또 에탄올의 고순도화를 목적으로 정제도를 보다 더 높이

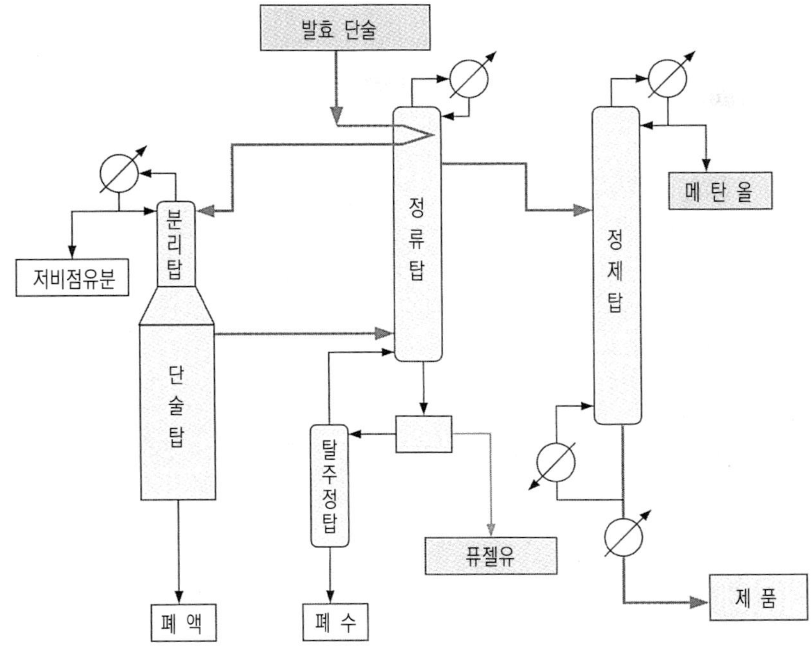

출전: 加藤辨三郎編, “일본의 알코올 역사 -사업과 기술-”, 協和醱酵工業(株) (1974) 참조

그림 4.1.6 이르게스식 증류장치 개요[4)]

기 위해 그림 4.1.7의 기욤식 증류장치 및 그림 4.1.8의 아로스파스식 증류장치가 개발되었다. 아로스파스식 증류장치에서는 가수추출 증류 방법이 도입되어 현재의 바이오에탄올의 고순도 정제방법이 겨우 확립되었다.

이르게스식 증류장치의 정류탑과 탈주정탑(脫酒精塔)은 현재의 농축탑과 동등한 작용을 하는 정류탑으로 말할 수 있다. 즉, 정류탑이 농축탑의 농축부에 상당하고, 탈주정탑이 농축탑의 회수부에 해당하며, 퓨젤유(이소아밀알코올로 대표되는 불순물류)가 농축탑의 사이드커트에 해당한다고 생각하면, 이르게스식 증류장치는 3탑식 증류시스템이라고 말

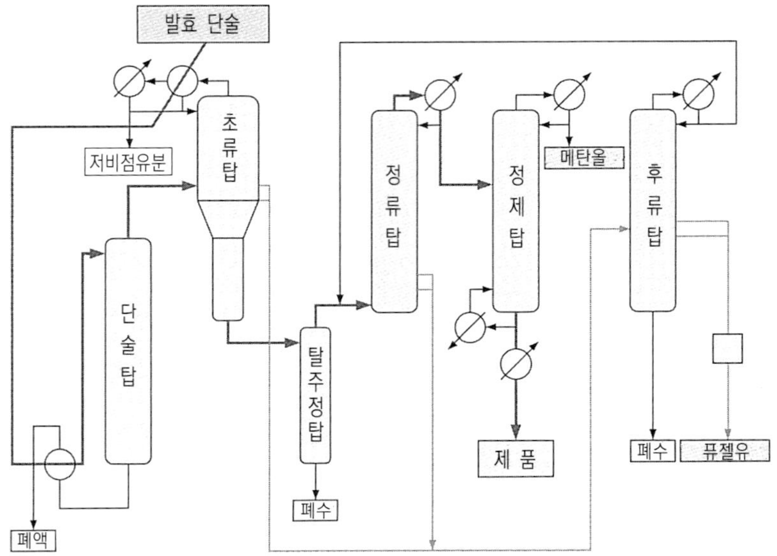

출전: 加藤辨三郎編, "일본의 알코올 역사 –사업과 기술–", 協和醱酵工業(株) (1974) 참조

그림 4.1.7 기음식 증류장치 개요[4)]

할 수 있겠다. 발효 단술을 술탑의 분리탑 탑정부로 공급하여 술탑 탑정 증기의 일부를 저비류분(低沸留分)으로 빼내고, 고비류분(高沸留分)은 정류탑 탑저에서 퓨젤유(油)로서 빼내고, 정제탑 탑정의 일부를 메탄올 유분(留分)으로 빼내어, 정제탑 탑저에서 95 vol% 이상의 에탄올 제품을 얻는 것이다.

술탑은 발효 단술 속의 효모와 원료에서 나온 슬러지 분 등의 고형분과 에탄올 및 기타 휘발성유기물 등의 분리 그리고 발효 단술 속의 탄산가스와 아세트알데히드 등의 저비점 불순물을 분리하는데 효과적으로 작용하고 있어서, 술탑은 에탄올의 농축을 목적으로 한 증류탑이라기보다는 에탄올과 발효 단술 속에 포함되는 고형의 협잡물(夾雜物) 등의 분리를 목적으로 한 증류탑이라 생각해도 상관없을 것 같다.

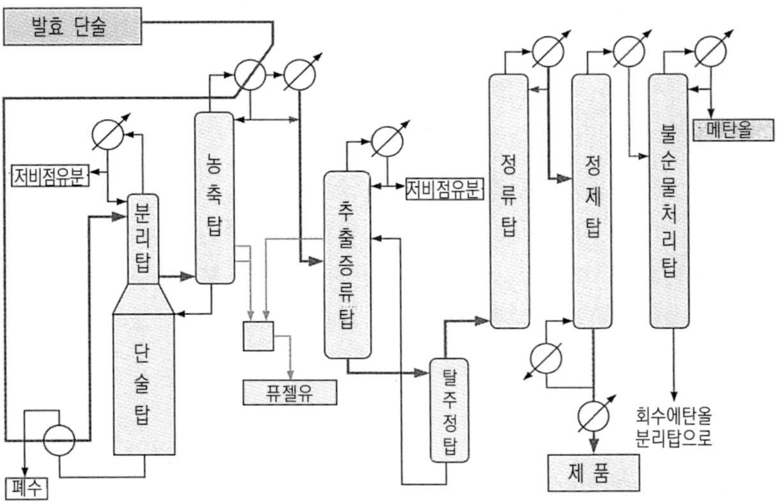

출전: 加藤辨三郎編, "일본의 알코올 역사 –사업과 기술–", 協和醱酵工業(株) (1974) 참조

그림 4.1.8 아로스파스식 증류장치 개요[4)]

이르게스식 증류장치로 저비점 유분(留分)과 퓨젤유 유분(留分)의 분리가 충분히 이루어지도록 하려면 에탄올의 회수율을 희생시켜야만 한다. 이 부분을 개량한 것이 기욤식 증류장치이다. 기욤식 증류장치에서는 술탑의 후단에 저비류분의 농축분리를 목적으로 한 초류탑(初留塔)을 설치하여, 퓨젤유 성분의 농축분리와 에탄올의 회수를 목적으로 후류탑(后留塔, 현재의 불순물 처리탑에 해당)을 설치하고 있다.

그 다음에 에탄올을 고농도의 물 존재하에서 증발시켰더니, 친수성이 높은 물질(에탄올)은 휘발도를 낮추고, 소수성이 높은 물질(고급 알코올류, 케톤류, 에스테르류, 알데히드류 등의 유기불순물)은 휘발도를 높이는 기액평형 관계가 나타났다. 이 성질을 이용한 가수(加水) 추출 증류법을 채용한 아로스파스식 증류장치가 개발됨으로써 미량의 불순물을 제거하는 기술이 비약적으로 개선되어 현재의 에탄올의 고순도 제조방법이 확립되었다.

아로스파스식 증류방치에서는 술탑에서의 에탄올 유분(留分)을 농축탑에서 일단 95% 정도까지 농축시켜서 가수 추출 증류탑으로 보내는 방법을 채용하고 있는데, 이는 제품 에탄올의 향을 개선하는데 효과적이라고 모두가 인정하고 있기 때문이다.

그 후, 에탄올 회수율과 증류탑의 증가에 따른 소비 증기량을 줄이기 위해 열회수 향상 등을 고려한 몇 가지 개량형 아로스파스(슈퍼 아로스파스, 로얄 슈퍼아로스파스)를 거쳐, 제3장의 그림 3.1.1에 나타낸 현재의 바이오에탄올 제조공정에서의 증류정제법에 이르고 있다.

연료용 에탄올 제조에서 증류농축

연료용 에탄올 제조에서 증류 농도는 자동차 엔진 성능에 지장을 주지 않는 범위의 불순물 함유량을 고려하면서 어떻게 에너지 절약을 해낼 수 있는가가 중요한 포인트가 된다. 그와 같은 관점에서 에탄올 발효과정에서 미량 부생하는 휘발성 황산화합물과 발효 단술에 용해되어 나오는 탄산가스 제거를 고려한 경우, 「술탑+농축탑」의 2탑식이 효과적일 것이라고 생각된다. 외국의 연료용 에탄올 제조공장에서도 술탑+농축탑의 2탑식이 일반적으로 채용되고 있다.

에탄올 발효 단술 속의 주된 유기불순물에 대해서는 표 4.1.1에 나타냈듯이 「술탑+농축탑」의 2탑식으로 에탄올을 농축한 경우, 고비점의 유기불순물(이소아밀알코올로 대표되는 퓨젤유류)은 농축탑에서 일부 분리할 수 있지만, 저비점의 유기불순물은 그대로 에탄올 속에 혼입된다. 그러나 그 이상의 정제조작은 하지 않고 이를 탈수하여 연료용 에탄올로 사용하고 있다.

이하에 외국 여러 나라의 증류법에 따른 연료용 에탄올 제조사례를 소개하겠다.

1) 브라질의 연료용 에탄올 제조공장의 예

연료용 에탄올 제조의 선진국인 브라질에서는 사탕수수를 원료로 한 설탕생산과 병설해서 연료용 에탄올을 제조하고 있는 것이 일반적이다. 그림 4.1.9은 브라질 COSAN사의 에탄올공장(생산능력 1,000kℓ/일)의 증류탑 사진이다. 또 브라질의 일반적인 에탄올 생산공장에서 발효 단술로부터의 에탄올 증류 농축·탈수공정 개요를 그림 4.1.10에 그려 설명하겠다.

브라질의 일반적인 연료용 에탄올 제조공장에서는 설탕과 에탄올을 병산하고 있다. 사탕수수를 짜낸 케인주스 및 설탕제조에서 배출된 당밀을 에탄올 발효시켜 효모는 분리하여 발효조로 리사이클 한다. 효모를 분리한 효모 단술을 술탑에 보낸다. 술탑 저부에서 비휘발성분을 함유한 폐수를 빼내고 사탕수수밭에 뿌려 환원시킨다. 술탑 상단부에

그림 4.1.9 브라질 COSAN사 에탄올공장 증류탑

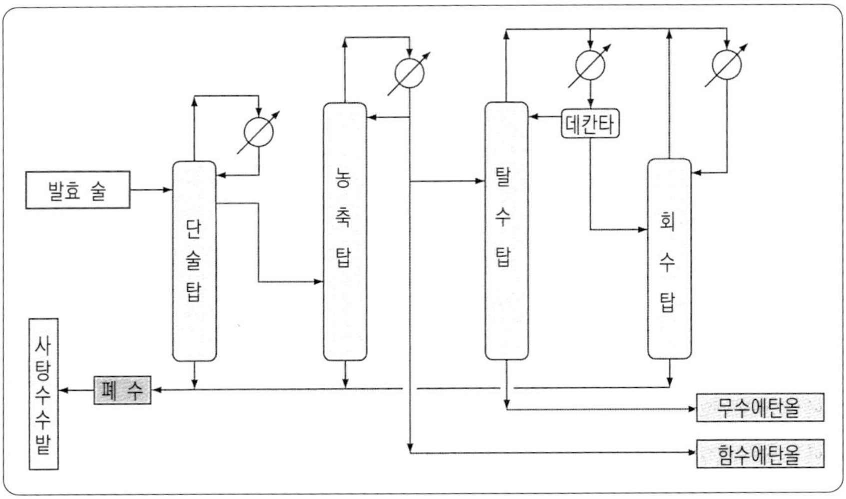

그림 4.1.10 브라질의 일반적 에탄올 증류농축 · 탈수공정 개요

서 수 십%의 에탄올을 증기로 빼내고 농축탑의 중단으로 보낸다. 농축탑 탑정에서는 95% 이상의 함수 에탄올을 빼내서, 일부는 제품 함수에탄올로 유출(留出)시키고 일부는 공비증류 탈수시스템으로 보낸다. 농축탑 저부에서의 배수는 술탑 폐수와 같은 방식으로 처리된다.

공비증류 탈수시스템에서는 탈수탑 탑정부에 시클로헥산, 에탄올 및 물의 공비 혼합물을 형성시킴으로써 물을 탈수탑 탑정으로 올려 보내고 탈수탑 저부에서 99.5% 이상의 제품 무수에탄올을 유출(留出)시킨다. 공비증류법에 의한 탈수에 대해서는 제2절에서 자세히 설명할 것이므로 참조하기 바란다.

브라질의 에탄올 자동차는 이 함수에탄올을 그대로 에탄올 자동차 연료로 이용한다. 가솔린차는 무수에탄올을 20~25% 혼합한 가소홀(혼합비율은 에탄올의 수급상황을 감안하여 국가가 결정)을 자동차연료로 이용하고 있다.

2) 미국의 연료용 에탄올 제조공장의 예

미국에서는 옥수수를 원료로 하여 습식밀법 혹은 건식 밀법으로 에탄올을 제조하고 있다. 발효 단술은 술탑+농축탑의 2탑식으로 농축하고, 이를 탈수해서 연료용 에탄올을 제조하고 있다. 탈수방법으로는 공비증류법 혹은 압력스윙 흡착법(PSA법)이 일반적으로 쓰이고 있다. 최근에는 PSA법이 일반적으로 많이 쓰이고 있다. PSA법에 의한 탈수방법은 제2절에서 자세히 설명하겠다.

그림 4.1.11에 미국 PEKING ENERGY사의 연료 에탄올공장의 외관사진을 담았다.

3) 태국의 연료용 에탄올 제조공장의 예

태국에서는 연료용 에탄올 제조는 당초 왕실 주도로 추진되었으나, 정책적 유도도 있고 해서 2005년에는 연료용 에탄올 생산이 증대되어 2011년에는 가솔린의 전량(가솔린 예측 수요량 900만kℓ/yr)을 E10화 할 계

그림 4.1.11 미국 PEKING ENERGY사의 연료 에탄올공장 외관

그림 4.1.12 태국 폰비라이사의 연료용 에탄올 농축탈수장치 외관

획이다.

태국에서 최초의 연료에탄올 제조공장으로 인가받아 제조를 시작한 폰비라이사(PVL사)의 연료용 에탄올 농축 탈수장치의 외관사진을 그림 4.1.12에 올렸다. PVL사에서는 에탄올을 원료로 초산 및 초산에틸도 제조하고 있다.

당밀을 원료로 에탄올 발효를 하고 발효 단술은 술탑 및 농축탑의 2탑식으로 증류 농축시키고 있다. 증류 농축으로 얻어진 함수에탄올은 압력스윙 흡착법(PSA법)으로 탈수하여 연료용 무수에탄올을 제조(생산능력 25kℓ/1일)하고 있다.

4) NEDO「바이오매스에너지 고효율전환기술개발」파일럿플랜트의 예

신에너지・산업기술종합개발기구(NEDO)가 2001년도~2005년도에 실시한「바이오매스 에너지 고효율 전환 기술개발/셀룰로오스계 바이오매스를 원료로 한 신규 에탄올 발효기술에 의한 연료용 에탄올을 제조하는 기술개발」사업(NEDO-PJ)에서는 셀룰로오스계 바이오매스에서부터 연료용 에탄올을 제조하는 일관된 프로세스로 이루어진 파일럿플랜트를 설치하고, 셀룰로오스계 원료의 전처리·당화기술·유전자 조작의 고기능 효모에 의한 고효율 발효기술 및 발효 단술의 에너지 절약 농축·탈수기술 등에 관한 프로세스 개발 연구를 실시했다.

발효 단술의 농축탈수 기술은 물산(物産) 나노테크 연구소(BNRI)가 NEDO로부터 위탁받아 장치설계·제작·설치 및 발효 단술에서 무수에탄올을 제조, 운전하였다. NEDO-PJ의 파일럿플랜트에서 이용된 농축탈수 장치(NEDO파일럿)의 개념도를 그림 4.1.13에 나타냈다.

NEDO파일럿 플랜트에서의 발효 단술로부터 에탄올 농축은 단술

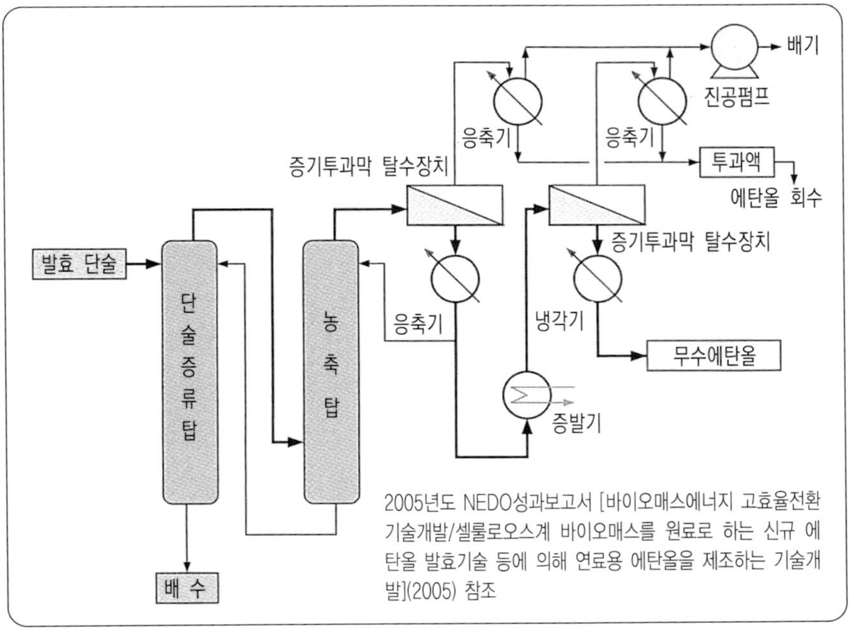

그림 4.1.13 NEDO-PJ의 에탄올 농축탈수 파일럿플랜트[6)]

증류탑과 농축탑의 2탑식으로 농축된다. 그 특징은 농축탑 탑정 증기를 증기투과막에서 수분을 분리하여 공비조성 이상의 에탄올 농도로 한 것의 일부를 농축탑 탑정으로 환원시키는 「증류-막 하이브리드 시스템」 방식이다. 이 방식에서는 농축탑 탑정에서 공비를 넘긴 에탄올 증기가 얻어질 수 있으므로, 증류 및 탈수에서 에너지를 절약할 수 있다고 보고[6]되고 있다. 증기투과막은 고성능의 관상(管狀) 복합막을 이용하고 있다.

탈수공정에서는 농축탑 환류액의 일부를 빼내어 2단째의 관상 제올라이트 복합막으로 이루어진 증기투과막 탈수장치에서 99.6vol% 이상의 무수 연료에탄올을 얻고 있다. 증기 투과막에 의한 탈수기술에 대해서는 다음 부분에서 상세히 설명하겠다.

에너지 절약 증류기술

지금까지 설명했듯이, 에탄올의 증류농축 방법은 옛날부터 써오던 방법이었고 최근까지는 주류용으로 쓰였기 때문에 제품 에탄올의 고순도화가 커다란 테마였다. 그러나 제1차 석유위기 이후에는 에탄올 제품의 고순도화를 유지하면서 에너지 절약적인 프로세스 연구개발이 추진되고 있다. 그들의 공장에 응용한 예로는 다중 효용캔 시스템 및 히트펌프 등이 있다. 또 최근에 와서는 「증류-막 하이브리드 시스템」과 「내부열 교환 증류법」[7] 등 신기술의 개발연구가 이루어지고 있다.

내부열 교환증류법은 증류탑의 농축부를 가압, 회수부를 상온으로 조정하여, 농축부와 회수부의 에너지를 하나의 증류탑 내에서 열교환함으로써 이론적으로는 환류 제로를 실현할 수 있는 에너지 절약적인 증류법이다. 향후 내부열 교환 증류법의 에탄올 농축에 적용하는 것에 대해서 연구개발이 이루어져 실용화될 것으로 기대된다.

여기서는 다중 효용캔 시스템 및 히트펌프 시스템의 에탄올 증류농축의 적용례에 대해 소개해보자.

1) 다중 효용캔 시스템의 에탄올 농축 증류에 적용례

다중 효용캔 시스템은 해수의 담수화 등에 채용되고 있는 방법으로, 복수의 증발 캔의 조작압력을 바꿔줌으로써 해수를 증발시키는 온도를 변화시켜 에너지 절약을 하는 방법이다. 이를 에탄올 농축증류에 응용한 것으로, 복수의 증류탑의 조작압력을 변화시킴으로써 고압측의 증류탑의 탑정 증기를 저압측의 증류탑 가열용의 열원으로 하는 것으로 에탄올 증류농축의 에너지를 절약하는 것이다.

에탄올을 농축증류에 적용하는 방법은 세계적으로 널리 이용되고 있다. 일본에서는 일본알코올산업주식회사[8]의 제조공정에서 채용되고 있다. 또 인도네시아의 아시다타마사[9], 태국의 이스턴케미컬사[6] 등에서 상감압(常減壓) 다중 효용캔 시스템에 의한 에탄올 증류법이 이용되고 있다.

2) 열펌프 시스템의 에탄올 증류 농축에 적용례

열펌프 시스템은 낮은 레벨의 폐열 에너지를 압축, 흡수, 흡착 혹은 반응 등에 의해 발생하는 에너지를 써서 높은 레벨의 열에너지로 변환함으로써 에너지를 회수하는 방법이다. 에탄올의 증류농축에서는 증류탑 탑정 증기를 열펌프로 높은 레벨의 증기를 발생시켜 해당 증류탑의 보일러의 열원으로 이용하는 방법 등이 있다.

열펌프 시스템을 에탄올 농축에 적용한 예는 일본 알코올산업주식회사[8], 일본 합성알코올주식회사[10], 일본 에탄올주식회사[11], 상그레인주식회사[12] 등으로 에탄올 제조공정에서 이 시스템을 채용하고 있다.

그 밖의 에탄올 농축기술

이 절의 맨 앞부분에서 말했듯이, 공업적으로 이용되고 있는 에탄올 농축법은 증류법뿐이다. 증류법은 환류를 필요로 하기 때문에 에너지 다소비 프로세스로 일컬어지고 있으며 에너지 절약화를 위한 여러 개량방법이 나오고 있다는 것은 이미 말했다.

이 항에서는 기타의 에탄올 농축기술로 역삼투막법, 삼투 기화막법, 초임계 가스추출법 및 초음파 무화법에 의한 에탄올 농축기술에 대해 그 개요를 설명해보겠다.

1) 역삼투막법

① 역삼투의 원리

역삼투 원리는 반투막으로 용액과 용매를 격리시키면, 순용매가 막을 통해 용액 쪽으로 흘러들어가는 현상을 이용한 것이다.

그림 4.1.14에 나타냈듯이 예를 들어 해수와 순수(純水)를 반투막으로 격리시키면 해수측에 물이 흘러들어간다. 이를 정삼투라 한다. 삼투류에 의해 해수측의 액면은 상승해 가는데, 해수측의 액면과 순수측의

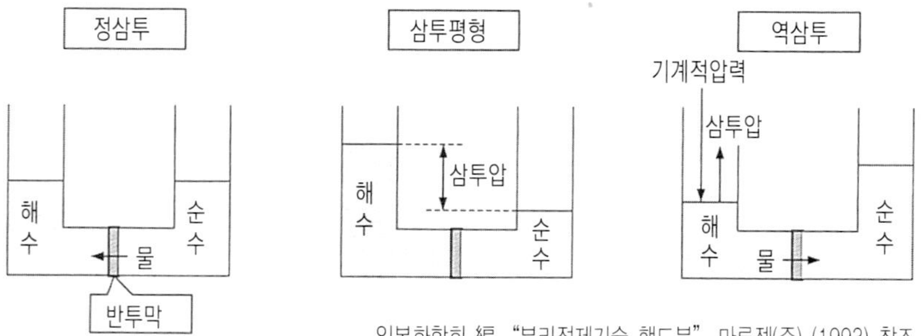

일본화학회 編, "분리정제기술 핸드북", 마루젠(주) (1993) 참조

그림 4.1.14 역삼투법의 원리[13)]

액면의 압력차가 삼투압과 동일하게 되었을 때 삼투류는 제로가 되어 압력이 평형상태에 이르게 된다. 이를 삼투평형이라 한다. 해수측에 기계적 압력을 가하면 해수측에서 순수측으로 물이 흐르고, 삼투압 이상으로 기계적 압력을 가하면 해수에서 순수를 얻을 수 있게 된다. 이것을 역삼투라 한다.

② 역삼투막법에 의한 에탄올 농축

역삼투(RO)법은 분리할 때 서로 변화를 동반하지 않으므로 증류법과 비교하여 에너지 절약적이며 해수의 담수화 분야에 널리 실용화되고 있다.

에탄올/수계에 있어서, 물 선택투과막에 의한 RO법의 경우 고농도 에탄올 수용액의 삼투압은 해수의 삼투압(약 3Mpa)보다 높고 에탄올을 고도로 농축하는 경우는 10Mpa 이상으로 가압할 필요가 있다. RO막의 내압성 때문에 RO법은 희박에탄올 수용액을 수 십% 정도의 농도로 에탄올을 농축 회수하는데 적합하다.

또 에탄올 선택투과막에 따른 RO법의 예[13]에서는 기액평형을 조금 밑도는 선택성이며 실용화 되려면 막의 개발에 조금 더 많은 시간을 기다려야 할 것 같다.

발효 단술에서의 에탄올의 막농축법에서 공통적으로 해결되어야 할 기술과제는 선택성의 향상, 발효 단술과 같은 현탁물질 및 불순물이 혼재해 있는 계에서의 막면 오염으로 인한 급격한 성능열화라는 문제의 해결, 막의 물리적 화학적 내구성의 향상 등의 연구개발이 필요하겠다. 또 에탄올 선택투과막의 경우, 앞에서 말한 기술과제에 외에도 막성능의 향상 및 에탄올 회수율 향상을 위한 기술개발이 필요하다고 생각한다.

2) 삼투 기화막법

① 삼투 기화막법의 원리

삼투 기화막법의 원리에 대해 그림 4.1.15에 나타낸 삼투 기화막법의 개념도로 설명해보자. 분리막을 써서 상류측(공급측)에 원료액을 액상으로 공급하고, 하류측(투과측)을 진공(감압) 기상으로 유지함으로써 막을 선택 투과한 성분은 막의 하류측에서 기화한다. 막투과의 구동력은 막투과 성분의 상류측과 하류측의 증기압 차이다. 증기압 차를 크게 하기 위해서는 상류측을 가열해서 투과성분의 증기압을 높일 필요가 있다.

에탄올/수계에서 설명하면 희박에탄올 수용액을 농축하는 경우는 투과 기화성분으로서 존재량 적은 에탄올을 선택 투과하는 분리막을 쓰는 편이 효과적이다. 한편, 공비조성 가까이의 고농도 에탄올을 무수(無水) 상태까지 탈수 농축하는 경우에는 물 선택투과막을 이용하는 편이 효과적이다. 에탄올의 탈수에 대해서는 다음 절에서 설명하겠다.

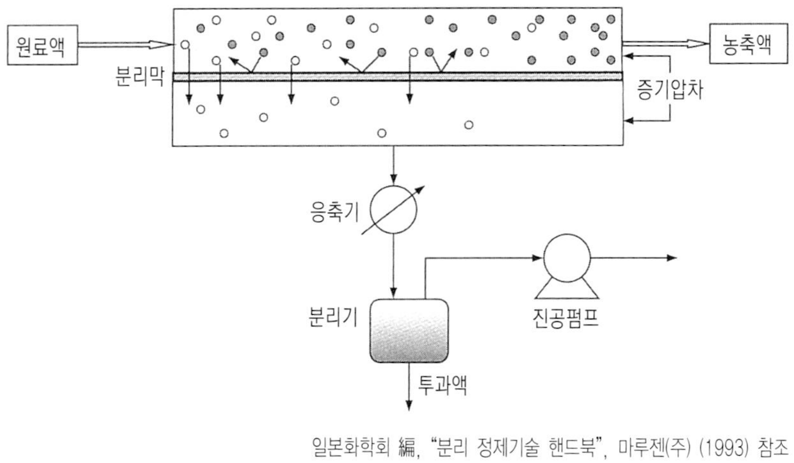

일본화학회 編, "분리 정제기술 핸드북", 마루젠(주) (1993) 참조

그림 4.1.15 삼투 기화막법 개념도[13)]

분리막의 선택투과성은 일반적인 경향으로서, 친수성 막은 물 선택투과성이고, 소수성 막은 에탄올 선택투과성이라고 알려져 있다.

② 삼투 기화막법에 의한 에탄올 농축

삼투 기화막(PV)법은 투과시의 에너지는 선택 투과성분의 기화열뿐이므로 증류법보다도 에너지 절약적인 프로세스가 된다. 삼투 기화막법의 분리장치에서는 증기압 차를 크게 하려고 공급액을 가열하고 또 투과성분의 기화열을 공급할 수 있는 구조로 할 필요가 있다.

희박에탄올 수용액의 농축막으로는 실리콘 고무막 등의 소수성의 고분자막이 알려져 있다. 최근에 와서 무기질의 소수성 실리카라이트막이 높은 에탄올 선택투과성을 갖는데, PV법에 의한 에탄올 농축막으로 효과적이며 에탄올 9wt% 발효 단술에서 97wt% 정도까지 농축할 수 있다고 보고[14)]되고 있다.

이 실리카라이트 막은 에탄올 발효로 부생되는 유기산 및 효모 등의 고형성분이 막성능에 영향을 주기[6)] 때문에 아직 실용화되지는 못했다. 또 에탄올을 분리한 후의 배수측에도 에탄올이 잔존하기 때문에 에탄올의 회수율과 배수처리 등 프로세스상의 문제가 남아있어서, 에탄올 농축 프로세스로서는 아직 개발이 진행중인 기술이다.

3) 초임계 가스추출법에 의한 에탄올의 농축

① 초임계 가스추출의 원리

초임계 가스추출은 초임계 유체, 즉 임계점을 넘긴 고압축된 가스를 용매로 추출 조작한 용매추출법과 거의 비슷하다. 초임계 상태의 고압하에서의 상평형(相平衡)과 저밀도 영역, 예를 들면 대기압 하에서의 상평형의 차이를 이용한 추출방법으로 일반적인 용매추출법과 같다. 초임계 가스로는 탄산가스와 탄화수소계 가스 등이 있다.

공업에서의 적용례에서는 커피의 탈카페인과 식물의 향기성분(精油)

의 추출 등에 쓰이고 있다고 알려져 있다[13,15].

② 초임계 가스추출법에 의한 에탄올 농축

초임계 가스에 의한 에탄올 분리에 쓰이는 유체로서는 탄산가스[16,17]와 프로판가스가 보고[18]되고 있다. 이들의 초임계 가스 추출에서는 그 상평형 관계로부터 무수에탄올까지는 추출 분리할 수 없다. 프로판을 쓴 추출법에서는 후단의 프로판 분리공정에서 공비증류를 가미한 방법으로 무수에탄올이 얻어지는 것이 증명되었다.

초임계 가스추출 설비는 고압기기를 필요로 하기 때문에 초기자본이 많이 드는 등의 제약이 있어서 아직 공업화되지는 못했다.

4) 초음파 무화법(霧化法)

① 초음파 무화의 원리

액중에서 액계면으로 초음파를 쏘아주면 초음파 무화(霧化)가 일어난다. 에탄올 수용액으로 초음파 무화를 일으키면 발생한 안개의 에탄올 농도가 높아진다. 초음파 무화에 의한 분리특성은 기액평형 관계보다 분리특성이 양호하다고 보고[19]되고 있다.

초음파 무화현상을 이용한 공업규모 분리 프로세스로는 막농축 기술처럼 아직도 개발중인 기술이다.

② 초음파 무화법에 의한 에탄올 농축

초음파 무화법에서는 발생한 안개가 물질이동의 에너지를 갖고 있지 않으므로, 에탄올이 농축되어 있는 안개를 계외로 뽑아내기 위해서는 안개를 운반하기 위한 불활성 가스 등의 캐리어가스가 필요해진다. 또 안개의 포집방법에도 기술적인 과제가 남아있다.

인용·참고문헌

1) (社) 日本化学会編, "化学便覧基礎編改訂4版, p.Ⅱ-147", 丸善㈱ (1993).
2) 藤田重文編, "化学工学演習", ㈱東京化学同人 (1967).
3) (社) アルコール協会, (財) バイオインダストリー協会編, "アルコールハンドブック第9版", 技報堂出版㈱ (1997).
4) 加藤辨三郎編, "日本のアルコールの歴史—その事業と技術—", 協和発酵工業㈱ (1974).
5) 通商産業省基礎産業局編, "アルコール専売事業五十年史", (社)アルコール協会 (1987).
6) 平成17年度NEDO成果報告書「バイオマスエネルギー高効率転換技術開発／セルロース系バイオマスを原料とする新規なエタノール醗酵技術等により燃料用エタノールを製造する技術の開発」(2006).
7) 中西俊成, 中岩　勝, "ペトロテック", 27(12), p.908 (2004).
8) http://www.j-alco.com/process/index.html
9) NEDOアルコール事業本部原料事情調査報告書 (1994).
10) http://www.j-s-a.jp/pro/outline/html#a02
11) http://www.etoh.co.jp/03manufacture/flow_chart/index.htm
12) http://www.suntory.co.jp/eco/report2004/sitereport/sung.html
13) (社) 日本化学会編, "分離精製技術ハンドブック", 丸善㈱ (1993).
14) T. Ikegami, D. Kitamoto, H. Negishi, K. Iwakabe, T. Imura, K. Haraya, H. Yanagishita, J.Chem. Technol. Biotechnol., 79(8), 896 (2004).
15) 長谷川香料㈱編, "匂いの化学", ㈱裳華房 (2002).
16) 古田覚士, 井川　昇, 福里隆一, 今西信之, "化学工学論文集", 15(3), 519 (1989).
17) 福里隆一, 古田覚士, 井川　昇, "エタノールの濃縮法", 特開平2-88534号
18) 堀添浩俊, 牧　益良, 谷本徹哉, 柳正明, "アルコールの濃縮精製方法", 特開昭64-30592号
19) 佐藤正典, "日本機械学会誌", 106(1016), 549 (2003).

2 에탄올의 탈수기술

앞 절에서 설명했듯이, 발효 단술을 증류법으로 농축하면 에탄올/물의 공비조성 가까이의 함수에탄올을 얻을 수 있다. 함수에탄올의 공업적 탈수방법은 공비증류법이 잘 알려져 있다. 공비증류법 이외의 공업적 탈수방법은 추출증류법, 흡착법 및 막분리법 등이 공업적으로 사용되고 있다.

이 절에서는 실용화되어 있는 기술인 공비증류법, 추출증류법, 흡착법 및 막분리법에 대해 설명해보자.

공비(共沸) 증류법

1) 공비(共沸) 증류의 원리

에탄올의 공비증류에 의한 탈수법은 물과의 혼합액이 최저 비점을 나타내는 공비를 형성하고 또 물과의 용해성이 낮게 상분리하는 성질을 갖는 용제를 공비제로 함수에탄올에 첨가해서 증류하는 것으로, 함수에탄올을 탈수하는 방법이다. 공비제로는 시클로헥산, 디에틸에테르, 노르말펜탄 등이 일반적으로 쓰이고 있다. 역사적으로는 트리클로로에틸렌, 벤젠 등이 쓰인 적도 있는데 이들의 용제는 인체에 유해성이 있어 지금은 사용하지 않는다.

2) 공비 증류법에 의한 함수(含水) 에탄올의 탈수

공비증류법에 의한 함수 에탄올의 탈수장치의 개요에 대해 그림 4.2.1을 가지고 설명하겠다.

공비증류 탈수장치는 탈수탑, 데칸타(분리조) 및 회수탑으로 이루어진다. 탈수의 공정개요는 함수 에탄올을 탈수탑의 도중단에 공급하여, 공비제를 데칸타를 경유하여 탈수탑에 공급하고 탈수탑 탑정에 물-에탄올-공비제의 3성분계 공비 혹은 물-공비제의 2성분계의 공비를 형성시킴으로써, 물을 탈수탑 탑정으로 끓여 올려, 공급된 함수에탄올을 탈수한다. 탈수된 무수에탄올은 탈수탑 탑저에서 빼내진다. 탈수탑 탑정의 공비조성의 증기는 냉각후 데칸타에서 溶劑相(상층)과 水相(하층)으로 분리하며, 용제상은 탈수탑으로 환류된다. 수상은 회수탑으로 보내져서 회수탑 탑저에서 배수된다. 회수탑 탑정에서는 수상에 용해하여 들어온 공비제 및 에탄올을 농축 회수하여 탈수탑 혹은 데칸타로

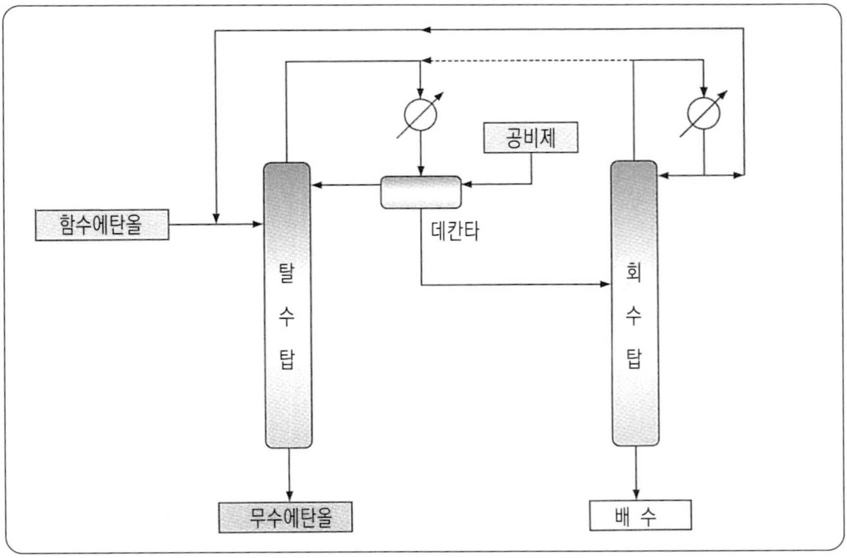

그림 4.2.1 함수에탄올의 공비증류 탈수장치 개요[1)]

되돌려진다.

추출 증류법

1) 추출 증류의 원리

에탄올의 추출 증류에 의한 탈수법은 비점이 높고 에탄올 및 물과는 공비를 형성하지 않는 용제를 제3성분으로서 첨가하여 물을 용제에 추출하면서 증류하는 것인데, 에탄올/물의 공비를 브레이크 하여 함수 에탄올을 탈수하는 방법이다.

추출 용제로는 글리세린[2]이나 에틸렌글리콜[3] 등이 일반적으로 쓰이고 있다.

2) 추출 증류법에 의한 함수(含水) 에탄올의 탈수

그림 4.2.2에서 추출증류에 의한 함수에탄올의 탈수장치의 개요를

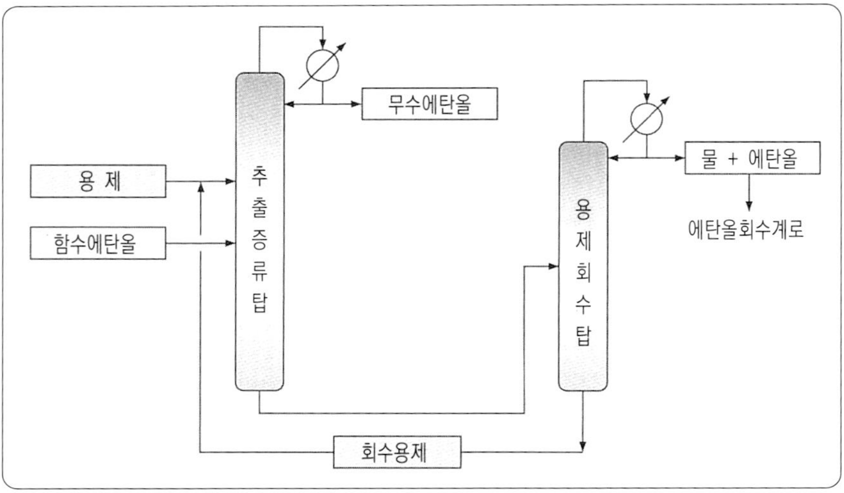

그림 4.2.2 함수에탄올 추출증류 탈수장치 개요

설명해보자.

추출증류 탈수장치는 추출증류탑 및 용제 회수탑의 주요기기로 구성된다. 탈수의 공정개요는 함수에탄올을 추출증류탑의 도중단에 공급하여, 용제를 함수 에탄올의 공급단보다 상부에 공급하면서 증류하는 것으로, 물이 용제에 추출되어 추출증류탑 탑저에서 빠져나온다. 용제 공급단보다 상부에서는 탈수된 에탄올이 추출증류탑 탑정에서 무수에탄올로 빠져나온다. 추출증류탑 탑저에서 빠져나온 용제, 물과 소량의 에탄올 혼합물은 용제 회수탑에 보내지고 탑정으로부터 물과 소량의 에탄올을 빼내어 에탄올의 회수계, 예를 들면 함수에탄올 제조장치의 농축탑 등으로 리사이클 된다. 용제 회수탑 탑저에서 물을 함유하지 않는 용제를 회수하여 추출증류탑의 용제로 순환 재이용한다.

흡착법

1) 흡착법의 개요

흡착법에 의한 공업적 에탄올 탈수방법은 물을 선택적으로 흡착하는 흡착제, 예를 들어 콘그리츠, 실리카겔, 알루미나, 이온교환수지, 제올라이트 등을 이용하여, 물을 흡착시켜 에탄올을 제조한다. 물을 흡착한 흡착제는 가열 및 감압 등의 방법으로 물을 탈착하고 재생하여 재사용된다.

물의 흡착조작은 액상 혹은 氣相(증기상)으로 행하여진다. 액상흡착의 경우, 재생시의 에너지 소비 및 에탄올 회수율의 면에서 효율적이지 않으므로 액상 흡착법은 쓰이지 않는다. 증기상 흡착의 경우, 흡착온도가 높아지는 관계로, 흡착제로는 고온에서도 흡착성을 갖는 제올라이트가 쓰이고 있다

증기상 흡착법에서는 물을 흡착한 제올라이트의 재생방법에 2가지

방법이 있는데, 불활성가스를 흘려보내면서 가열하여 재생하는 방법을 「온도스윙 흡착법(TSA)」, 또 흡착 탈수된 무수에탄올의 일부를 흘려보내면서 감압하에서 재생하는 방법을 「압력스윙 흡착법(PSA)」라 한다.

미국에서는 연료용 에탄올의 제조에 PSA법이 널리 쓰이고 있다. 이 항에서는 PSA법에 대해 설명해보자.

2) PSA법에 의한 함수(含水) 에탄올의 탈수

PSA법에 의한 함수에탄올 탈수장치의 개요에 대해 그림 4.2.3a에서 설명해보자.

PSA 탈수장치는 흡착제로서 제올라이트를 충전한 2개의 흡착탑(A탑, B탑)으로 이루어지며 A탑에서는 상압(常壓) 혹은 가압에서, 에탄올이 증기로 존재할 수 있도록 비점 이상의 온도조건에서 함수에탄올 증기를 공급함으로써 수증기를 제올라이트에 선택적으로 흡착시켜 A

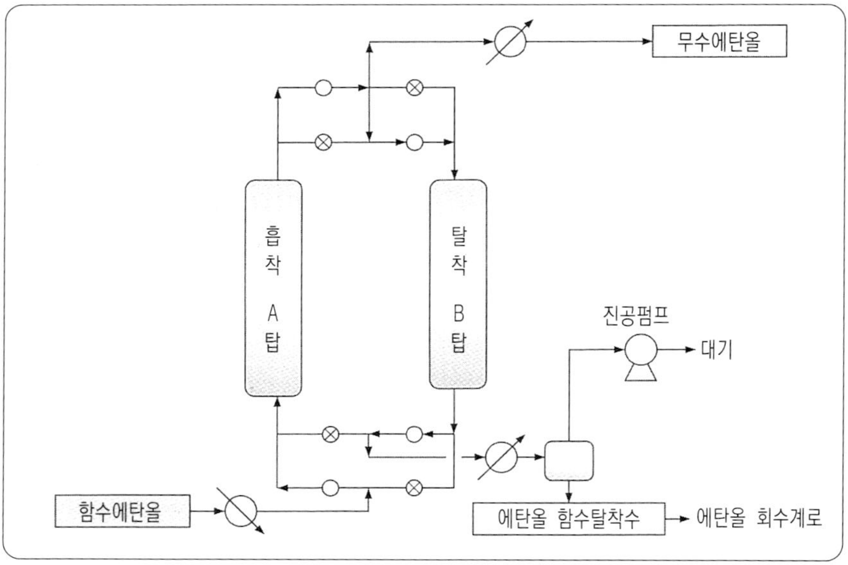

그림 4.2.3(a) 함수에탄올 PSA 탈수장치 개요[4,5]

그림 4.2.3(b) PSA 탈수장치 외관

탑의 출구에서 무수에탄올을 유출시킨다. 한편 B탑에서는 흡착시의 온도를 유지한 채로, 감압조건으로서 A탑 유출의 무수에탄올 증기의 일부를 도입하여 제올라이트에 흡착된 물을 탈착시켜 제올라이트를 재생한다. 밸브를 바꾸어 흡착 · 탈착조작을 A탑과 B탑에서 교대로 실시하여 연속적으로 무수에탄올을 얻을 수 있다. 재생 탈착시에 유출하는 에탄올 수용액은 함수에탄올 제조장치의 증류계로 되돌려 회수하는 방법이 일반적이다. 그림 4.2.3b에 PSA 탈수장치의 외관을 나타내었다.

막분리법

막분리법에 의한 에탄올의 탈수는 에탄올/물의 혼합물을 막을 사용하여 물을 선택적으로 막투과시키는 분리방법인데, 삼투 기화막(PV)법과 증기 투과막(VP)법이 알려져 있다. 앞 절에서 설명했듯이 역삼투법은 에탄올의 삼투압이 높기 때문에, 역삼투막의 내압성이 문제가 되므로 에탄올의 탈수에는 적합하지 않다.

1) 삼투 기화막법 및 증기 투과막법의 원리

막분리법에서 에탄올의 탈수로는 물 선택투과성의 분리막을 통해 상류측(공급측)에 원료를 공급하고, 하류측(투과측)을 진공(감압)으로 유지함으로써, 물을 선택적으로 막투과시켜 탈수한다. PV법의 원리는 앞 절 그림 4.1.15에서 설명한 것과 같다.

PV의 조작조건이 공급측을 액상으로 하고 투과측을 증기상으로 하고 있는데 반하여, VP법의 조작조건은 공급측 및 투과측 모두 증기상으로 하고 있는 점이 PV와 다르다. 그러나 VP의 막투과 원리도 PV와 같다.

PV 및 VP에서 막투과의 구동력은 막투과 성분의 공급측과 투과측의 투과성분의 증기압차 혹은 분압차이다. 증기압차 혹은 분압차를 크게 하려면, PV법에서는 공급측을 가열하여 투과성분의 증기압을 높이고, VP법에서는 공급측을 증기가 응축하지 않도록 가열하면서 가압하여 투과성분의 분압을 높이는 방법이 이용되고 있다. 투과측은 두 쪽 모두 감압조건에서 조작된다.

2) 삼투 기화막법에 의한 에탄올의 탈수

에탄올의 PV법에 의한 탈수에서는 공업화의 초기에서는 고분자막이 사용되었다. 1988년에 프랑스의 베트네빌(Betheniville, France)에 있는 바잔코트 당업조합(Sucrerie Cooperative de Bazancourt)의 설탕·에탄올공장에서, 폴리비닐알코올계의 고분자막을 이용한 PV법에 의한 무수에탄올 플랜트(1일 생산량 150kℓ 규모)가 건설되어 세계에서 처음으로 상업적으로 운전되기 시작하였다.

막 모듈은 플레이트 및 프레임 형식으로 막면적은 2,100m^{2}로, 원료 에탄올은 농도 약 93wt%로 공급되며, 이렇게 하면 농도 99.8wt% 이상의 제품 무수에탄올이 얻어진다. 운전조건은 온도 84~98℃, 투과측 진공도 ~0.01barA, 공급측 압력 4barG, 콘덴서 온도 10~-35℃라고 보고[6,7]되고 있다. 그 후 최근의 플랜트 운전상황 등은 확실하지 않다.

최근에 무기질로 분자사(分子篩) 기능을 갖는 관상(管狀)의 제올라이트 복합막이 개발되었다. 이 제올라이트 복합막의 막성능은 분리계수가 20,000~40,000이고 막투과량이 4kg/m^2·h 이상으로 막 성능이 비약적으로 향상되고 있다고 보고[8]되고 있다.

PV법은 분리막의 활성면이 항상 처리액에 접촉하고 있으므로, 처리액의 성상이나 조작 조건에 따라서는 막활성면이 물리적 화학적인 영향을 받기 쉽고, 막성능의 열화나 제품 속으로 미량이나마 성분이 용출되는 일을 일으키기도 한다.

또 PV법에서는 투과성분의 액에서 증기의 상변화(相變化)에 따른 증발잠열(蒸發潛熱)을 공급할 뿐이므로, 증류법에 비해 에너지 절약적인 프로세스이다. 그렇다고는 하지만, 상변화에 동반된 증발잠열에 따른 공급액의 온도저하가 일어나므로 공급액으로의 열보급을 장치설계 속에서 어떻게 해결해 가는가가 공업용 프로세스에서의 중요한 기술과제이다.

3) 증기 투과막법에 의한 에탄올의 탈수

앞 절에서 설명했듯이, VP의 원리는 PV와 마찬가지로, PV가 막을 써서 액/증기로 조작되는데 비해 VP에서는 증기/증기로 조작된다. 원료를 증기로 공급한다는 것은 공급 원료를 모두 증발시킬 필요가 있으므로, PV법보다 에너지 면에서 불리해지지만, 증기로 공급하는 때에 비휘발성 성분의 제거 및 막활성면이 증기 접촉인 점으로부터, 액접촉

보다도 막활성면은 물리적 화학적인 영향을 잘 받지 않아서, 막열화 내성이 눈에 띄게 향상된다는 이점이 있다

발효 단술의 에탄올 농도는 일반적으로 10wt% 전후이며, 발효 단술을 농축하는 때의 증류탑(농축탑)의 탑정의 증기를, 그대로 VP장치에 보내서 탈수한다면, 공급할 함수에탄올을 증발시키기 위한 에너지는 필요 없어진다. 그래서 증류와 VP를 합친 NEDO-PJ에서 「증류-막 하이브리드 파일럿플랜트」(그림 4.1.13)라는 효과적인 시스템이 개발되었다.

「증류-막 하이브리드 파일럿플랜트」의 운전 및 소요 에너지의 시스템 평가에 따르면, 에탄올 8wt%의 발효 술에서 99.6wt% 이상의 무수 에탄올이 소요 에너지 원단위 1,350kcal/ℓ-EtOH 이하에서 제조된다고 보고[9)]되었다.

인용 · 참고문헌

1) 齋藤熹敬, 加藤勝美, 内田勝久, “アルコール類の脱水方法”, 特公平4-24334号,
2) (社)日本化学会編, “分離精製技術ハンドブック”, 丸善㈱ (1993).
3) C. Black and D. E. Ditsler, Advan. Chem. Ser., 115, p.1 (1972).
4) 齋藤熹敬, 伊藤　茂, 南　一郎, 海野　洋, “有機化合物の脱水方法”, 特許第3923699号,
5) 南　一郎, 齋藤熹敬, 鈴木謙一郎, 若尾法昭, “化学装置”, 2001年9月号, p.84
6) 齋藤熹敬, ニュウメンブレンテクノロジーシンポジウム`89講演資料, p.8-2-1 (1989).
7) 浅田敏雄, 浦上　忠, 唐金博樹, 齋藤熹敬, 中根　堯, 広津敏博, 増岡登志夫, 山田純男, “膜”, 14 (3), 220 (1989).
8) S. Ichikawa, S. Tanaka, T. Nakane, M. Aizawa, K. Sato, T.Mizuno, H. Chida, Fuel Chemistry Division Preprint, 48 (1), 492 (2003).
9) 平成17年度NEDO成果報告書「バイオマスエネルギー高効率転換技術開発／セルロース系バイオマスを原料とする新規なエタノール醗酵技術等により燃料用エタノールを製造する技術の開発」(2006).

제5장

폐액 처리기술

7 당밀 발효폐액의 퇴비화·사료화

당밀 발효폐액이란

당밀 발효폐액 처리와 그 이용에 대해서는 1945년대 후반부터 1984년대까지 수많은 연구가 이루어졌지만 일본에서는 당밀을 가지고 더 이상 알코올 발효를 하지 않게 되면서 연구 열기도 점점 식게 되었다.

현재 일본에서 당밀을 원료로 한 발효알코올은 일본 알코올산업주식회사의 이즈미공장에서만 제조되고 있다. 그림 5.1.1에 발효알코올 제조공정의 개요를 나타내었다. 옛날 자료이기는 하지만 당밀의 산지별

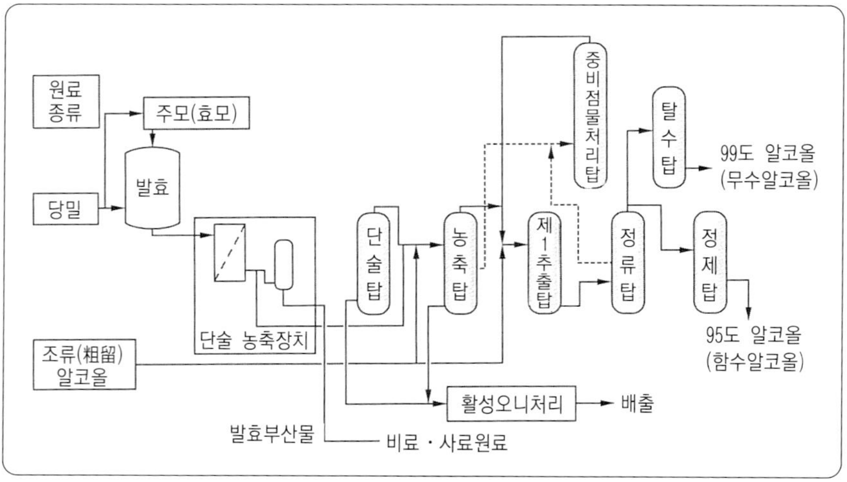

그림 5.1.1 발효알코올 제조공정 개요도

표 5.1.1 당밀의 산지별 성분 분석례[1)]

당밀 종류 \ 성분	전당 (%)	직당 (%)	자당 (%)	포도당 (%)	과당 (%)	비발효성당류 (%)	수분 (%)	회분 (%)	K (%)	Na (%)	Ca (%)	Mg (%)	Al (%)	Fe (%)	Mn (ppm)	Zn (ppm)	P (%)	SiO_2 (%)	Cl (%)	SO_3 (%)	NO_3 (%)	NH_3 (%)	Cu (ppm)
필리핀산 사탕수수당밀	57.92	26.38	29.96	11.46	12.26	2.87	22.87	5.84	1.88	0.049	0.52	0.25	0.033	0.014	47	24	0.134	0.59	0.44	0.68	0.060	0.019	12
〃	59.58	27.69	30.29	11.93	12.15	3.61	25.02	6.26	1.02	0.053	0.53	0.28	0.026	0.012	38	30	0.108	0.44	0.77	0.26	0.071	0.050	25
〃	56.94	24.27	31.04	9.60	10.91	3.76	25.03	5.27	1.27	0.020	0.48	0.27	0.007	0.013	13	2	0.042	0.32	0.45	0.68	0.085	0.049	11
〃	57.36	23.97	31.72	10.00	9.50	4.47	22.67	5.61	1.78	0.030	0.46	0.19	0.017	0.014	66	31	0.091	0.49	0.61	0.47	0.065	0.028	31
〃	58.95	27.32	30.05	1.50	12.36	3.46	20.97	5.96	1.11	0.111	0.54	0.20	0.039	0.017	57	18	0.086	0.77	0.53	0.65	0.071	0.044	43
〃	58.78	26.39	30.77	10.90	12.61	2.88	22.54	5.84	1.96	0.120	0.52	0.20	0.058	0.020	57	22	0.078	0.43	0.49	0.65	0.071	0.034	35
인도네시아산 사탕수수당밀	56.20	24.87	29.76	10.21	11.69	2.97	21.41	8.35	2.72	0.038	0.67	0.18	0.021	0.031	29	26	0.078	0.45	0.49	1.34	0.050	0.021	45
〃	52.34	20.68	30.08	9.44	7.78	3.46	21.03	8.14	2.13	0.037	0.52	0.16	0.023	0.030	15	11	0.052	0.73	0.48	1.18	0.042	0.022	51
〃	53.19	21.53	30.08	9.62	8.73	3.18	20.48	7.94	2.53	0.069	0.87	0.20	0.031	0.029	18	24	0.048	0.55	0.58	1.18	0.050	0.018	66
쿠바산 하이테스트당밀	77.53	58.50	18.0	17.30	39.69	1.51	17.77	1.62	0.98	0.027	0.16	0.10	0.007	0.010	21	10	0.032	0.13	0.21	0.26	0.082	0.011	3
태국산 사탕수수당밀	61.29	25.19	36.16	11.50	10.80	2.89	20.61	3.48	0.97	0.085	0.34	0.09	0.020	0.017	16	3	0.055	0.35	0.58	0.30	0.064	0.034	17
아프리카산 사탕수수당밀	48.57	15.85	31.08	5.27	7.21	3.37	19.62	9.44	2.80	0.084	0.78	0.47	0.015	0.017	31	8	0.088	0.89	1.58	1.35	0.073	0.039	52
타이완산 사탕수수당밀	47.00	20.14	25.52	6.70	8.59	4.85	19.60	9.60	2.57	0.110	0.52	0.50	0.028	0.034	34	15	0.106	0.88	1.16	1.42	0.079	0.074	54
인도산 사탕수수당밀	55.16	28.49	25.34	12.30	13.15	3.46	20.91	5.35	1.48	0.223	0.54	0.37	0.006	0.034	14	12	0.033	0.34	0.87	0.51	0.086	0.034	23
일본산 사탕수수당밀	41.94	1.40	-	-	-	-	19.43	6.02	3.08	0.95	0.25	0.02	0.028	0.017	26	28	0.014	0.05	0.12	0.33	0.253	0.029	29

성분의 분석례도 표 5.1.1에 나타냈으니 참고하기 바란다[1].

당밀을 원료로 하는 알코올 발효에서는 우선 당밀을 효모의 발효에 적당한 당 농도에서 온수로 희석하여 당밀을 조제한다. 이는 한편으로는 발효를 맡을 효모를 증식시키기 위한 효모생산을 위한 것이고 또 한편으로는 본 배양을 하기 위한 것인데, 이것을 「첫 단술」이라고 한다. 이 첫 단술에 주모(효모)를 첨가하여 알코올 발효시켜 당분을 알코올로 바꾼다. 충분히 알코올이 생성되고 나면 이 액을 「숙성 단술」이라고 한다. 이 숙성 단술 속에는 알코올 성분이 약 10∼13vol% 있고 고형분이 11∼14% 있다. 이를 단술 농축장치에서 알코올과 잔액으로 분리한다. 35∼40vol%로 농축된 알코올 성분은 연속 증류장치로 보내어 다시 농축함과 동시에, 불순물을 걸어내서 순도 높은 알코올을 정

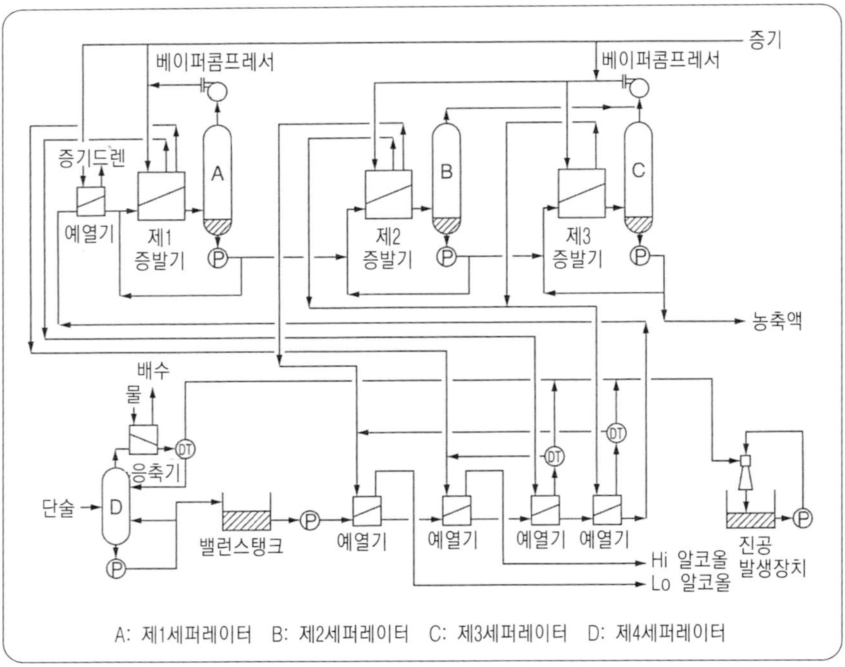

그림 5.1.2 증기 압축식 단술 농축장치 공정도[1]

제하여 제품 알코올을 만들어낸다. 또 잔액이 당밀 발효폐액(그림 5.1.1에서는 발효 부산물)이 되는데, 저장용량 및 수송경비 절감을 할 수 있고 유가물로 이용하는 경우에 유리하며, 또 용도상의 제약으로 고형분이 35~45%로 농축되는데 이를 「단술 농축액」이라 한다.

또한 단술 농축장치의 형식으로는 여러 종류가 있는데, 현재는 플레이트식 농축장치가 많이 쓰이고 있으며 에너지절약형 장치로는 베이퍼콤프레서를 도입한 증기 압축식도 있다. 이 형식의 특징으로는 기액분리기(세퍼레이터)에서 발생한 알코올 증기를 베이퍼콤프레서로 압축하여, 그 압축열을 다시 증발기의 열원으로 이용하는 것이다. 그림 5.1.2에 대표적인 증기압축식 단술 농축장치 공정도를 나타내었다[1].

당밀 발효폐액의 유효이용에 대해

당밀 발효액의 일반적인 특징으로는 전분질 원료에 의한 증류폐액에 비해 외관은 당밀에서 나온 흑갈색을 나타내고 있으며, 단위 제품당의 발생량이 많고 유해물질을 함유하지 않는다. 또 BOD 농도가 고농도이며 칼륨이온 등 무기염류 농도가 높아 생물처리법으로는 처리가 어렵다.

더구나 생물적인 분해에 높은 저항성을 갖는 착색성분(메라노이딘)을 함유하고 있기 때문에 생물처리만으로는 처리할 때의 환경기준을 맞추기 어렵다. 표 5.1.2에 성분 분석례를 나타냈다[2].

또 이와 같은 유기성폐기물을 자원화하려는 생각에서 유효 이용법에 대해 검토가 이루어졌다. 현재까지 당밀 발효폐액을 사료나 비료로 만들기 위한 연구의 대표적 예를 표 5.1.3에 정리했다[1]. 다소 오래된 연구사례이기는 하지만 연구개요도 간단하게 정리하였다.

표 5.1.2 당밀 발효폐액의 성분 분석치 (예)[2)]

	① 알코올 증류폐액
외관	흑갈색
pH	4.6
COD_{Mn} (mg/ℓ)	111,080
COD_{Cr} (mg/ℓ)	159,620
BOD (mg/ℓ)	71,150
SS (mg/ℓ)	227
PO^{3-} (mg/ℓ)	57
고형분 (%)	13.9
회 분 (%)	3.6
환원당 (%)	1.5
전 당 (%)	3.4
총질소 (%)	0.21
무기염류 (mg/ℓ)	
Na	600
Mg	1,125
K	11,700
Ca	2,925

1) 사료화

곡류를 원료로 하는 알코올 발효폐액은 국제적으로도 상당히 많이 발생하는데 그 전량이 사료화 되고 있다. 액 속의 고형분은 박취기(粕取機), 원심분리기로 회수, 건조되는데 DDG(Distillers Dried Grain)라 부르고, 가용(可溶) 부분은 건조되는데 DDGS(Distillers Dried Grain Soluble)라 부른다. 이들은 UGF(Unidentified Growth Factor)를 함유하는 영양가 높은 사료로도 오랫동안 이용되어왔다. 전자는 비육유·젖소용으로, 후자는 양계·양돈용으로 사용되는데, 기호성은 좋으나 원료로 인해 칼륨을 주성분으로 하는 염이 들어있어서 취급이 다소 까다롭다. 당밀 속 혹은 발효폐액 속의 무기염이 분리될 수 있으면 사료로서의 특성을 살릴 수 있겠지만 몇 차례 시도만 되었을 뿐 아직 실용화 단계에까지는 이

표 5.1.3 유효이용 사례[1)]

사료화 직접사료화 재발효	건조사료화, 액체사료화, 혼합사료화 사상균 배양 효모배양 메탄발효균에서 비타민 B_{12} 추출
해조류 배양	아사쿠사 노리(김) 클로렐라
사료화	시오미즈쯔보와무시 미징꼬 아르테미아 동물플랑크톤(알카치아, 치구리오파스) 성게, 전복 치어생산(흑돔, 은어)
비료화	유기질첨가 화성비료 계분첨가 유기질비료 액체비료 부산염기성 칼륨비료 알칼리처리비료 토양개량제(파크퇴비 등)

르지 못했다[3)]. 카메타까의 연구[4)]를 보면 사료로 검토해볼만 하다는 연구사례가 자세히 나와 있는데, 질소원으로 보다는 오히려 높은 VFA (Volatile Fatty Acid: 휘발성지방산) 공급원으로 그 특성을 인정받아왔다.

또 1967년도부터 구 통상산업성 알코올사업부가 개발테마로 선정하여 연구한 예도 있다[5)]. 이미 일부 민간기업에서 알코올 폐액이 젖소, 비육우의 조사료(粗飼料) 첨가물로 좋다는 점에 착안하여 액체사료 「라크노르」로 보급하려 애쓰던 참에 그 효과를 인정받아 토오쿄오 근처의 칸또우지방 쪽에서 아주 빨리 보급되어 갔다. 그러나 에너지 절약시대가 와서 사료조정 및 먹이주기에 손이 많이 가기도 했고, 원료공급이 간혹 끊기기도 해서 낙농가의 의욕은 컸지만 생각만큼 대대적으로 보급은 되지 않았다. 그 밖의 이유[3)]로는 액상으로 사용하는 경우에는 수송 면에서 사용범위가 한정되는 것과, 다른 한편으로 건조해서 사용하기에는 건조기 종류, 제품의 흡습, 고결(固結)의 문제 외에도 건조설비, 막대한 코스트가 예상되어 경제적으로 성사되기 어려운 측면이 있었다.

또 다양화의 하나로 볏짚에서 얻는 가공사료를 개발하는 데에 성공하여 「볏짚 사이레지」의 공업화를 해보려 했지만 본격적으로 조업이 이루어지지는 못했다[5].

그 밖에 소, 돼지, 닭에게 주는 싸래기나 볏짚 등의 조사료(粗飼料)를 발효폐액으로 대체할 수 있을까에 대해 검토한 예[6]도 있다. 특히 젖소에게서는 폐액에 대한 기호성이 아주 좋고 체중당 건물(乾物)의 섭취비율, DCP(可消化 粗단백질), TDN(可消化 양분총량)의 섭취량은 모두 발효폐액을 주지 않은 경우보다 훨씬 많았고, 1일 비유량(泌乳量)도 더 많아졌다는 좋은 결과를 얻었다. 또 카메타까 등[7,8]은 저질(低質)의 조사료(粗飼料)에 폐액을 섞어줌으로써 섬유질의 소화촉진 효과가 있음을 보여주었다.

사료효모의 제조도 검토되었다[3]. 발효폐액으로부터의 사료효모의 취득에 대해서는 2가지 측면에서 생각해볼 수 있다. 하나는 효모를 배양하여 그대로 분리 세정하여 사료화 하는 방식이고, 다른 하나는 분리한 효모에서 RNA 그 밖의 유가물을 추출하고 남은 효모 잔사를 사료화 하는 것이다. 이 중, 전자가 일반적이고 여기에는 *Candida*屬의 효모가 자주 사용된다. 효모균체의 축적량은 배지(培地)당 10g dry cell weight/L 이다. 또 *Trichosporon*屬은 탄소원의 자화성(資化性) 폭이 넓고 수량증가도 기대할 수 있다. 이 방법은 구소련의 동부 유럽권에서 사용되었던 것 같은데 일본에서는 경제적으로 성립하기 어려웠다. 즉, BOD나 COD 제거가 불완전해서 2차 처리를 필요로 하여 그 폐액처리가 곤란했기 때문에 일본에서는 실용화되지 못했다.

또 어업자원으로 응용하는 것에 대해서도 재단법인 CLEAN · JAPAN · CENTER가 사무국이 되어 재단법인발효공업협회(현, 재단법인바이오인더스트리협회), 통상산업성(현, 경제 산업성), 수산청(현, 농림 수산성), 과학기술청, 각 대학이 합동으로 한 공동연구가 이루어졌다. 연구는 발효폐액의 응용례의 조사, 해산물에 대한 안전성에서부터 시작하여, 치자어(稚仔魚) 생산용 플랑크톤의 증식효과의 확인 및 대량생산에 응용, 흑돔, 은어 등의 치자어의 사육보고에 이르기까지 자세하게 보고[1,3]되고 있다.

현재의 단술 농축액의 사료용 용도는 사료의 첨가예에 따라 달라진다[5].

2) 비료화

당밀 발효폐액은 비타민, 단백질, 아미노산 등의 유기물을 포함하며 또 회분의 30~40%는 사탕수수에서 나오는 칼륨염이다. 이들의 성분을 비료로 토양에 환원하면 일종의 클로즈드 시스템을 완결시킬 수 있게 된다. 그러나 당밀 발효폐액은 유기물 함유량이 높아 다량으로 이런 비료를 주는 경우, 액속의 유기물 및 당에서 생성되는 유기산이 발아를 저해할 수도 있는데 이와 같은 식물에 대한 장해는 입증되기도 했다. 이런 이유에서 비료로 이용할 때에는 유기물을 감소시킬 필요가 가끔 생기는데, 각종 검토의 결과 유기첨가 화성비료로 실용화된 예도 있다[1].

알코올 발효폐액을 이용한 비료화의 연구예[3]로는 다음과 같은 것이 있다.

① 유기첨가 화성비료

알코올 발효폐액은 비료성분을 함유하여, 그것을 그대로 건조하는 경우도 유효하겠지만 그대로 비료화하면 다음과 같은 문제점이 있다.

(1) 식물에 장해가 발현된다.

발효폐액을 다량으로 식물에 주는 경우 발아장해 등 각종 장해가 나타날 염려가 있다. 그 원인은 발효폐액 중에 들어있는 유기산이나 토양속의 당에서 생성되는 유기산의 영향 때문이라 생각된다.

(2) 알갱이 상태의 조립(粗粒) 건조가 곤란하다.

발효폐액은 함유한 당・고무질 때문에 점착성이 강해지므로 상품화하는 데는 조립 건조가 어렵다.

(3) 흡습성이 강하다.

건조물은 흡습성이 강하여, 보존중 조해(潮解), 고결(固結)을 일으켜 저장성이 안 좋다.

이들 문제를 개선하기 위해서는 개질, 사용방법 등이 검토되어 왔다. 이 방법의 포인트는 황산 등의 광산(鑛酸)을 집어넣어 가열처리하고, 발효폐액 속의 잔당(殘糖), 고무질 등의 가용성 무질소물은 탈수 축합해서 부식물질로 해서, 식물장해를 일으키지 않는 것으로 바꿔주는 점이다. 이런 산처리에 의해 알코올 발효폐액의 물성이 향상되고 점착성 감소, 조립성(粗粒性), 건조성을 개선할 수 있으며 동시에 제품 보전성도 향상되었다. 이렇게 함으로써 알코올 발효폐액을 주원료로 한 건조유기물 첨가 화성비료가 실용화되었다.

② 계분 첨가비료

유기첨가 화성비료와 마찬가지로 알코올 발효폐액을 농축 처리하여 흡습성을 개선한 후 계분과 혼합, 성형, 건조를 한 것이다. 칼륨 함량이 높은 발효폐액과 질소, 인 함유량이 높은 계분을 혼합함으로써 비료의 3대 요소가 골고루 갖춰진 유기질 비료를 제조할 수 있다.

③ 부산(副産)염기성 칼륨비료

발효폐액을 800~1,100℃에서 소각하여, 그 재를 칼륨비료로 이용하는 방법이다. 칼륨분이 K_2O로 35~50%이며, 발효원료인 당밀에서 보

면 실로 20~40배로 농축된 비료이다. 이 비료의 문제점은,

(1) 제품이 클린카 모양 혹은 분말상인데 그대로로는 상품화가 안 되고 용도가 제한된다. 혹은 비료 메이커에서 별도 상품화가 필요해지는 점.

(2) 소각시 2차 공해(대기오염)를 방지할 필요가 생기며 소각재의 회수계가 힘들어지는 설비가 되는 점.

(3) 처리비용이 많이 드는 점.

등이다.

④ 알칼리 처리비료

발효폐액을 가온한 다음, 여기에 생석회를 혼합하여 발효폐액 특유의 점착성을 줄이고, 여기에 다시 제품의 흡습성, 고결성을 감소시켜 제품화하기 쉽게 한 것이다. 생석회의 강한 흡수성, 흡수할 때 발생하는 높은 열로 건조부하를 현저하게 줄일 수 있는 이점도 있다. 발효폐액 : 생석회 = 80 : 20(건조물) 이상의 생석회 첨가비율이면 발효폐액의 물성을 개선할 수 있으며, 생석회를 다량 사용함으로써 건조공정 없이 한 단계로 분말 제품화 할 수도 있다.

⑤ 토양개량 자재

각종 식물 잔사의 퇴비화 촉진에 알코올 발효폐액을 사용하는 것이 효과적이다. 그 예로, 제재업의 폐기물인 수피(바크)나 제지 슬러지, 왕겨 등에 발효폐액을 첨가하고, 여기에 발효미생물 증식을 위한 질소원으로 요소, 활성오니균체 등을 넣어 고형화하여, 2-3개월 장기간에 걸쳐 발효시켜 양호한 완숙퇴비로 만든다.

⑥ 해태비료

현재의 김양식에서는 부류(浮流) 양식법이 많이 보급되어 있다. 이

부류양식 세트 속에서는 수면 근방에서 물의 이동이 대단히 작고 또 김의 엽초도 수면 가까이에서 번식하고 있기 때문에, 수면 근방에 떠오르는 부상성(浮上性) 있는 시용제(施用劑)가 유효하다. 또 비료로서는 즉시 용해유출 하는 것이 아니고 서서히 용출해가는 타입이 효과적이다. 이처럼 비료로서 알코올 발효폐액을 유효이용 하는 방법을 연구하고 있다.

이상과 같은 연구사례는 있지만, 현재 단술 농축액은 주로 유기질비료로서 유기화성비료, 액비 및 페이스트상 비료 등의 제조에 사용되고 있으며, 또 펠렛상 비료로서 입상석회 및 입상 화성비료 등의 제조에 사용되고 있다[5).

인용 · 참고문헌

1) アルコールハンドブック, 第9版, 通商産業省基礎産業局アルコール課監修, 技法堂出版㈱ (1997).
2) クローズド発酵システム化技術に関する研究開発総括報告書 (平成2年度~平成6年度), 社団法人アルコール協会 (1995).
3) 野口貞夫, "発酵と工業", 39 (8), 700-707 (1981).
4) 亀高正夫, 日野常男, "発酵と工業", 35 (2), 110-123 (1977).
5) 通商産業省基礎産業局編, アルコール専売事業五十年史, (社)アルコール協会 (1987).
6) 日本科学飼料協会技術報告, No.11, p13 (1968).
7) 亀高正夫, "発酵協会誌", 30 (6), 263-267 (1972).
8) 亀高正夫, "発酵協会誌", 33 (4)(5), 137-151 (1975).

2 당밀 발효폐액의 메탄발효

설탕 제조공정에서 부산물로 배출되는 당밀로부터 공업용 에탄올이 동남아시아나 인도, 중국 등에서 제조되고 있다. 당밀로부터 에탄올을 제조할 때 증류공정에서 증류폐액(이후, 당밀발효 폐액이라 함)이 무수에탄올 1리터에 대해 12~15배의 양으로 대량 배출된다. 게다가 BOD(Biochemical oxygen demand, 생화학적 산소요구량) 농도가 리터당 20,000mg/ℓ~40,000mg/ℓ으로 아주 높아서 보통은 메탄발효법에 의해 처리되는 것이 보통이다. 그러나 당밀 발효폐액중의 착색성분은 메탄발효법에 의해 제거될 수 없기 때문에, 일본에서는 당밀로부터 공업용에탄올을 제조하는 산업이 크게 위축되었다.

메탄발효는 많은 미생물의 공생에 의해 유기물을 혐기적으로 분해하고 그 과정에서 생기는 유기산 등을 메탄으로 환원하는 방법이다. 자연계에서 가연성가스(바이오가스)를 생성하는 메탄발효 현상은 18세기에 처음 발견되었는데, 이것을 폐기물처리에 이용하기 시작한 것은 19세기말이었다. 그러다가 20세기 초에 영국에서는 이 방법이 하수오니의 감용화법(減容化法)의 하나로 채용되었는데, 처음에는 발효조가 무가온으로 발생가스의 회수이용도 이루어지지 않았고 처리일수도 30~60일이나 걸렸었다. 그 후, 반응속도를 향상시키기 위해 가온되고 기계교반이나 가스교반을 할 수 있게 되어 처리일수도 10~15일까지 단축되었다[1]. 이 메탄발효법은 산업폐수나 분뇨 등의 처리에도 쓰이게 되었는데, 거의 대부분이 호기성 처리조의 전단에 설치되어 있어서, 오랫동안 호기성 처리를 위한 부하 경감책으로 여겨져 왔다. 그러나 메탄발효법은 호기성 처리법의 대표인 활성오니법에 비해 폭기동력(曝氣動力)을 필요로 하지 않는 점, 그리고 바이오가스가 회수 가능하므로 유기물 농도가 높은 산업폐수(당밀 발효폐액도 포함)처리 및 하수오니를 없애는데 쓰여 왔다[2]. 최근에는 상향류식(上向流式) 혐기성 오니상(床)법(UASB)이나 혐기성 여상법(濾床法)(UAFP) 등이 개발되어 유기물 농도와 상관없이 메탄발효법이 쓰이게 되었다[3].

여기서는 당밀 발효폐액을 가지고 주로 메탄발효법에 의해 처리하는 방법에 대해 살펴보기로 하자.

당밀 발효폐액의 메탄발효법에 의한 처리

1) 일본에서 당밀 발효폐액의 메탄발효와 현재 상황

메탄발효법은 일본의 산업폐수(알코올 증류폐액, 세모폐수, 제약폐수, 빵효모폐수, 유기산 폐수 등)에 1960년경부터 이용되기 시작했다. 특히, 당밀 발효폐액의 메탄발효법은 1954년에 통상산업성 이시오까 알코올공장에 중온의 메탄발효장치(5,000m^3×1기)가 설치되었고, 1955년 이후에는 처리능력이 높은 고온의 메탄발효장치가 통상산업성의 반다(磐田)알코올공장과 치바(千葉)알코올공장 등에 설치되었는데(그림 5.2.1), 이 무렵부터 통상산업성 알코올공장을 중심으로 급속도로 실용화되어갔다. 이는 당밀 발효폐액이 고온에서 배출되고, 유기물 농도가 높아 영양원도 부족하지 않은 조성인 점 등 메탄발효에 적합한 조건을 구비하고 있었다. 약 10일간의 고온 메탄발효 처리에 의해 폐수중의 BOD는 약 80%나 제거되었고[3], 1970년경의 최성기때는 알코올공장에서만 2,000만m^3 이상의 가스가 연료로 이용되었다. 이 회수 가스는 보일러에서 중유와 섞어 연소하는데 쓰이는데 공장에서 사용하는 연료의 1/3～1/2

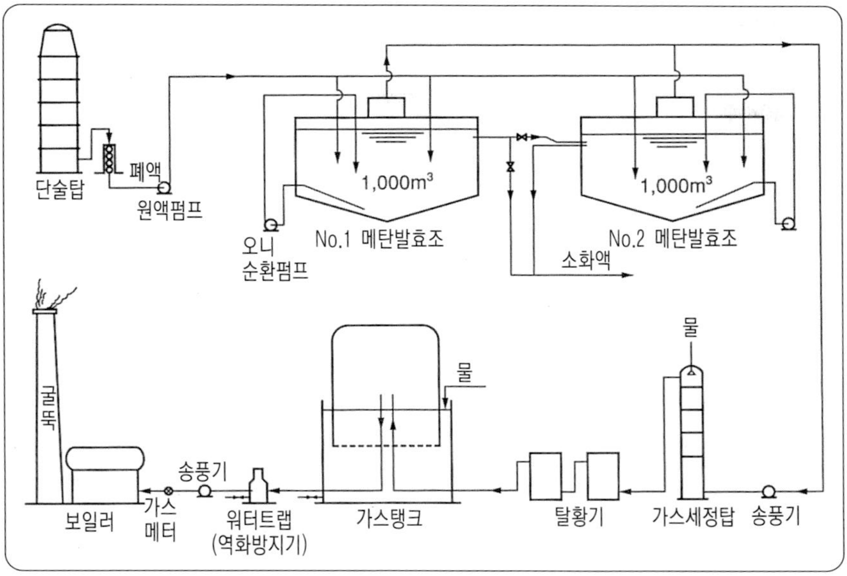

그림 5.2.1 당밀 발효 폐액의 메탄발효처리 프로세스 개요[4)]

를 차지했다. 그러나 발효폐액의 색(다갈색) 및 이로 인한 COD(Chemical oxygen demand, 화학적 산소요구량)가 메탄 발효 처리에서는 분해될 수 없으므로 농축 연소법 등으로 전환한 공장이 많았지만 에너지비용 폭등 등으로 당밀로부터의 에탄올제조 그 자체를 축소하였다. 현재 당밀에서 에탄올을 제조하고 있는 곳은 이즈미알코올공장 뿐으로 그 제조량도 연간 4,000kℓ(2002년)에 지나지 않는다. 발효 단술은 단술 농축장치(플레이트 열교환형농축장치, 4기 직렬)에서 2.5～3.0배로 농축된 후, 비료회사로 출하되고 또 맷드 및 효모 맷드 건조 처리장치에서 건조된 후, 비료로 유효이용 되고 있다(제5장). 단술 농축장치에서 증발한 알코올용액은 농축탑, 배출탑, 정류탑 및 정제탑을 거쳐 제품이 되는데, 농축탑에서 배출되는 응축액은 활성오니법에 의해 호기적으로 처리되고 처리수는 규제치 이하로 맞추어 하천으로 방류되고 있다.

2) 말레이시아 및 중국에서의 발효 처리

인도에서는 연간 170만kℓ의 공업용·연료용 에탄올이 당밀 등에서 생산되고 있으며 그 발효폐액은 메탄 발효법으로 처리되고 있다고 하는 동남아시아 회사를 방문하였다. 아래에 말레이시아와 중국의 당밀 발효폐액의 메탄 발효 처리 및 인도네시아에서의 액비로의 이용에 대해 소개하겠다.

① 말레이시아 알코올공장(FERMPRO Sdn.Bhd.)에서의 메탄처리와 플랜테이션에 환원[5]

1997년에 견학한 적 있는 알코올공장은 말레이시아와 태국의 국경부근(Chuping, Perlis in Malaysia)에 있으며 제당공장과는 별도의 회사였다. 전당농도 50%와 60%의 당밀을 사용하여, 회분발효로 공업용 에탄올을 제조하고 있었다. 영양원으로 요소, $(NH_4)H_2PO_4$, 비타민, Ca-판토텐산을 첨가하고 있으며, 생성 에탄올 농도는 7~8%로 발생한 탄산가스를 액화해서 상품화하고 있었다.

당밀 발효폐액은 본 공장에서는 1일 200m^3 배출되고 있으며 그림 5.2.2와 같이 2상식(二相式) 메탄발효법에 의해 처리되고 있었다. 메탄발효법은 처음에는 단상식이었는데, pH가 떨어져 뜻대로 진행되지 않았다. 그래서 실험실에서 재검토하여 2상식(산생성→가스화)으로 하였다. 산(酸) 생성조의 온도를 45℃로 유지하기 위해 조내액(槽內液)을 저류조

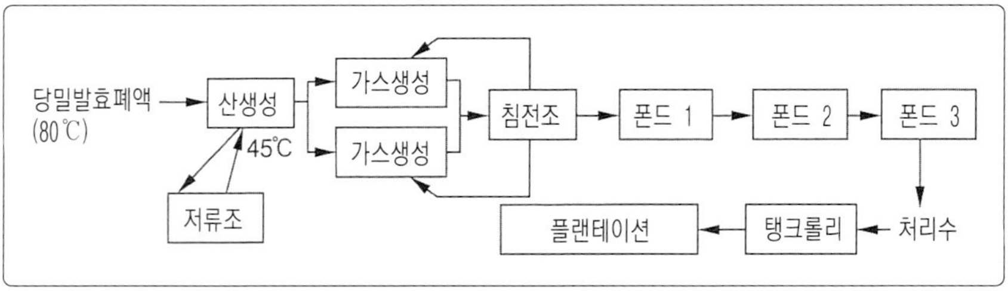

그림 5.2.2 당밀 발효 폐액의 2상식 메탄발효처리 프로세스 개요[5]

로 보내 한꺼번에 온도를 내려서 산생성조로 반송하였다. 가스화조는 침전조의 농축오니를 가스화조로 반송하는 콘택트법을 채용하고 있으며 이 방법은 연구 동료인 Dr. Yeoh가 아주 잘 파악하고 있는 공정이다. 산 생성상 및 가스 생성상에서의 처리일수는 약 10일간이었다. 폰드1과 폰드2는 혐기 조건이므로 폰드1에서는 아직 메탄 발효가 일어난다. 폰드3은 미호기적 상태이므로 여기서 내보내는 액은 로리에 실어 케인 플랜테이션으로 운반되어 액비로 환원되었다. 플랜테이션을 견학할 시간이 없어서 설명만 들었는데, 공장에서 약 10km쯤 떨어져 있는데 넓이가 4,000~5,000ha짜리 필드가 2개나 있다고 한다. 그 안에 10개의 폰드(총용량 45,000m^3 이상)가 있는데 이 정도 면적이면 메탄 발효 처리된 처리액은 필드로 환원시킬 수 있다고 한다.

② 중국 하이난도 하이난 金椰林酒業(株) 馬村 주정공장의 알코올 발효와 당밀 발효폐액의 처리[5)]

중국에서 당밀로부터의 에탄올 제조량은 연간 700,000톤(약 880,000 kℓ)으로 추산되며, 쓰촨성 成都 이남(廣東, 雲南)의 알코올 공장에서 제조되고 있다. 당밀에서 알코올을 제조하는 것은 일반적으로는 당밀을 황산으로 산처리한 다음, 회분발효법이나 연속발효법을 이용한다.

하이난성에는 당밀에서 알코올을 제조하는 공장이 28개소 있는데 1999년에 방문한 馬村주정공장은 하이난도의 당시의 공항에서 약 60킬로 떨어진 발전소 부지내에 있었다. 대부분의 기업은 폐액을 그대로 방류해버리는데 이 공장은 1999년부터 가동한 신공장이어서 발효폐액을 메탄발효 처리하는 플랜트를 건설하고 있었다. 하이난성 환경청은 2000년 말까지 처리설비를 의무적으로 갖추도록 했기 때문에 대부분의 알코올공장은 폐쇄에 직면해 있었다.

본 알코올공장은 당밀기지, 알코올발효, 증류, 알코올 스톡탱크 및 증류폐액 처리설비를 갖추고 있었으며, 연간 제조량이 50,000톤(63,000

kℓ)으로 중국에서 당밀로부터 알코올을 얻는 공장으로는 가장 큰 공장이었다.

1일 알코올 제조량(알코올 함량, 95~96%)은 178톤으로 연간 가동 일수는 300일, 따라서 연간 제조량은 50,000톤이 된다. 이 제조량의 95%는 식용 주정으로 이용되고 나머지 5%는 공업용 알코올이 된다.

알코올제조 공정은 그림 5.2.3 처럼 연속발효로 산처리조, 전배양조, 본배양조, 알코올 발효탱크 그리고 증류설비로 구성되어 있다. 알코올 제조 공정에 대해서는 생략하겠는데 원료로 하는 당밀은 잡균에 의한 오염을 방지하기 위해 산처리조에서 황산으로 전처리되고 있다. 저농도 당밀 산처리조와 고농도 당밀 산처리조가 있는데, 산처리된 저농도 당밀은 전배양조와 발효조 #1에 보내지고, 고농도 당밀은 발효조 #1 다음으로 보내지도록 배관이 세트되어 있다.

발효폐액(증류폐액)의 처리설비는 중화조, 황산균 처리조, 메탄 발효조, 침전조, 호기성 처리조로 이루어진다. 폐액은 중화된 다음, 황산 환원균에 의해 처리되고, 그 다음 메탄발효 되어 침전조에 들어가서

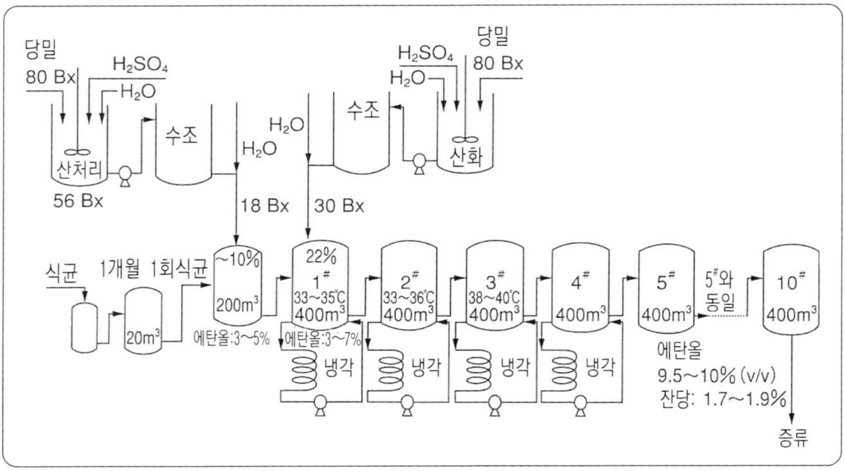

그림 5.2.3 하이난 金鄕林酒業(株) 馬村주정공장의 당밀에서 연속발효에 의한 알코올 생산 프로세스(발효조 9#와 10#은 숙성 단술조)[5)]

그 후 호기성 처리조로 보내진다. 이미 침전조까지는 완성되어 있었고 호기성 처리조가 건설중이었다. 황산 환원균 처리조는 6기로 1기의 용적은 300m^3 조내온도는 60℃이며 이미 발효폐액이 처리조에 들어가 있다. 메탄 발효조는 4기로 병렬, 총 용적이 24,000m^{3}이며, 조내온도는 53~57℃이었다. 메탄 발효조는 너무나도 커서 조내를 들여다볼 수는 없었지만 이 배관에서 이미 가스가 나오고 있었다. 황산 환원균 처리 및 메탄발효에서의 처리일수는 1일 알코올 제조량으로부터 판단하면 말레이시아의 알코올공장과 같이 약 10일간이 된다.

사장은 가까운 장래에 처리수를 액비로 이용해서 주변에서 케인을 재배할 계획이라고 했다. 그러나 2006년에 하이난성을 다시 방문했을 때 이 공장은 휴업중이었다. 중국에서는 발효폐액 속에 SO_4^{2-}가 들어있으면 비료로 이용할 수 없으므로, 당밀의 산처리가 금지되었다. 이미 설명한대로 당밀의 산처리가 일반적이기 때문에 현재, 산욕(酸浴)하지 않는 알코올제조 공정을 개발하는 것이 중요과제가 되어 있다.

③ 인도네시아・PT. IND LAMPUNG DISTILLERY에서의 당밀 발효폐액의 이용

2003년 6월말에 본 공장을 시찰했다. 란퐁공항에서 100km 떨어져 있으며 광대한 케인 플랜테이션 속에 3개의 제당공장(기업명 GPM, SIL, ILP, 연간 6개월 가동)과 1개의 본공장(GPM계열, 연간 10개월 가동)이 있었다.

알코올공장은 3개의 제당공장에서 배출되는 당밀 150,000t/yr 에서 평균적으로 37,500kℓ/yr의 공업용에탄올을 제조하고 있었다. 발효 프로세스는 Biostil사의 연속발효 프로세스로 증류공정에서 260,000kℓ의 발효폐액이 배출되고 있었다. 발효폐액(20~22Brix)의 1일 최대배출량은 1,000m^{3}이고 pH는 4~4.5이다. 모든 발효폐액은 처리되면 곧바로 배관에서 6개의 폰드(600,000m^3)로 우송되어(그림 5.2.4) 거기서 케인필드에 액비로 뿌려지는데, 3일이 지나면 그 필드는 중화된다고 한다. 산포방

그림 5.2.4 당밀 발효 폐액을 액비로 이용하기 위한 폰드와 중계점

식은 1년에 한번 1ha당 20～30kℓ 산포되므로 케인필드는 15,000ha 필요해진다. 그러나 GPM은 케인필드를 25,000ha 가지고 있어서 전혀 문제가 없으며 다른 두 회사에 비해 뿌리는 비료를 대폭 줄일 수 있다고 했다.

⋙ 당밀 발효폐액의 고효율 메탄발효 프로세스 개발

일본에서 실시되던 메탄발효 기술과 말레이시아의 2상식 메탄발효 처리기술을 소개했는데 처리일수로 10일간이 필요하다. 그런데 색도제거가 잘 되지 않는다는 문제점이 있어서 메탄발효의 고효율화와 색도제거에 대한 검토 결과를 보고하겠다.

1) 고효율 메탄발효 처리 프로세스 개발

당밀 발효폐액(알코올 증류폐액)은 필리핀산 당밀 280g/ℓ, 요소 1.4g/ℓ으로 이루어진 배지(培地)를 써서 효모에 의해 24시간 회분발효를 한 다음, 이것을 약 4시간 끓여 알코올을 증류시켜 조제한 것이다. 이 발효폐액(증류폐액)의 유기물 농도, BOD 및 색도는 각각 68,000mg/ℓ, 37,000mg/ℓ, 69,000° 이었다.

① 이 발효폐액을 이용해서 균체농도를 고농도로 유지할 수 있는 탑형 리액터(실용적 0.7리터)에 의한 고온 메탄발효(제1메탄발효라 함)처리를 시험하였다. 단계적으로 유기물 부하를 올려봤더니, 유기물 부하 300 g/ℓ/일 까지는 반응액 중의 유기산 농도는 2,600mg/ℓ 이하로 안정적이었고, 이때의 가스 발생량은 유기물 1g당 560mℓ이었으며, 메탄농도도 60% 정도였다. 그러나 유기물 부하를 35g/ℓ/일로 올리면 유기산은 증가하기 시작하고 유기물 부하 40g/ℓ/일에서는 유기산 농도가 4,000mg/ℓ 이상이 되어 안정적이지 않았다. 이상의 결과로 보면 유기물 부하는 30g/ℓ/일 이하로 돌리는 것이 바람직하다.

② 탑형 리액터을 쓴 제1메탄발효 처리수의 BOD 농도는 약 4,300 mg/ℓ이었기 때문에, 지지체로서의 크리스토바라이트(실리카계 지지체)를 첨가한 혐기성 유동상형 리액터(실용적 0.7리터)를 이용해서 또 다시 메탄발효 처리(제2메탄발효라 함)를 시도했다. 단계적으로 BOD 용적부하를 올려갔더니, BOD 용적부하 8.5g/ℓ/일 에서도 안정적인 처리가 가능했다. 이때의 처리수의 BOD, TOC(Total organic carbon, 총유기성탄소) 및 색도는 각각 1,100mg/ℓ, 11,000mg/ℓ, 59,000° 이었다.

결국 제1메탄발효 및 제2메탄발효에서 소요된 처리일수는 3일 정도로 약 1/4로 단축되었다.

③ 산화환원 전위가 -370mV이었기 때문에 미리 전폭기(前曝氣)하여 전위를 0mV까지 올린 다음, 내부에 드래프트 튜브가 들어있는 유동상형 리액터(실용적 1리터, 지지체 크리스토발라이트)를 이용해서 단계적으로 부하를 올림으로써 호기성 처리시험을 하였다. 결과 BOD 용적부하 2.7g/ℓ/일에서 처리수의 BOD가 약 400mg/ℓ/일까지 저하되었다. 그러나 TOC농도 및 색도는 약 7,800mg/ℓ, 58,000° 이었다. 이는 당밀에 들어있는 색도 성분이 미생물학적으로 분해되기 어렵다는 것을 의

미한다.

2) 색도(色度) 성분의 막분리에 의한 처리

호기성 처리수에 잔존하는 색도 성분을 제거하기 위해 MF막이나 UF막, RO막 혹은 이들을 조합하여 처리시험을 하였다. UF막에서는 투과수의 색도는 22,000˚로 충분히 제거할 수 없었는데, RO막에서는 투과수의 색도는 550˚로 약 99%가 제거되었고, TOC, BOD도 각각 510mg/ℓ, 37mg/ℓ까지 저하되었다. 또 용량을 1/5까지 농축한 평균 투과수량은 RO막에서 직접 분리하는 경우 0.2m^3/m^2/일 이었으나, 0.6μ의 MF막에서 전여과 함으로써 1m^3/m^2/일까지 향상되었다. 그래서 각 공장에서 TOC 성분이 어떻게 변화하는가를 조사하기 위해 겔크로마토그래프를 사용하였다. 그 결과 미생물 처리에서는 분자량이 큰 물질은 거의 분해되지 않았지만, 막분리에 의해 거의 완전하게 제거됨을 알게 되었다.

이상으로 전여과 후 RO막에서 분리함으로써 고투과수량(高透過水量)에서 색도 및 BOD 물질을 거의 완전히 제거할 수 있어서 막분리법은 당밀 발효폐액의 탈색기술로 대단히 유망하다고 생각할 수 있다.

본 절에서는 다루지 않았지만, 약 25년 전에 오스트레일리아의 동해안 지역을 방문하여 당밀에서 알코올을 생산하는 프로세스를 시찰한 적이 있다. 당시, 증류공정에서 배출되는 발효폐액(증류폐액)은 처리하지 않고 그대로 밭으로 환원하고 있었기 때문에 잡초도 자라지 않고 토지가 죽어가고 있음을 보았다. 그래서 이 같은 문제를 해결하기 위해 앞에서 언급했듯이 당밀 발효폐액의 고효율 메탄발효 프로세스 개발이나 막에 의한 탈색의 연구를 행하여 왔다. 그러나 말레이시아나 인도네시아의 두 공장, 특히 말레이시아의 1공장에서는 당밀 발효폐액을 메탄으로 발효처리 하여 에너지를 회수할 뿐만 아니라 메탄발효 처리액을 비료로 써서 케인필드로 환원함으로써 색 문제를 해결하고 있었다. 최근 15년에, 독립행정법인 국제협력기구(JLCA)와 독립행정법인 신에너지산업기술 종합개발기구(NEDO), 독립행정법인 일본학술진흥회(JSPS)의 사업의 일환으로 개발도상국의 환경문제에 접할 수 있게 되었다. 그래서 지구녹화 기술이야말로 제로에미션 프로세스를 확립할 수 있으며, 자원 순환형 사회를 구축할 수 있다고 생각하게 되었다. 최근, 지구온난화 방지의 한 수단으로 바이오에탄올이 주목받게 되어, 케인주스나 곡류에서 바이오에탄올을 많이 생산하게 되어 곡류가격을 상승시키는 원인이 되고 있다. 이에 대한 대책으로 셀룰로오스계 바이오매스에서 바이오에탄올을 생산하는 연구개발이 적극적으로 행해지고 있는데, 제당공장에서 배출되는 당밀 등 식품계나 양조계 폐기물로부터 효율적으로 에탄올을 제조하는 프로세스를 개발하는 것도 중요한 과제이다. 당밀을 산처리하지 않고 고생산성·장기 에탄올 연속발효 프로세스를 개발하여, 고효율 메탄발효 프로세스와 합쳐서 메탄발효 처리액을 케인필드로 환원할 수 있는 지역으로 보급해가는 것도 기대해볼 수 있겠다.

인용·참고문헌

1) 重松 亨， 木田建次，“CO_2固定化・削減・有効利用の最新技術，第2章6メタン発酵(湯川英明監修)”，シーエムシー出版(2004).
2) 園田頼和，“廃水の生物処理，第6章嫌気性処理法(高原義昌編著)”，地球社(1980).
3) 木田建次，園田頼和，“バイオマスエネルギーの生産－メタン発酵－”， BIO INDUSTRY, 7(1)，79(1990).
4) 通産省基礎産業局監修，“アルコールハンドブック第8版”， 醗酵工業協会(1986).
5) 木田建次，鐘亜鈴，B.G.Yeoh，“中国のアルコール事情(その12)”，ALCOHOL MONTHLY，12(12)，24-30(1999).
6) 木田建次，仲田俊之，“流動床型嫌気性処理法のエンジニアリング－蒸留廃液のメタン発酵－”， 発酵と工業，45(2)，107-116(1987).

3 전분질 발효폐액 처리 및 이용

전분질은 곡류나 고구마류 등에 들어있는 다당류로 연료용 에탄올뿐만 아니라 식료용 에탄올제조의 원료로도 많이 이용되고 있다. 연료용 에탄올에 대해서는 주로 옥수수를 원료로 해서 미국이나 중국에서 2006년도 실적으로 각각 1,600만㎘, 그리고 120만㎘가 제조되고 있으며[1], 제조 플랜트에서는 연료용 에탄올 제조량에 대해 약 10배의 양의 증류폐액이 배출되고 있다. 이들 증류폐액은 중국에서는 일반적으로 원심분리 한 다음, 경액은 다중 효용캔에서 농축하고, 농축물은 중액과 혼합·건조하여 사료화하고 있다. 또 다중 효용캔에서 나오는 콘덴서의 일부는 원료의 희석수에, 나머지는 메탄발효 처리하고 있다고 하는데, 정확한 것은 잘 알려져 있지 않다. 일본에서는 2007년도에 전분질 원료에서의 연료용 에탄올제조 플랜트가 건설되어, 2008년도부터 가동해 간다는 것이다. 따라서 일본에서는 현재는 전분질 원료로부터의 연료용 에탄올제조 플랜트에서 배출되는 증류폐액에 관한 정보가 거의 없다고 할 수 있다. 그래서 본 장에서는 전분질 원료(보리, 고구마, 쌀 등)에서 제조되는 소주의 증류폐액에 초점을 맞춰 그 처리 및 활용에 대해 소개하겠다.

소주는 일본의 대표적인 증류주인데 소주 제조의 대부분은 큐슈지방에서 이루어지고 있다. 소주 제조의 증류공정에서 부생하는 증류폐액의 배출량은 소주붐을 타고 소주 제조량이 증가함에 따라, 남부 큐슈 4개현에서만 2002년에 약 47만㎘, 2003년도에 약 60만㎘, 2004년도에 75만kℓ, 2005년도에 83만kℓ로 매년 증가하고 있다. 소주 증류폐액은 유기물 농도를 나타내는 BOD치가 35,000～84,000mg/ℓ나 되는 고농도 유기성 폐수이므로 그 처리가 쉽지 않다. 따라서 지금까지는 소주의 증류폐액을 해양투기하거나 소각하는 방법으로 주로 처리해왔으며, 극히 일부만이 사료화 또는 비료화 되는 정도였다. 그러나 환경문제 때문에 소각처리가 어려워졌고 런던조약에 의해 해양투기도 금지되었으며[2] 밭에다 내다버리는 것도 곧 금지될 전망이다, 게다가 식품리사이클법이 시행되면서 소주 증류폐액의 리사이클이 의무화되어 있는 상황에 있다. 따라서 효율적으로 처리하는 방법 및 경제성 높은 방법으로 활용할 수 있는 기술개발에 많은 기대를 걸고 있다.

효율적인 처리의 관점에서는 우선 고형분을 분리하기 위한 전처리법에 대해 많은 연구가 이루어지고 있다. 예를 들면 거품 가득한 증류폐액에 대해 성분분석을 행하여, pH와 고액분리의 관계에 대해 검토한 결과[3] 그리고 효모를 써서 소주 증류폐액중의 고형분을 효모와 함께 응집 침전시켜 활성오니법으로 최종처리 하는 방법 등이 검토되고 있다[4].

유효이용법으로는 소주 제조의 증류단계에서 감압 증류법을 채용함으로써, 효모의 발효능이나 당화효소의 활성을 소실시키지 않으면서 2차 에탄올 생산을 하여 미린 같은 조미료와 술찌꺼기를 생산하는 프로세스의 제안[5], 그리고 소주 증류폐액을 커피 찌꺼기나 대나무 톱밥과 섞어, 버섯재배를 하여 양호한 생육결과를 얻었다는 보고[6]가 있다. 또 누룩균에 의한 감마 아미노낙산 부화(富化)[7]나 유산발효시킴으로써 유효이용 하려는 시도[8]도 이루어지고 있다. 본 연구팀도 소주 증류폐액으로부터 기능성 양조초를 제조하려는 제로에미션형의 신규 소주제조 프로세스를 개발하여 실증실험을 해왔다[9]. 개발한 프로세스에 관해서는 실용화 단계에 이르렀으므로[10], 제조한 양조식초가 확실하게 사람의 건강유지에 기여할 수 있는 기능성을 가지고 있는지 어떤지를 실증하기 위해 생리활성 평가 및 작용기의 해석을 하였다[11,12].

⋙ 소주 증류폐액의 특징

소주 증류폐액의 특징을 먼저 정리해보자. 표 5.3.1에서처럼 소주 증류폐액의 성상은 소주제조 원료와 증류법에 따라 다른데, BOD치는 34,000～84,000mg/ℓ, 고형분 함량도 30,000～46,000mg/ℓ로 대단히 높다. 더구나 쌀소주 증류폐액을 예로 하여 측정한 여과(濾過)의 비저항

표 5.3.1 소주 증류폐액의 성상

항목		보리소주		고구마소주	쌀소주	거품	
		상압 증류	감압 증류	상압 증류	감압 증류	상압 증류	감압 증류
BOD	(mg/ℓ)	52,400	79,800	34,700	84,000	41,300	56,000
COD	(mg/ℓ)	97,200	149,000	69,000	-	39,000	42,300
TOC	(mg/ℓ)	-	-	-	33,500	-	-
단백질	(mg/ℓ)	-	-	-	19,300	23,000	28,000
T-N	(mg/ℓ)	4,500	6,100	1,800	-	4,300	6,100
NH_4^+-N	(mg/ℓ)	760	1,300	200	60	-	-
T-P	(mg/ℓ)	490	750	300	390	360	470
초산	(mg/ℓ)	4,600	6,200	4,500	450	-	-
프로피온산	(mg/ℓ)	600	1,200	800	50	-	-
SS	(mg/ℓ)	30,100	46,200	33,600	40,400	37,300	39,300
VSS	(mg/ℓ)	28,300	45,300	31,600	39,600	61,100	72,100
TS	(mg/ℓ)	62,700	87,800	42,600	93,800	-	-
VS	(mg/ℓ)	59,200	84,300	37,800	90,500	63,500	76,500
비저항	(m/kg)	-	-	-	1.26×10^{13}	-	-
pH	(-)	4.0	4.1	4.2	4.3	3.6	3.6

(比抵抗)은 1.26×10^{13}m/kg로 아주 높아, 고형분을 소주 증류폐액에서 기계적으로 분리하는 것이 곤란하다. 이처럼 소주 증류폐액은 고액분리가 어렵고 BOD와 고형분 농도도 높아서, 소주 증류폐액을 효율적으로 처리하는 것은 쉽지 않다[13].

소주 증류폐액의 생물학적 처리

여기에서는 메탄발효의 고속도화와 효율적인 NH_4^+의 제거를 포함하여 해당 연구실의 연구성과를 소개하고, 우리가 확립한 프로세스를 가지고 실용화된 위스키 증류폐액 그리고 소주 증류폐액의 메탄발효에 덧붙여 인 회수 및 질소제거 프로세스에 관해 설명하겠다[14].

1) 고속도 메탄발효 및 고속 처리

위에서 설명한 소주 증류폐액의 특징으로부터 판단하여, 소주 증류폐액의 처리법으로 고형분을 제거한 증류폐액을 혐기성 유동상법으로 처리하는 프로세스를 검토하고, 그 다음으로 혐기성 처리수에 잔존하는 유기산 및 NH_4^+의 생물학적 탈질(脫窒)·초화(硝化) 프로세스에 의한 동시제거를 검토하였다.

크리스토바라이트(실리카계 담체)를 미생물 부착용 담체로 사용하여[14], 원심분리기를 이용하여 고형물을 제거한 고구마 및 보리소주 증류폐액을 혐기성 유동상법으로 55℃(고온 메탄 발효조건)에서 처리했다. 고구마 소주 증류폐액의 혐기성 처리에 관해서는 크리스토바라이트를 20w/v% 충전한 유동상 리액터를 씀으로써 약 2시간이라는 짧은 기간에 TOC 용적부하를 12g/ℓ·일 까지 올릴 수 있게 되었다. 또 최대 TOC 용적부하는 20g/ℓ·일 이고(TOC 제거율 83%), 이때의 처리일수는 0.9일이며, 고순도로 처리할 수 있었다. 보리소주 증류폐액에 관해서는 무희석 폐액에서는 혐기성처리가 곤란했지만 5배 희석함으로써 최대 TOC 용적부하 10g/ℓ·일을 달성할 수 있었다. 이때의 TOC 제거율은 80%이고, 잔존하는 유기산 성분은 주로 프로피온산이었다. 3배 희석 폐수에서는 최대 TOC 용적부하는 6g/ℓ·일 으로 저하하였고 또 5배 희석 폐수에서도 37℃에서 처리하면 최대 TOC 용적부하는 5g/ℓ·일 으로 저하했다. 산 생성반응 및 메탄 생성반응에서는 Ni^{2+}나 Co^{2+} 등의 금속이온을 함유하는 산소가 중요한 일을 하고 있다고 알려져 있으므로[15], 이들의 미량원소를 첨가하여 반응속도를 향상시켜 프로피온산 생성을 억제하려 시도했다. 미량원소를 첨가함으로써 5배 희석 보리소주 증류폐액의 혐기성처리에서는 TOC 용적부하를 첨가하지 않은 경우의 약 4배인 42g/ℓ·일으로 높일 수 있었으며, 저 TOC 용적부하에서 미량원소 첨가시와 비교해서 프로피온산 농도를 저하시킬 수 있게 되었다. 그러나 TOC 용적부하가 15g/ℓ·일 이상으로 높아지면 프로피온산은 잔존하고 프로피온산에서 초산으로의 전환반응이 일정한 속도로 일어났다[16].

소주 증류폐액은 단백질도 다량으로 들어있으므로, 혐기성 처리단계에서 NH_4^+가 고농도로 생성된다. 그래서 메탄올 같은 전자 공여체를 첨가하지 않는다. 즉 혐기성처리로 잔존하는 프로피온산을 전자공여체로 하는 생물학적 초산화·탈질에 의해, NH_4^+와 프로피온산을 동시에 제거하려 했다. 그림 5.3.1에 나타낸 것처럼, 탈질반응조와 초산화반응조를 연결하여, 초산화반응조 유출액을 순환비 2에서 탈질반응조로 반

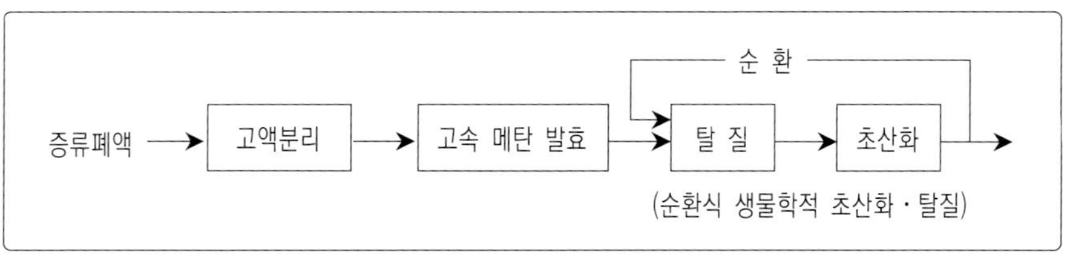

그림 5.3.1 증류폐액 처리 프로세스 개요

송 했다. 이때 탈질반응조에 이론량의 23%에 상당하는 1.0g/ℓ의 NO_3^-를 첨가하였더니, TOC 제거율 약 90%, NH_4^+ 제거율 약 95%를 달성할 수 있었으며, 혐기성처리로 잔존하는 프로피온산과 NH_4^+를 효율적으로 동시에 제거할 수 있음을 알 수 있었다[17].

2) 위스키 증류폐액의 고속 처리

공동연구 결과에 기초하여 위스키 증류폐액(pH, 3~4; COD_{cr}, 60,000mg/ℓ; BOD, 33,000mg/ℓ; 全窒素, 2,300mg/ℓ; 전린, 1,000mg/ℓ; SS, 7,500mg/ℓ)의 메탄발효에 의한 고속처리 플랜트가 건설되었다. 증류폐액은 고액 분리된 후, 고정상형(UAFP) 리액터에서 고온 메탄발효, 인 제거(MAP법에 의한 인 회수), 그리고 순환식 생물학적 탈질·초산화법에 의해 고도처리된 다음 응집침전에 의해 탈색되었다. 본 플랜트의 처리능력은 300m^3/일이며 메탄발효조의 체류일수는 약 2.5일이다. 그 결과, 처리수 목표치(pH, 6~8.5; BOD, <20mg/ℓ; 전질소, <170mg/ℓ; 전인, <8mg/ℓ; SS, <30mg/ℓ; 색도, <50도)를 달성하였을 뿐만 아니라, 발생하는 바이오가스량으로 증류폐액 100m^3당 약 1kℓ의 중유에 상당하는 에너지를 회수할 수 있었다[18].

3) 소주 증류폐액의 고속 처리

살마주조(薩摩酒造)를 중심으로 하여 사잔그린협동조합이 설립되어, 2002년 6월부터 고구마 및 보리소주 증류폐액의 메탄 발효처리가 시작되었다. 처리 프로세스는 위에서 설명한 위스키 증류폐액의 처리 프로세스와 비슷하다. 증류폐액은 고액 분리된 후, IC(Inner circular) 리액터에 의해 메탄 발효처리 되고 처리수의 P 및 N은 회수, 처리되었다. 플랜트의 처리능력은 고구마소주 증류폐액 환산으로 500톤/일 이며, 메탄 발효(COD_{cr} 용적부하 23kg/m^3/일)에 의해 발생하는 바이오가스의 양은 고구마소주 증류폐액 300톤/일에 대해 160Nm^3/시(3,840Nm^3/일)이다. 이 바이오가스(메탄 함량 65% 정도)를 이용해서, 고액분리 공정에서 나오는 고형분은 건조되어 사료로, MAP법으로 회수된 인산마그네슘암모늄은 인산비료로 이용되고 있다[19].

2006년 11월에는 소주 증류폐액을 고액 분리하지 않고 메탄발효 하는 플랜트가 霧島酒造에 건설되었다. 처리능력은 400톤/일, 메탄 발효조로는 고정상형 리액터가 쓰이고 있다. 바이오가스 발생량은 증류폐액 1톤당 약 50m^3라고 하는데, 고액 분리한 메탄발효 플랜트에 비교하여 약 2배나 바이오가스가 더 많이 발생하는 결과이다.

또 맴브레인리액터를 메탄 발효조에 이용한 처리플랜트가 2006년경부터 건설되어 소주회사 3사에서 가동 중이라고 한다.

소주 증류폐액의 처리법으로 메탄발효가 앞으로는 더 많이 채택될 것으로 기대된다.

소주 증류폐액의 유효이용

소주 증류폐액은 고농도의 유기물을 함유하며 위에서 설명했듯이 고형분을 제거한 다음 생물학적 처리를 해야 하는 등 처리가 곤란한 폐액이다. 그러나 원료와 누룩 혹은 효모에서 얻어지는 단백질, 당질, 지질, 펩티드, 각종 아미노산, 비타민 및 기타 유효성분을 풍부하게 함유하는 유용소재이기도 하다. 그래서 소주 증류폐액을 새로운 미이용 지원으로 다루어, 환경부하를 경감하기 위한 배출량 삭감과 유효이용을 동시에 달성할 목적으로, 처음에 소개한 것처럼 여러 가지 유효이용법에 관한 검토가 이루어지고 있다. 우리는 다음의 3가지 관점에서 검토하고자 한다.

1) 사료화

소주 증류폐액의 효율적인 이용법의 하나로 균체생산과 사료화에 대해 검토하였다. 소주 증류폐액을 배지(培地)로 하고, 소주 누룩균인 *Aspergillus kawachii*를 써서 발효조에 의한 호기배양을 한 결과, 배양 24시간에 단백질 함량 약 40%의 건조균체가 약 40g/ℓ의 농도로 얻어져 사료화가 충분히 가능함을 알 수 있었다. 그 때의 증류폐액으로부터의 균체수율은 유기물 환산으로 약 40%였다. 그러나 균체의 소화율은 약 52%로 약간 낮고 소화율을 향상시키기 위한 전처리가 필요했다. 100℃로 오토클레브(Autoclave)에서 열처리하여 처리시간을 검토한 결과, 20분간 열처리하면 열처리를 하지 않은 경우와 비교하여 소화율이 약 10% 향상되었다[20].

2) 효소생산

당화효소의 생산에 관해서는 사료화의 검토에 사용한 것과 같은 *A. kawachii* 를 선택했다. 플라스크 진동배양에 의한 당화효소 생산 배지로서의 유효성을 검토한 결과, 소주 증류폐액은 아주 우수한 배지인 것이 분명해졌다. 사상균(絲狀菌)의 배양에서 스케일업을 할 때에 고려하여야 하는 전단력의 영향에 대해, 발효조를 이용한 핵산 누출시험 및 배양시험에 의해 검토하였다. 수계에서 핵산물질의 누출을 측정하는 것에 의해 전단력의 영향을 검토한 결과, 교반속도가 증대함에 따라 전단력의 영향을 크게 받을 뿐 아니라 필라멘트상의 균체는 펠렛상의 균체보다도 전단력의 영향을 강하게 받았다. 균의 형태는 플라스크에서의 전배양 시간을 변화시킴으로써 제어할 수 있음을 알았기 때문에 양쪽 형태의 균체를 써서 당화효소의 생산실험을 하였다. 그 결과, 펠렛상 균체를 이용하면 전단력의 영향이 경감되기 때문에 113U/mℓ의 효소활성이 얻어졌다[21]. 생산된 당화효소를 정제하여 그 특성을 조사한 결과, 효소반응의 지적 pH4.5~5.5, 지적온도 약 55℃로, 분자량은 54,000Da, 등전점(等電点)은 pH3.6이었다. 그러나 이 당화효소는 생 전분을 분해할 수 없는 알파 아밀라아제였다.

프로테아제의 생산에 관해서는 *A. usami mut. shirousami* IFO 6802를 선택하여 pH5, 온도 30℃, 통기량 1vvm, 교반속도 600rpm의 조건에서 배양하였다. 그 결과, 배양 72시간 후에 2400/㎖의 프로테아제 활성이 나왔다[22]. 생산된 프로테아제는 분자량 56,000 Da, 등전점 pH4.0에서, 산소반응의 지적온도(至適溫度)가 60℃인 산성 프로테아제였다.

3) 기능성 양조식초 제조

초산균으로는 초산 발효능이 우수한 *Acetoabcteria aceti* IFO 3283을 사용하였다. 실용적 1.5리터의 발효조를 이용하여 소주 증류폐액으로부터의 양조식초를 제조한 결과, 그림 5.3.2에서처럼 초산발효가 활발해지면 산소 소비 속도가 빨라지기 때문에 용존산소(DO)가 감소하고,

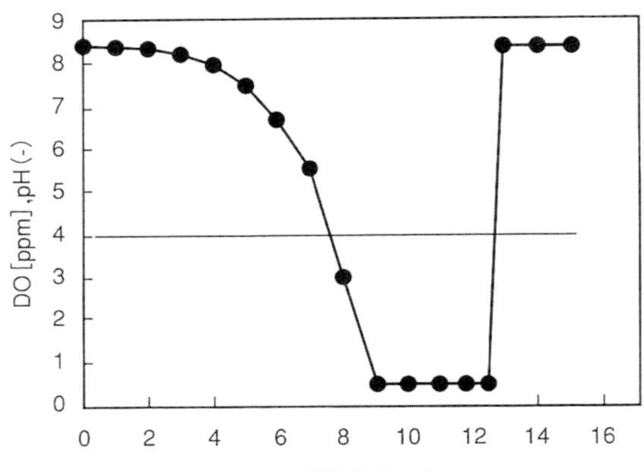

그림 5.3.2 소주 증류폐액에서 양조식초 제조시 시간에 따른 용존산소(DO) 농도변화
●, DO농도: -, pH. pH는 4.0으로 조절함.

기질인 에탄올이 소비되어 초산 생성이 일어나지 않게 되면 또다시 DO 농도가 급격히 상승한다. 따라서 초산농도를 측정하지 않고, DO 센서를 써서 온타임으로 측정할 수 있는 DO농도의 변화에서 초산발효의 종료를 알 수 있음이 분명해졌다. 또 회분배양에서는 초산의 생성농도가 다소 낮았지만, 유가배양을 함으로써 초산의 생성수율을 높일 수 있었다[23]. 또 산소이동용량계수 K_La를 지표로 함으로써 스케일업 할 수 있음이 분명해졌다.

다음으로 제조한 양조식초의 기능성을 평가하였다. 항산화 활성에 대해서는 모든 소주 증류폐액 및 양조식초 속에 티로졸 등의 항산화물질이 들어있음을 알 수 있다[24]. 또 소주 증류폐액, 양조식초 및 티로졸이 세포 및 마우스 레벨에서 항산화 활성을 갖는다는 것도 알았다.

In vivo항종양 활성시험에서는 쌀소주 증류폐액 및 양조식초가 S-180이나 C-38에 대해 현저한 항종양 활성을 나타내고 있음을 분명히 밝혔다. 또 쌀소주 증류폐액 및 양조식초의 투여에 의해 면역 부활(賦活)에 의해 항종양 활성을 발휘하고 있음을 사람 NK세포의 세포상해 활성, 마우스 복강삼출(滲出) 마크로파지의 활성화 및 C-38을 이용한 종양모델에 의한 시험으로 나타냈다[25].

항종양 활성에 관련하여 모든 소주 증류폐액 및 양조식초가 아포토시스 유도활성을 갖는 물질을 함유하고 있음을 알았다[26]. 이 물질은 트리프트폴 모양의 구조를 하고 있고 암세포인 U937과 비교해서 정상 백혈구세포에 대한 세포독성이 상당히 낮아 아포토시스를 유도하지 않았다[12].

여기서는 전분질 발효폐액으로 소주 증류폐액을 예로들어 설명하였다. 소주 증류폐액은 고농도의 유기물을 함유하므로 이를 효율적으로 처리하기 위해 최근 플랜트 건설이 진행되고 있는 메탄발효를 중심으로 소개하였다. 또 활용에 관해서는 문헌에도 나와 있듯이[27], 소주 증류폐액은 우수한 기능성을 갖고 있어서 기능성 양조로 변환하는 기술도 포함하여 사료화나 양조생산에 대해 소개하였다.

여기에 소개한 내용이 향후 전분질 원료에서의 연료용 에탄올 생산에 있어서 증류폐액의 처리와 활용에 조금이라도 도움이 되었으면 한다.

인용 · 참고문헌

1) 朝日新聞記事, 2006年11月9日.
2) 宣伝会議, "環境ビジネス", 60, 81 (2007).
3) 宮城周子, 平良直秀, 比嘉三利, "沖縄工業試験場研究報告", 20, 10 (1992).
4) 鈴木 修, 秋田 修, 家藤治幸, 下飯 仁, 飯村 穣, "日本醸造協会誌", 91 (1), 58 (1996).
5) Y. Teramoto, T. Ueki, K. Kimura, S. Ueda, S. Shiota, J. Inst. Brew., 99, 139 (1993).
6) 食品工業における再資源化研究会, "食品工業における未利用資源の再資源化研究レポート", 5 (1989).
7) 土谷紀美, 松田豊和, 西村賢了, 岩原正宜, "日本醸造協会誌", 98 (2), 132 (2003).
8) 横山定治, 垂水彰二, "生物工学会誌", 79 (7), 211 (2001).
9) 木田建次, 森村 茂, 重松 亨, "バイオサイエンスとインダストリー", 62 (11), 746 (2004).
10) 張 文学, 森村 茂, 木田建次, "日本醸造協会誌", 94 (12), 989 (1999).
11) 森村 茂, 関 孝弘, 重松 亨, 木田建次, "日本醸造協会誌", 100 (9), 607 (2005).
12) S. Inagaki, S. Morimura, K. Gondo, Y.Q. Tang, H. Akutagawa, K. Kida, Biosci. Biotechnol. Biochem., 71, 371 (2007).
13) 森村 茂, "博士論文"(1995).
14) K. Kida, S. Morimura, Y. Sonoda, T. Yanoh, J. Ferment. Bioeng., 73, 323 (1992).
15) G. Gonzalez-Gil, R. Kleerebezem, G. Lettinga, Appl. Environ. Microbiol., 65, 1789 (1999).
16) K. Kida, S. Morimura, N. Abe, Y. Sonoda, Process Biochemistry, 30, 125 (1995).
17) 木田建次, 森村 茂, 重松 亨, "日本醸造協会誌", 90 (4), 255 (1995).
18) 徳田昌嗣：ウィスキー蒸留残液の嫌気処理システム, "ゼロエミッション型産業をめざして(鈴木基之 監修)", シーエムシー出版 (2001).
19) 鮫島吉広, "日本醸造協会誌", 98(7), 481 (2003).
20) S. Morimura, K. Kida, M. Nakagawa, Y. Sonoda, J. Ferment. Bioeng., 78, 160 (1994).
21) S. Morimura, K. Kida, Y. Sonoda, J. Ferment. Bioeng., 74, 129 (1992).
22) S. Morimura, K. Kida, Y. Sonoda, J. Ferment. Bioeng., 77, 183 (1994).
23) 森村 茂, 叶 秀娟, 重松 亨, 木田建次, "生物工学会誌", 80(9), 417 (2002).
24) 岡村成通, 渡邉正澄, "日本醸造協会誌", 76(9), 629 (1981).
25) T. Seki, S. Morimura, T. Shigematsu, H. Maeda, K. Kida, BioFactors, 22, 103 (2004).
26) 稲垣秀一郎, 森村 茂, 権藤和修, 湯 岳琴, 芥川浩志, 木田建次, "日本醸造協会誌", 102(3), 222 (2007).
27) 外薗英樹, 大森俊郎：本格焼酎とその副産物(焼酎粕)の機能性, "発酵・醸造食品の最新技術と機能性(北本勝ひこ監修)", シーエムシー出版 (2006).

4 셀룰로오스계 바이오매스 발효폐액 처리

에너지 다양화의 일환으로 셀룰로오스계 바이오매스에서 에탄올을 생산하는 산업이 주목받고 있다. 원료는 다양한데, 임지 잔재, 건축폐자재, 볏짚, 보릿대, 옥수수 잎이나 줄기(corn stover, corn fiber), 사탕수수즙 찌꺼기(bagasse), 도시 쓰레기 등을 들 수 있다. 에탄올 제조 프로세스는 원료의 전처리, 당화, 에탄올 발효, 증류 등으로 구성되고 있으며 이 프로세스에서 배출되는 발효폐액이 에탄올 증류폐액이다. 증류폐액의 처리 및 처리수의 재이용은 제조 코스트와도 직접 상관될 뿐 아니라 환경보전에도 중요하다. 그러나 현재 개발하고 있거나 개발한 바이오매스의 전처리나 당화방법은 여러 가지여서 서로 다른 제조방법을 사용하게 되면 배출되는 증류폐액의 조성이나 양 등도 달라진다. 또 사용하는 원료에 의해 증류폐액의 조성도 다르므로 조성이 다른 증류폐수를 처리하기 위해서는 그 폐수에 가장 적합한 처리방법을 채택하여야 한다.

현재 상태에서, 셀룰로오스계 바이오매스의 전처리 및 당화기술의 연구개발에 비해 증류폐액의 처리기술의 연구는 별로 진행되어 있지 않으며 관련된 연구보고도 별로 없다. 그래서 본 절에서는 전처리나 당화방법이 다른 목질계 바이오매스로부터의 연료에탄올 생산 프로세스에서 배출되는 증류폐수의 처리기술을 소개하겠다.

이들 처리방법에는 기본적으로 두 가지 방법이 있다. 하나는 증류폐액을 그대로 생물처리 하여 방류 또는 재이용할 수 있을 때까지 처리하는 것이다. 또 다른 하나는 처리하기 좋도록 증류폐액을 우선 증발시켜 농축액을 리그닌과 섞어 태우고 거기서 배출되는 응축액을 생물처리 한 다음, 전처리 공정으로 리사이클 하는 방법이다.

진한 황산 당화-발효-증류 프로세스 폐수처리

우리는 2001년도부터 2005년도에 걸쳐 실시된 NEDO프로젝트「셀룰로오스계 바이오매스를 원료로 하는 신규에탄올발효기술에 의해 연료용 에탄올 제조기술 개발」(제3장 2절 참조)에 참가하여, 에탄올 연속발효 프로세스와 증류폐액의 처리 프로세스의 연구개발을 행하였다. 목재칩을 진한 황산에 당화한 후, 고액 분리 후의 액중의 황산이온을 이온교환수지로 당분과 분리하여 황산을 70%까지 농축한 다음, 당화공정으로 되돌려 재이용한다. 당액의 pH를 $Ca(OH)_2$로 4.0으로 조정한 다음, 응집성 효모 *Saccharomyces cerevisiae* KF7을 이용해서 에탄올의 연

표 5.4.1 진한 황산 당화 바이오에탄올 생산 프로세스에서 배출된 증류폐액의 조성

파라미터	결과
pH(-)	4.0
전(全)유기성탄소(TOC)(mg/ℓ)	20,350.0
무기성탄소(IC)(mg/ℓ)	5.0
젖산(mg/ℓ)	9,641.0
초산(mg/ℓ)	1,303.0
화학적 산소요구량(COD_{Cr})(mg/ℓ)	65,000.0
생물화학적 산소요구량(BOD_5)(mg/ℓ)	50,000.0
NH_4^+-N(mg/ℓ)	388.0
NO_3^--N(mg/ℓ)	75.0
SO_4^{2-}(mg/ℓ)	3,000.0
유기물(VTS)(mg/ℓ)	48.8
전체고형물(TS)(mg/ℓ)	36.7
현탁물질(SS)(mg/ℓ)	< 10.0

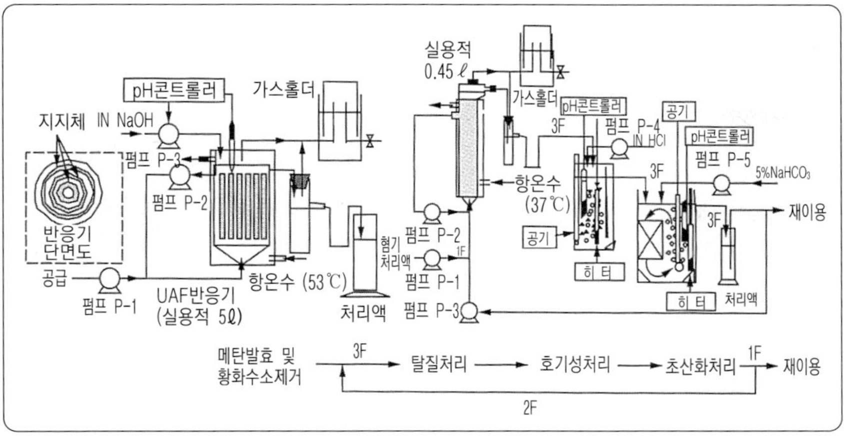

그림 5.4.1 진한 황산 당화 바이오에탄올 생산 프로세스에서 배출된 증류폐액의 처리장치 · 프로세스 개요

속발효를 행한다. 무수에탄올을 제조하기 위해, 발효 단술을 증류 · 탈수하는데, 이때 증류공정에서 10배 이상의 양만큼 증류폐액이 나온다. 증류폐액은 영양원으로 CSL(corn steep liquor)을 넣었기 때문에 유기물 농도가 높을 뿐 아니라 황산이온과 NH_4^+-N을 각각 3,000mg/ℓ과 388mg/ℓ씩 함유하고 있다(표 5.4.1). 이 증류폐액을 리그닌 세정수 등으로 재이용하기 위해서는 유기물뿐만 아니라 S 및 N도 제거할 필요가 생긴다.

우리는 처리수를 공정수(工程水)로 재이용하기 위해 그림 5.4.1의 프로세스로 증류폐액의 메탄발효 · 탈황 동시처리 시험 및 순환식 생물학적 탈질 · 초산화 처리시험을 행하였다. 또한 초산화조(硝化槽)의 충전부(充塡部) 폐쇄를 막기 위해 탈질조와 초산화조 사이에 활성오니조를 설치하였다.

메탄 · 탈황 동시처리는 지지체로 부직포를 충전한 고정상형 리액터(실용적 5리터)를 써서 53℃의 고온조건에서 유기물을 메탄으로 환원할 뿐 아니라, 리액터 상부에 공기를 공급함으로써 생성되는 황화수소를 유황 또는 황산이온까지 산화시켰다. 메탄·탈황 동시처리액은 일단 저류된 후, 순환식 생물학적 탈질·초산화 처리시험에 들어갔다. 탈질처리는 탑형 리액터(실용적 0.45리터)를 써서 37℃ 조건에서, 메탄발효로 잔존하는 유기물(유기산)을 일렉트론도너로서 순환되는 초산화처리액에 들어있는 NO_3^-를 N_2로 환원하였다. 호기성처리는 폭기부와 침강 분리부로 구성되는 활성오니조(실용적 1리터)를 이용해서 30℃, 조내 pH7.3~7.7의 조건에서 잔존 BOD 성분을 산화 분해했다. 초산화처리는 카라를 채운 충전부(1.3리터)를 갖는 침수 여상형(濾床型) 리액터(실용적 2.6리터)를 써서 30℃, 호기조건하에서 NH_4^+를 NO_3^-로 산화시켰다. 메탄발효·탈질 동시처리액은 튜브펌프에 의해 탈질조 저부로 보내지고, 탈질 처리 후 호기성처리액은 각각 오버프로에 의해 활성오니조, 초산화조로 보내진다. 초산화 처리 후는 일단 수조(受槽)에서 받은 다음, 튜브펌프로 탈질조에 순환비 2로 반송되었다.

그림 5.4.2는 고정상형 리액터로 메탄발효 처리시험을 하였을 때의 각 파라미터의 변화를 나타내고 있다. TOC(Total organic carbon, 총 유기성

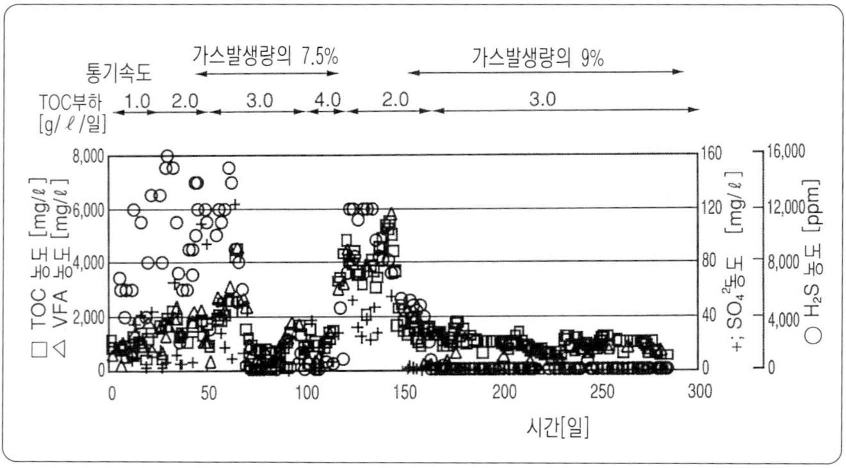

그림 5.4.2 증류폐액의 고정상 반응기를 이용한 메탄발효·탈황 동시처리시험

탄소) 용적부하 2g/ℓ/일 에서 바이오가스중의 황화수소 농도가 10,000~16,000ppm으로 증가했으므로, 바이오가스량의 7.5%의 공기를 리액터 상부로 공급했다. 황화수소 농도가 저하하는 경향을 나타냈기 때문에 TOC 용적부하를 3g/ℓ/일로 올려 처리시험을 계속하였다. 황화수소 농도가 100ppm 이하로 낮아져서 TOC 용적부하를 4g/ℓ/일으로 높인 결과, 황화수소 농도는 3,000~4,000ppm까지 상승하고 처리수의 TOC 및 유기산 농도도 3,000~4,000mg/ℓ까지 증가하였다. TOC 용적부하를 일단 2.0g/ℓ/일로 낮추어 안정화시킨 다음, 공기 공급량을 바이오가스량의 9%로 올려 TOC 용적부하 3.0g/ℓ/일 의 조건에서 처리시험을 100일 이상 계속하였다. 본 조건에서 처리수의 TOC 및 유기산 농도는 1,000mg/ℓ 이하로 낮아지고 황산이온도 검출되지 않았다. 또 바이오가스 중의 황화수소 농도는 30~50ppm이 되어 안정적으로 처리할 수 있으며 메탄발효·탈황 동시처리가 가능해졌다.

메탄발효·탈황 처리수는 탈질조에서 처리되었다. 탈질 처리수는 호기성처리→초산화처리되고 이 NO_3^--N을 함유하는 처리수를 탈질조로 반송함으로써 발효·탈황처리에서 잔존하는 유기산과 동시에 제거되었다. TOC 용적부하를 1.7g/ℓ/일("NO_3^--N" 용적부하 0.1g/ℓ/일에 상당)까지 올려도 안정하여 동시제거가 가능하며, 이 때의 탈질 처리수의 TOC 및 NO_3 농도는 각각 400mg/ℓ, 5mg/ℓ 이하까지 낮아졌다.

탈질처리액을 또다시 활성오니법으로 처리하였다. TOC 용적부하를 0.5g/ℓ/일 까지 올렸는데 처리수의 TOC 및 NH_4^+ 농도는 각각 290mg/ℓ, 10mg/ℓ 으로 안정적이었다.

활성오니조의 처리액에 잔존한 NH_4^+는 초산화조에서 NO_3^-로 산화되어, NO_3^-를 함유하는 초산화처리액은 탈질조에 순환비2로 반송되었다. 초산화조의 NH_4^+-N부하를 0.012g/ℓ/일까지 올려 처리시험을 실시한 결과, 초산화 처리수의 TOC 농도 및 NH_4^+-N 농도는 각각 270mg/ℓ와 4mg/ℓ 이하로 안정되어 있었다. 그러나 TOC 성분은 거의 산화

분해되지 않았기 때문에 잔존하는 TOC 성분은 난분해성 물질이라고 말할 수 있다.

증류폐액을 메탄발효와 순환식 생물학적 탈질·초산화로 구성된 생물학적 프로세스로 처리함으로써, 유기성분의 지표인 TOC는 20,350mg/ℓ에서 275mg/ℓ로, COD_{cr}은 65,000mg/ℓ에서 840mg/ℓ로, BOD는 50,000 mg/ℓ에서 137mg/ℓ로 대폭 줄일 수 있었다. 또 NH_4^+-N은 388mg/ℓ에서 4mg/ℓ 이하로, NO_3^--N은 75mg/ℓ에서 300mg/ℓ로, SO_4^{2-}는 3,000mg/ℓ에서 1mg/ℓ 이하로 거의 완전히 제거할 수 있었다.

이상으로 본 프로세스에 의해 공정수(工程水)로 사용하는 수질을 확보할 수 있었다.

묽은 황산 2단 당화-발효-증류 프로세스의 폐수처리[2,3]

주식회사 쯔끼시마기계는 건축계 폐목재에서의 에탄올 제조 프로세스를 개발하여 파일럿플랜트를 건설하고 실용화를 위한 시험을 해왔다. 원료를 적당한 크기로 분쇄한 후, 묽은 황산으로 1차 가수분해를 한다. 본 공정에서는 주로 헤미셀룰로오스가 당화되고 고액분리에 의해 자일로스를 많이 함유하는 가수분해 액이 얻어지므로 이 여과액을 중화한 후, 5탄당을 발효할 수 있는 유전자조작 대장균 KO11주를 이용하여 에탄올로 변환한다. 1차 가수분해 잔사는 묽은 황산으로 2차 가수분해를 한다. 2차 가수분해 공정에서는 셀룰로오스가 당화되어 주로 글루코오스를 함유하는 당액이 얻어지므로 효모를 이용해서 6탄당의 에탄올 발효를 시킨다. C5당 발효, C6당 발효의 발효액을 증류·정제하여 에탄올을 제조한다. 동시에 대량의 착색된 증류폐수가 배출되는데, 이는 유기물 농도(TOC, 19.6~38.2g/ℓ; BOD, 19.9~26.3g/ℓ; COD_{Mn},

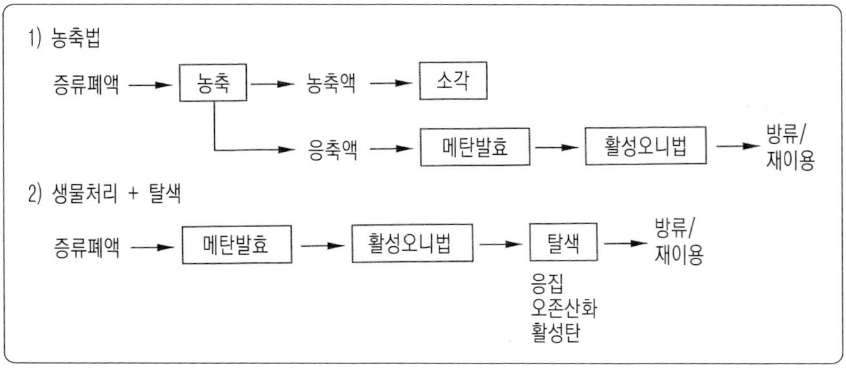

그림 5.4.3 묽은 황산 당화 바이오에탄올 생산 프로세스에서 배출된 증류 폐액의 처리 흐름도[2)]

17.7~49.4g/ℓ; N, 950~1,650mg/ℓ)가 높을 뿐 아니라 색도도 88,000U이다. 모리무라 등은 이 증류폐액을 방류 또는 재이용할 수 있을 때까지 처리하기 위해, 그림 5.4.3에 나타낸 농축법 및 메탄발효+활성오니처리법을 연구하였다.

① 농축처리법에서는 증류폐액을 증발기에서 농축하고 농축액과 응축액으로 나누고, 농축액은 리그닌과 함께 섞어 태운다. 한편 응축액은 증류폐액의 유기물의 6%만이 응축액으로 보내지고 착색도도 37U로 낮았기 때문에 메탄발효와 활성오니법으로 분해·제거되고 처리수는 방류 또는 재이용된다. 메탄발효의 처리능력은 6kg.BOD/m^3/일 이며, 활성오니법의 처리능력은 0.4kg.BOD/m^3/일 이었다.

② 증류폐액의 2단 생물처리를 검토한 결과, 메탄발효의 BOD 용적부하 8kg/m^3/일, 활성오니처리의 BOD 용적부하 0.3kg/m^3/일 처리조건에서 BOD와 질소 모두 95%를 제거할 수 있었다. 그러나 착색물질은 거의 제거되지 않았다. 이 처리수의 색도를 저감하기 위해 응집침전, 오존처리 및 활성탄 흡착 방법을 써보았다. 그 결과, 오존처리와 활성탄 흡착에 의해 색도성분은 제거할 수 있었지만, 위에서 말한 농축처

리법과 비교하면 처리 코스트가 2배 이상 높아져 버리는 것을 알 수 있었다.

⋙ 묽은 황산 처리-효소 당화 발효-증류 프로세스의 폐수처리[4,5]

미국 NREL이 개발한 목질계 바이오매스의 에탄올 생산 프로세스에 있어서는 원료를 우선 묽은 황산으로 전처리 함으로써 원료 중의 헤미셀룰로오스분을 당화시킨다. 전처리한 것은 중화되고, 이온교환 등에 의해 발효 저해물질이 제거된 다음, 에탄올 발효공정으로 이동된다. 발효조에 효모와 효소제 셀룰라아제를 첨가하여, 동시 당화 · 발효(SSF, simultaneous saccharification and fermentation)에 의해 에탄올을 생산하고, 발효 단술을 증류함으로써 에탄올을 얻는다. 증류공정에서 배출되는 증류폐액은 재이용 또는 방류할 수 있을 때까지 처리한다.

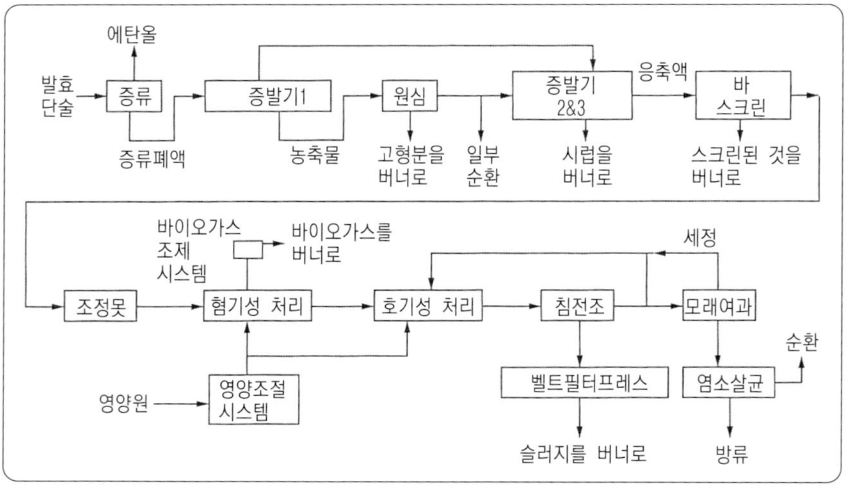

그림 5.4.4 묽은 황산 · 효소당화 바이오에탄올 생산 프로세스에서 배출된 증류폐수의 처리 흐름도[4)]

그림 5.4.4는 당시 설계했던 폐액처리 흐름을 나타내고 있다. 증류폐액은 3중 효용캔으로 이루어진 농축장치로 보내져 농축되고, 농축물은 소각 처분되어 스크린을 통과한 농축액은 혐기성 소화된다. 혐기성처리에서는 90%의 COD가 분해되어 메탄과 이산화탄소가 되는데, 혐기성 처리수에 잔존하는 유기물을 또다시 호기성처리에 의해 산화 분해한다. 호기성 처리수는 침전조에서 침전물과 일류수(溢流水)로 나뉘어져, 침전물은 탈수 후 소각 처분되고, 일류수는 사여과(砂濾過)를 거쳐 염소살균 후 방류 또는 재이용된다.

이 처리 프로세스의 특징은 증류폐액을 농축장치에서 농축하고, 농축장치에서 배출되는 응축액만 생물처리 함으로써 콤팩트한 폐수처리 프로세스를 구축할 수 있다는 점이다.

목질계 바이오매스의 바이오에탄올 제조공정에서 배출되는 증류폐액의 처리 프로세스를 소개하였다. 처리 프로세스는 ① 직접 생물처리하는 케이스, ② 농축 후, 응축액을 생물처리 하는 방법의 두 가지로 크게 구별한다. 전처리를 진한 황산법이나 묽은 황산법으로 하면 증류폐액에는 고농도의 황산이온이 들어간다. 그렇다고 해서 직접 메탄발효를 한다면 이미 설명한 것처럼 황화수소에 의한 저해 같은 문제를 생각해 볼 수 있으며 메탄 발효조에서의 황화수소의 억제대책이 필요해진다. 이와 같은 경우에는 모리무라 등이 보고한 것처럼 농축 후, 응축수를 메탄발효→호기성 처리하고 처리수의 일부를 재이용하는 방법이 경제적일지 모르겠다.

처리 프로세스는 원료에 따라서도 달라지는데 ① 당밀을 원료로 하는 경우, 증류폐액을 직접 사탕수수밭에 뿌리든지, 메탄발효 후 뿌리는 방법이 경제적이다(제5장 제2절 참조). 또 ② 곡류를 원료로 하는 경우, 증류폐액은 농축후 농축물은 사료로 응축액은 메탄발효 처리되어 일부는 재이용된다(제5장 제3절). 또 ③ 목질계 바이오매스에서는 본 절에서 기재한 방법이 있다.

당밀과 곡류를 원료로 한 바이오에탄올 제조는 이미 실용화되어 있는데, 셀룰로오스계 바이오매스에서 바이오에탄올을 제조하는 기술은 아직 개발단계이므로 증류공정에서 배출되는 증류폐액의 경제적인 처리 프로세스 구축은 지금부터라 하겠다. 처리 프로세스는 입지조건에 따라서도 달라지므로 연구 성과뿐만 아니라 설치장소에 관련한 여러 가지 조건도 고려한 경제성 평가가 중요해지는 점은 더 말할 필요가 없겠다.

장래에는 셀룰로오스계 바이오매스에서의 바이오에탄올이 틀림없이 주류가 될 것이므로, 제조 코스트를 줄이기 위해서는 전처리까지 포함한 증류폐액의 효율적 처리 프로세스 개발이 중요한 검토과제라 할 수 있겠다.

인용 · 참고문헌

1) Y.-Q. Tang, M.-Z. An, K. Liu, S. Morimura, K. Kida, "Ethanol fermentation from acid hydrolysate of wood biomass using the flocculating yeast *Saccharomyces cerevisiae* strain KF-7", *Process Biochemistry*, 41, 909-914 (2006).

2) 能村　隆, 早川智基, 奥田直之, バイオマスエタノール生産プロセスにおける廃水リサイクル, "日本機械学会第14回環境工学総合シンポジュム講演論文集", p.384-386 (2004).

3) 奥田直之, 早川智基, 能村　隆, 木質系バイオマスからのエタノール生産技術の開発, "日本機械学会第13回環境工学総合シンポジュム講演論文集", p.457-459 (2003).

4) K. Kadam, R. Wooley, F. Ferraro, R. Voiles, J. Ruocco, F. Varani, V. Putsche "Wastewater treatment for a biomass-to-ethanol process : system design and cost estimates", Fourth Biomass Conference of the Americas, 1, 699-705 (1999).

5) Merrick & Company, "Wastewater treatment options for the biomass-to-ethanol process". NREL subcontract AXE-8-18020-01, Final Report, National Renewable Energy Laboratory, Golden, Colorado (1998).

제6장

바이오에탄올의 자동차 연료로서 특성

1 바이오에탄올의 자동차연료 시험 결과

바이오연료가 널리 보급되어 가는 가운데 세계 각국의 바이오에탄올 생산량도 급증하고 있다. 그러나 한편으로는 현재의 바이오에탄올 원료가 주로 옥수수나 사탕수수 등의 농산물이어서 식료와의 경합이 커다란 문제로 떠오르고 있다. 이와 같은 문제를 방지하기 위해서도 셀룰로오스계 바이오매스를 이용하는 것은 더욱 중요하다.

이 절에서는 NEDO과제 「바이오매스에너지 고효율전환기술 개발과제」 중 「셀룰로오스계 바이오매스를 연료로 하는 신규 에탄올 발효기술 등에 의한 연료용 에탄올을 제조하는 기술개발」에 의해, 제조된 셀룰로오스계 바이오에탄올의 이용기술에 관한 연구과제로 수행한 「바이오매스 에탄올 등의 자동차연료로서의 적용기술 개발」의 시험결과를 토대로 셀룰로오스 바이오에탄올을 자동차연료로 이용할 경우의 영향에 대하여 정리해보겠다.

바이오에탄올의 자동차연료로 이용에 관한 동향

그림 6.1.1은 세계의 연료용 에탄올 생산량 추이를 나타낸 것이다. 에탄올 생산량은 매년 증가 경향에 있지만, 2000년 이후부터는 급격히 증가하고 있다. 표 6.1.1은 해외에서의 바이오에탄올 이용 동향을 나타내고 있다. 현재 바이오에탄올은 세계 각국에서 이용되고 있지만 브라

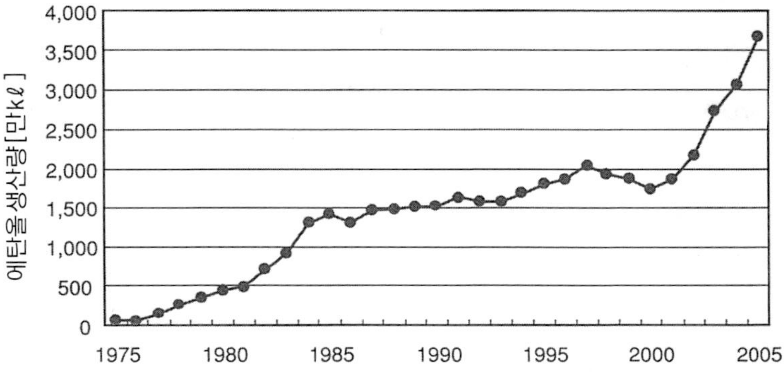

그림 6.1.1 연료 에탄올 생산량 추이

질, 미국에서는 이미 오래 전부터 이용해왔다. 미국에서는 일반차량에 에탄올 10% 혼합가솔린(E10)을 사용하고 있지만, 최근에는 임의의 농도로 에탄올을 혼합한 가솔린을 사용할 수 있는 FFV(Flexible Fuel Vehicle)가 보급되어 에탄올 85% 혼합가솔린(E85)이 이용되고 있다. 브라질에서는 일반차량용 연료로 사탕수수의 수확량에 따라 20~25% 비율로 에탄올을 혼합하도록 의무화 하고 있다. 또한 100% 에탄올(실제로는 95% 함수에탄올)을 연료로 하는 에탄올 전용차도 사용되고 있지만, 2003년 이후부터는 브라질에서도 FFV가 판매되기 시작하여 현재는 FFV의 판매대수가 급증하고 있다. 유럽에서는 디젤 차량이 많이 이용되고 있어 바이오디젤 연료가 보급되고 있지만, 바이오에탄올도 점점 많이 이용되고 있다. 단, 유럽에서의 혼합률은 미국에 비교하여 아직도 낮으며 에탄올을 이소부텐과 반응시켜 ETBE(Ethyl tertiary butyl ether)로 이용하고 있다.

일본에서는 2003년 8월에 「휘발유 등의 품질확보 등에 관한 법률」이 개정되어 가솔린에 에탄올 혼합농도가 3vol% (E3) 이하(그 외의 함산소 연료의 경우는 산소함유율 1.3wt% 이하)로 정해져 있고, 2006년 10월에

표 6.1.1 해외 바이오에탄올 이용 동향

지역	나라	혼합율	원료
북미	미국	10%, 85%	옥수수
	캐나다	5~10%, 85%	옥수수, 소맥, 대맥
중남미	브라질	20~25%, 100%	사탕수수
	콜롬비아	10%	사탕수수
유럽	스웨덴	5%, 85%	소맥
	스페인	3~4%, 6~7% (ETBE)	소맥, 대맥
	프랑스	6~7% (ETBE)	사탕무우, 소맥
	독일	저율(에탄올 또는 ETBE)	호밀, 소맥
	영국	5%	옥수수
아시아	인도	5%	사탕수수
	중국	10%	옥수수, 소맥
	태국	10%	카사바, 사탕수수
	필리핀	10%	사탕수수
오세아니아	오스트레일리아	10%	사탕수수

출전 : 환경성 [제4회 에코연료이용추진회의 자료][2)]

는 혼합용 에탄올의 품질규격이 사단법인 일본자동차기술회규격에서 「JASO M361: 자동차연료-혼합용 에탄올」로 정해졌다. 바이오에탄올의 도입에 대해서는 현재 전국 각지에서 실증시험이 진행되고 있으며, 2007년부터 ETBE를 7% 혼합한 가솔린의 시험판매가 시작되었다.

바이오에탄올의 성상

표 6.1.2는 이하의 시험에서 사용한 바이오에탄올 및 시약에탄올의 품질을 나타내고 있다. 셀룰로오스계 바이오에탄올은 NEDO과제에서

표 6.1.2 공시 에탄올의 품질[3-5]

항목	단위	셀룰로오스계 바이오에탄올 (구리배관사용)	셀룰로오스계 바이오에탄올 (배관 변경 후)	사탕수수계 바이오에탄올	시약 에탄올 (특급)
에탄올	vol%	99.7	99.7	99.7	99.9
메탄올	g/ℓ	0.842	0.711	0.013	< 0.001
수분	mass%	0.32	0.23	0.53	0.06
유기불순물	g/ℓ	2.039	4.017	0.328	0
전기전도도	μS/m	211	14	269	7
증발잔분	mg/100mℓ	1.58	0.2	1.6	0.03
구리	mg/kg	0.058	< 0.001	0.003	0.002
산도(초산기준)	mass%	0.0022	0.023	0.0012	0.0009
pH	-	7.2	7.1	7.6	7
황	mg/kg	4	0.7	2	< 0.5

제조된 바이오에탄올이며, 사탕수수계 바이오에탄올은 브라질산 연료용 에탄올로 브라질의 품질규격에 적합한 것이다. 또 시약 에탄올은 시판하는 특급 에탄올이다. 연료용 에탄올을 생산하는데 있어서는 시약 특급 에탄올 정도로 고도의 증류정제를 하지 않았기 때문에 불순물이 많이 들어있는데, 이 가운데는 재료부식과 연료열화, 데포짓(deposit) 생성 등 엔진고장의 원인이 되는 성분도 들어있다. 셀룰로오스계 바이오에탄올과 사탕수수계의 바이오에탄올의 품질을 비교하면, 메탄올, 유기불순물에 차이가 보인다. 메탄올은 에탄올보다 부식성이 강하기 때문에 함유량이 훨씬 적어야 하는데, 일본 국내외의 규격에는 충분히 맞다. 유기불순물은 제조과정에서 생성된 C4~C5의 고급 알코올류가 많이 포함되어 연료로 이용하는 데는 큰 문제가 없다. 또 동(구리)함유량은 제조 플랜트의 배관으로부터 받는 영향이 크므로 구리배관 사용을 가급적 피하는 것이 좋다. 그 외의 항목에서는 셀룰로오스계 바이

오에탄올과 사탕수수계 바이오에탄올이 거의 동등하며, 셀룰로오스계 바이오매스를 원료로 한 경우에도 현재 해외에서 이용되고 있는 바이오에탄올과 비교해 손색이 없을 정도로 품질이 좋다고 말할 수 있다.

바이오에탄올 혼합 가솔린의 연료 성상

표 6.1.3, 6.1.4는 세 종류의 에탄올을 가솔린에 3%(E3) 및 10%(E10) 혼합한 경우의 연료성상을 비교한 결과이다. 에탄올을 혼합함으로써 옥탄가, 증류성상, 증기압, 산화안정도, 수분에 변화가 보인다. 에탄올은 옥탄가가 높아 가솔린에 혼합을 하면 혼합농도의 증가와 함께 옥탄가가 증가하는 경향이 있다. 증류성상 및 증기압에 대해서는 각종 연료의 증류곡선을 그림 6.1.2에, 그리고 각종 에탄올의 혼합에 의한 증기압의 변화를 그림 6.1.3에 나타냈다. 증류곡선에 관해서는 E3에서는 가솔린과 거의 동등하지만, E10에서는 유출량(留出量) 20~60% 부근의 유출온도가 저하하고 있고 또 증기압이 E3에서도 가솔린과 비교하여 증가하고 있다. 증기압은 연료 증발가스의 배출량과 관련이 깊은데, 최근에는 연료 증발가스를 억제하기 위해 저감할 것을 요구하고 있어, 에탄올 혼합가솔린의 사용시 해결해야 할 중요한 과제가 되고 있다. 증류성상에 대해서는 50% 유출온도의 저하는 상온에서의 운전성, 특히 재시동성을 악화시킬 가능성이 있다. 증류성상과 증기압의 적정한 확보를 위해서는 혼합할 가솔린 측에서 조정할 필요가 생긴다. 산화안정도에 대해서는 셀룰로오스계 바이오 에탄올 혼합시에 가솔린에 비해 저하하고 있지만, 시약 에탄올에서도 같은 결과가 얻어지고 있다. 즉 셀룰로오스계 E3 및 E10, 시약 E3 및 E10에서 산화안정도가 나빠지고, 사탕수수계 E3 및 E10에서는 산화안정도가 같거나 좋아지는 이유가 현시점에서는 불명확하다. 이 결과로 보면 산화안정도가 나빠지는

표 6.1.3 에탄올 혼합 가솔린의 성상 비교(E3)[3,4,6]

항 목		단 위	가솔린 규격값 (JIS K2202)	가솔린	셀룰로오스계 E3	사탕수수계 E3	시약 E3
밀도 @15℃		g/cm^3	≦0.783	0.7567	0.7576	0.7580	0.7562
옥탄가 (리서치법)		-	≧89	99.0	99.4	99.3	99.8
증류성상	최초증류점	℃		34.5	37.5	36.0	36.5
	10vol%	℃	≦70	55.0	51.0	51.0	51.0
	50vol%	℃	75~110	95.0	94.5	93.5	95.0
	90vol%	℃	≦180	148.5	148.5	147.5	147.0
	종점	℃	≦220	180.0	182.0	180.0	179.0
증기압 @37.8℃		kPa	44~65(*)	57	64.5	62.5	64.5
산화안정도(유도기간)		분	≧240	840	530	940	570
황		질량ppm	≦50	11	12	11	7
수분		질량ppm	(**)	32	345	296	63
실제gum	세정 전	mg/100mℓ	20	1	2	1	1
	세정 후	mg/100mℓ	5	1	0	1	1
구리판부식 @50℃,3h		-	≦1	1	1	1	1
메탄올		vol%	(**)	0.0	0.0	0.0	0
MTBE		vol%	≦7	0.0	0.0	0.0	0
벤젠		vol%	≦1	0.4	0.4	0.4	0.3

* 65kPa은 여름용의 상한치 (추운 지방용은 93 kPa)

** 수분, 메탄올은 일반사항에 포함하지 않는 것으로 규정(메탄올은 시험법에 의해 실제 0.5 체적% 이하)

경우에도 규격상으로는 문제가 없는 범위이지만, 산화안정성이 낮은 가솔린을 이용할 때는 규격을 만족시키지 못할 가능성이 있다는 점에 주의할 필요가 있다.

수분에 대해서는 에탄올을 제조하는 시점에서도 들어있지만 에탄올이 흡습성을 가지고 있으므로 대기 중의 수분을 흡수하는 경향이 있

표 6.1.4 에탄올 혼합 가솔린의 성상 비교(E10)[3,4,6]

항 목		단 위	가솔린 규격값 (JIS K2202)	가솔린	셀룰로오스계 E3	사탕수수계 E3	시약 E3
밀도 @15℃		g/cm^3	≦0.783	0.7567	0.7600	0.7597	0.7588
옥탄가 (리서치법)		-	≧89	99.0	100.9	99.8	100.9
증류성상	최초증류점	℃		34.5	38.0	37.0	38.0
	10vol%	℃	≦70	55.0	52.0	52.0	52.0
	50vol%	℃	75~110	95.0	82.5	78.0	82.5
	90vol%	℃	≦180	148.5	146.5	146.0	144.5
	종점	℃	≦220	180.0	179.0	180.0	18.0
증기압 @37.8℃		kPa	44~65(*)	57	64.5	63.5	65.0
산화안정도(유도기간)		분	≧240	840	520	850	600
황		질량ppm	≦50	11	12	10	7
수분		질량ppm	(**)	32	725	570	121
실제gum	세정 전	mg/100mℓ	20	1	2	1	1
	세정 후	mg/100mℓ	5	1	1	1	1
구리판부식 @50℃, 3h		-	≦1	1	1	1	1
메탄올		vol%	(**)	0.0	0.0	0.0	0
MTBE		vol%	≦7	0.0	0.0	0.0	0
벤젠		vol%	≦1	0.4	0.4	0.4	0.3

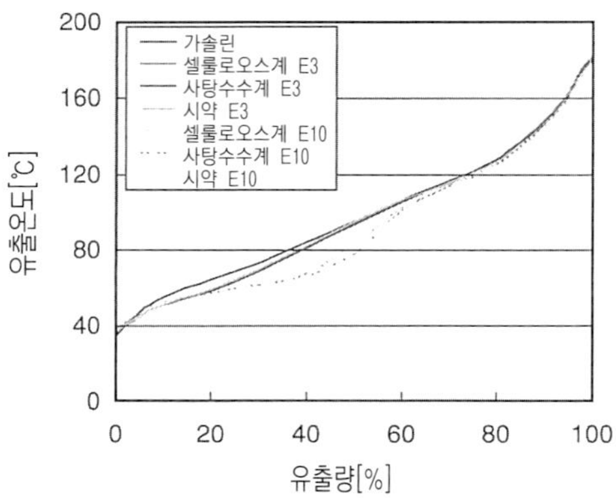

그림 6.1.2 증류성상

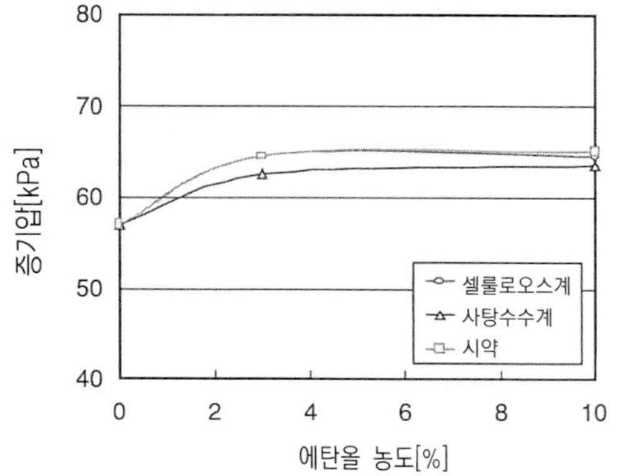

그림 6.1.3 증기압

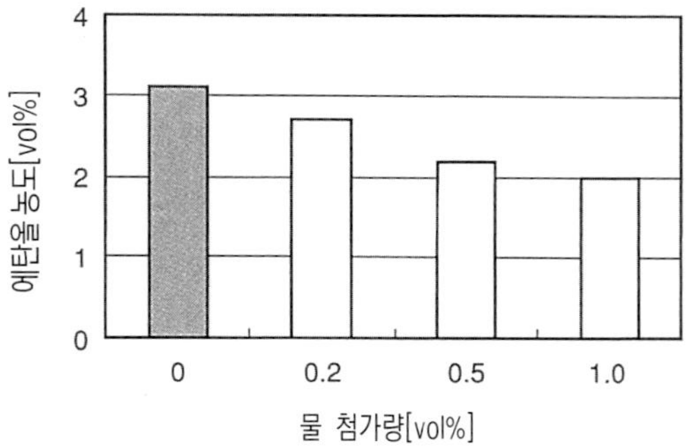

그림 6.1.4 물 첨가에 의한 가솔린 중 에탄올 농도 변화

다. 연료 중의 수분량 증가는 재료부식 등에 크게 영향을 미치기 때문에 보관시 수분관리에 충분한 주의가 필요하다. 또한 에탄올 혼합 가솔린에서 수분에 관한 최대과제는 상분리(相分離)인데, 상분리가 발생하면 수분량의 증가와 함께 가솔린에서의 에탄올 추출량이 증가한다(그림 6.1.4 참조).

바이오에탄올 혼합 가솔린의 재료 적합성

에탄올을 자동차연료로 사용할 때 연료계 부품에 이용되는 재료의 적합성 여부는 중요한 포인트가 된다. 현재 품질 확립법에서는 가솔린 중의 에탄올 적합 농도 상한이 3vol% 이하로 규정되어 있는데 이 혼합 상한은 알루미늄계 재료에의 부식성이 주된 근거가 되고 있다. 또한 에탄올 혼합시에는 고무, 수지재료에 대한 영향이 커지는 경향이 있어서, 보통 가솔린을 사용하는 경우보다도 재료의 팽창과 윤기, 물성저하가 일어나는 것도 파악해 둘 필요가 있다.

재료의 부식성을 평가할 때에는 그림 6.1.5와 같이 평가할 재료로 작성한 시편을 연료 중에 침지시켜 장기간 보관하고, 그 사이의 시험편과 연료의 변화를 조사하는 방법이 이용되고 있다. 그림 6.1.6은 자동차연료계의 레귤레이터 등으로 사용되는 알루미늄 다이케스트(ADC12)의 시험편을 각종 연료 속에 120℃에서 720시간 침지시킨 전후의 시험편 외관사진이다. 가솔린과 셀룰로오스계 E3, 사탕수수계 E3는 어느 쪽도 시험편에 변화를 보이지 않았고, 셀룰로오스계 바이오에탄올에 대해서

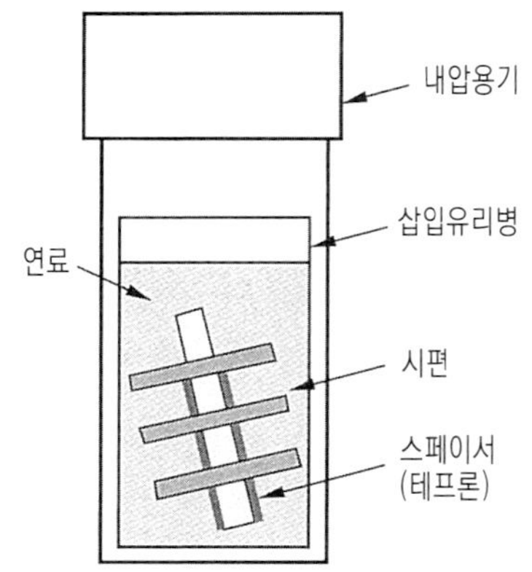

그림 6.1.5 침지시험 개요

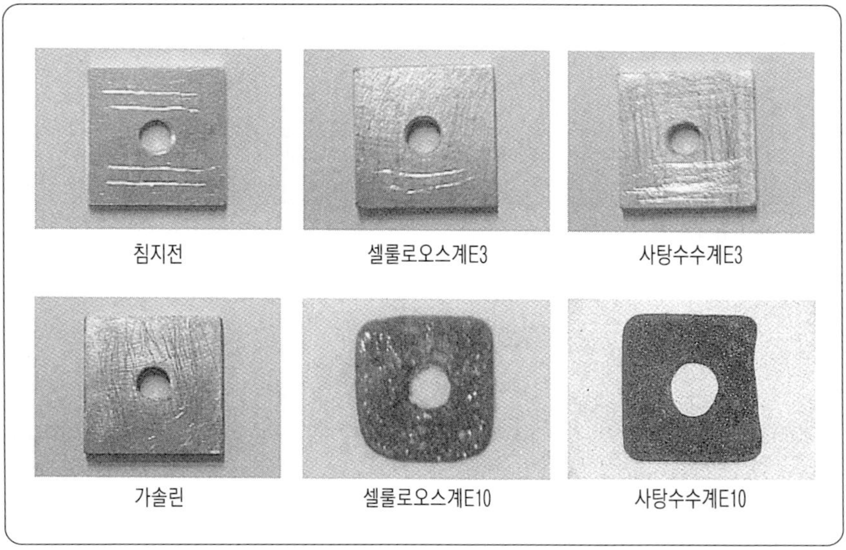

그림 6.1.6 침지시험 전후의 시편 외관 (ADC12)[7]

그림 6.1.7 침지시험 전후의 시편 외관 (Fe)

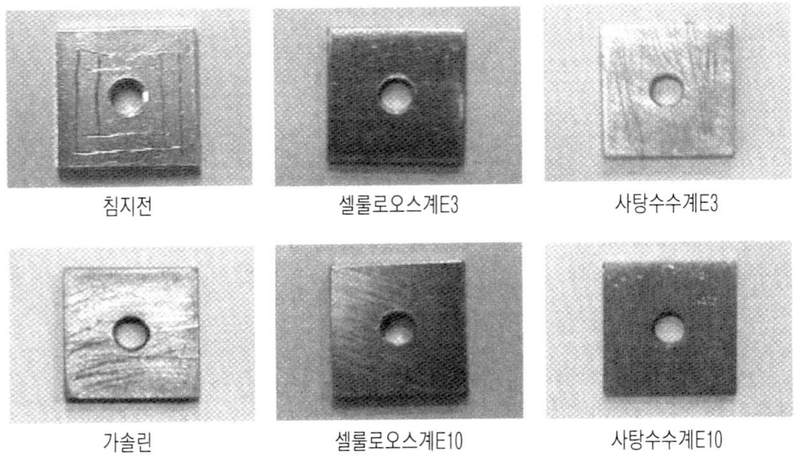

그림 6.1.8 침지시험 전후의 시편 외관 (Zn)

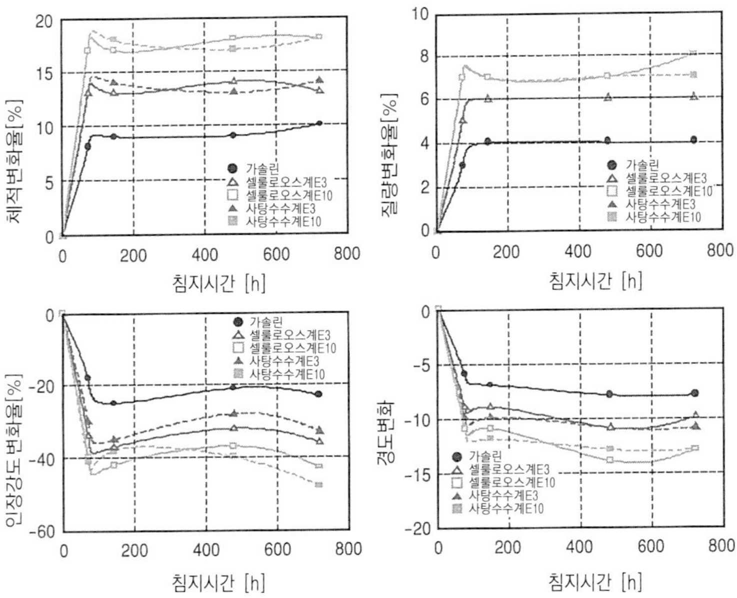

그림 6.1.9 바이오에탄올 혼합 가솔린의 고무에 미치는 영향 (FKM)[4)]

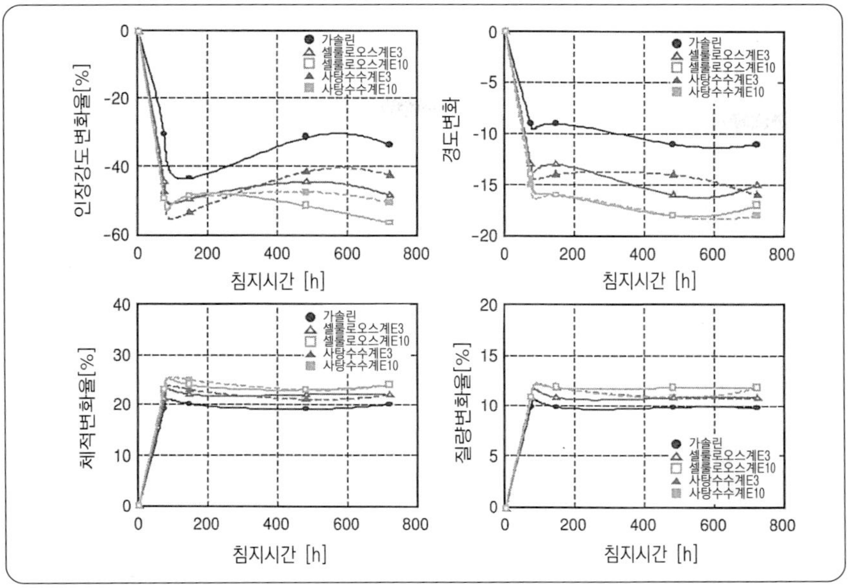

그림 6.1.10 바이오에탄올 혼합 가솔린의 고무에 미치는 영향 (FVMQ)[4)]

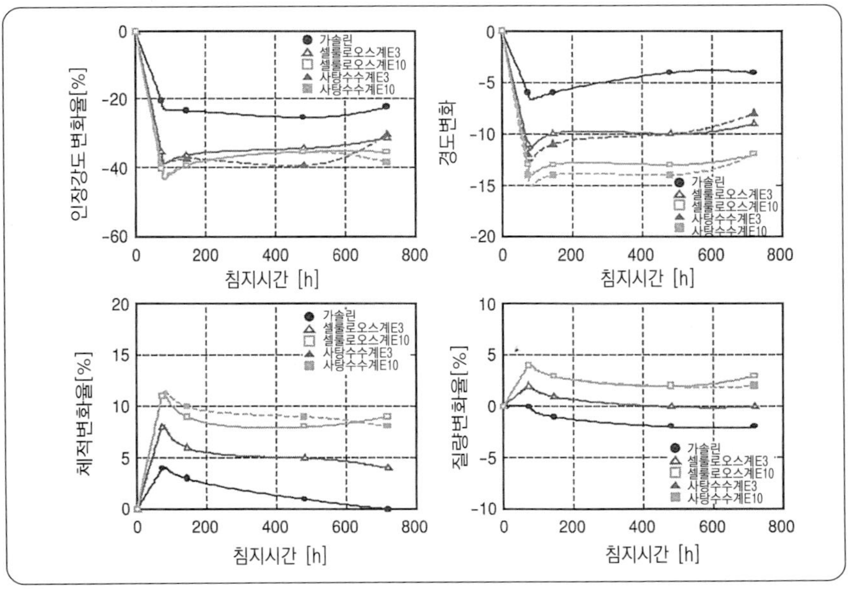

그림 6.1.11 바이오에탄올 혼합 가솔린의 고무에 미치는 영향 (NBR)[4)]

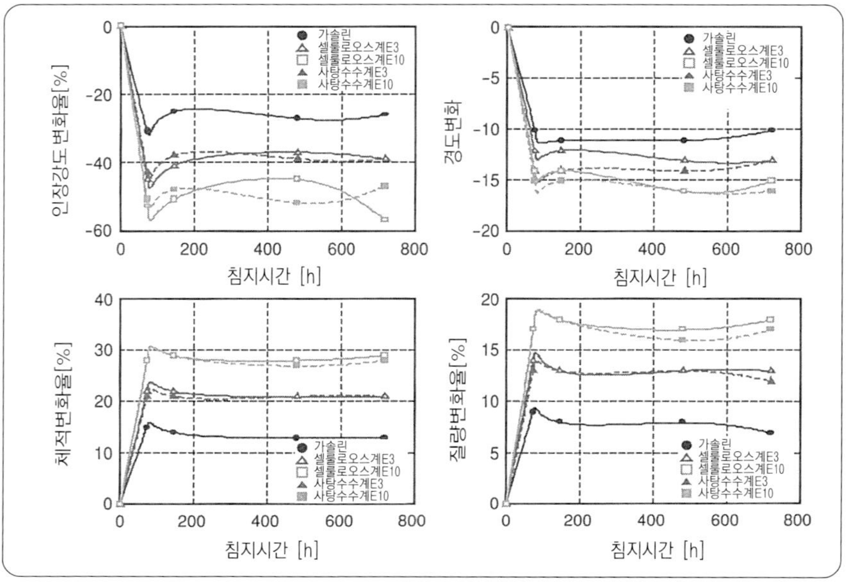

그림 6.1.12 바이오에탄올 혼합 가솔린의 고무에 미치는 영향 (HNBR)[4)]

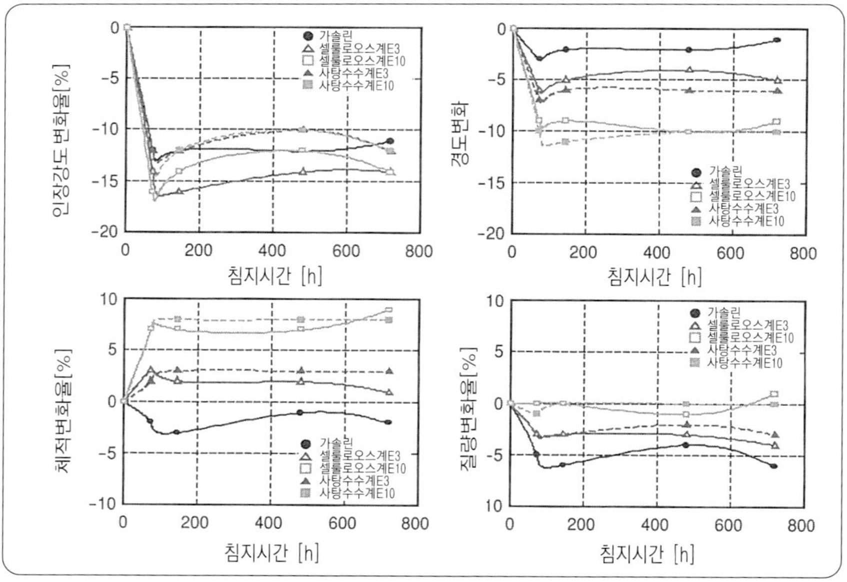

그림 6.1.13 바이오에탄올 혼합 가솔린의 고무에 미치는 영향 (NBR/PVC)[4)]

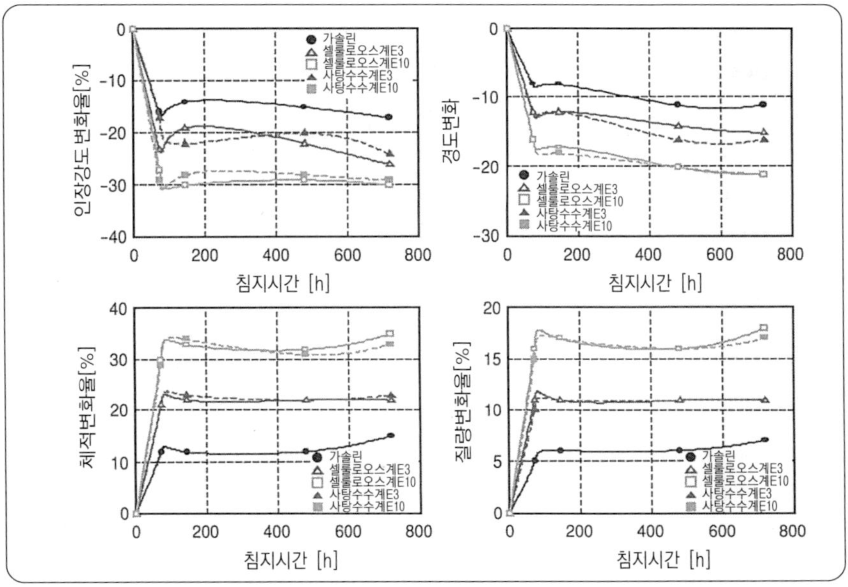

그림 6.1.14 바이오에탄올 혼합 가솔린의 고무에 미치는 영향 (CO)[4)]

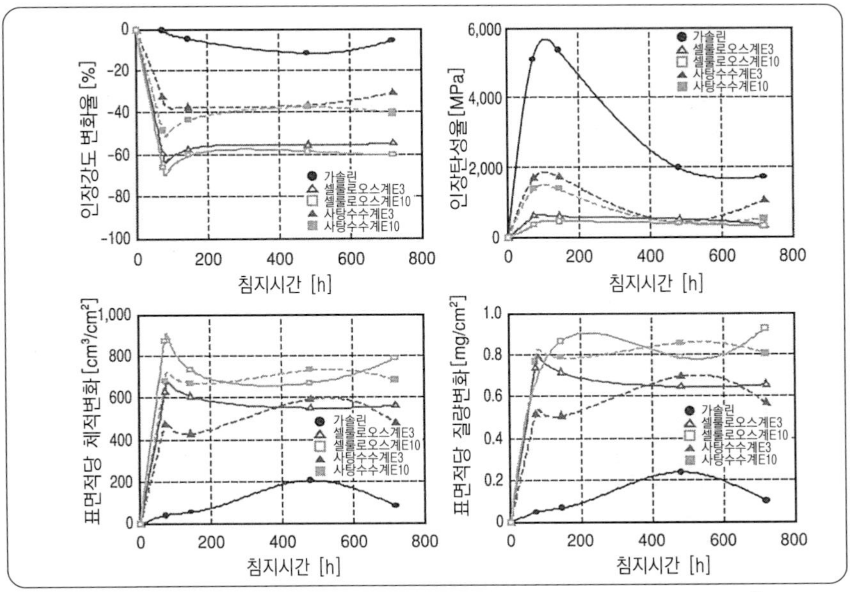

그림 6.1.15 바이오에탄올 혼합 가솔린의 고무에 미치는 영향 (EVOH)[4)]

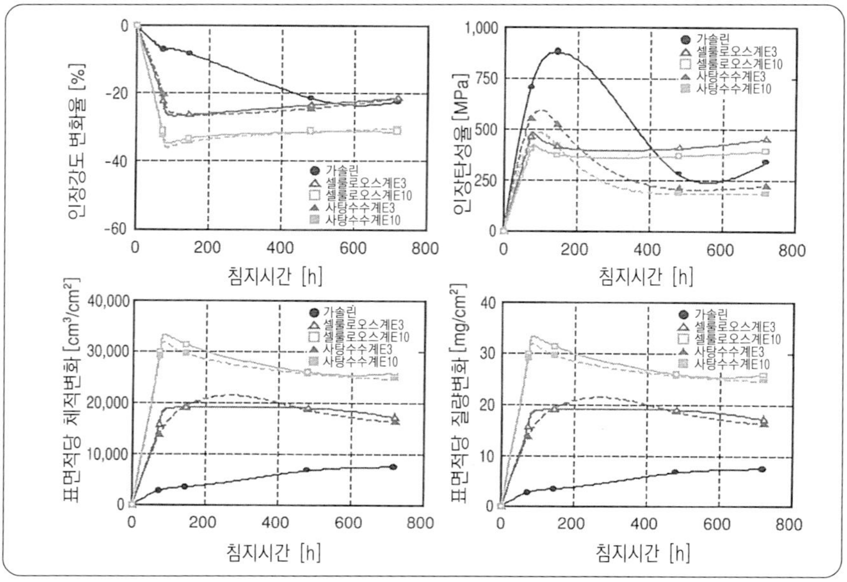

그림 6.1.16 바이오에탄올 혼합 가솔린의 고무에 미치는 영향 (PA11)[4)]

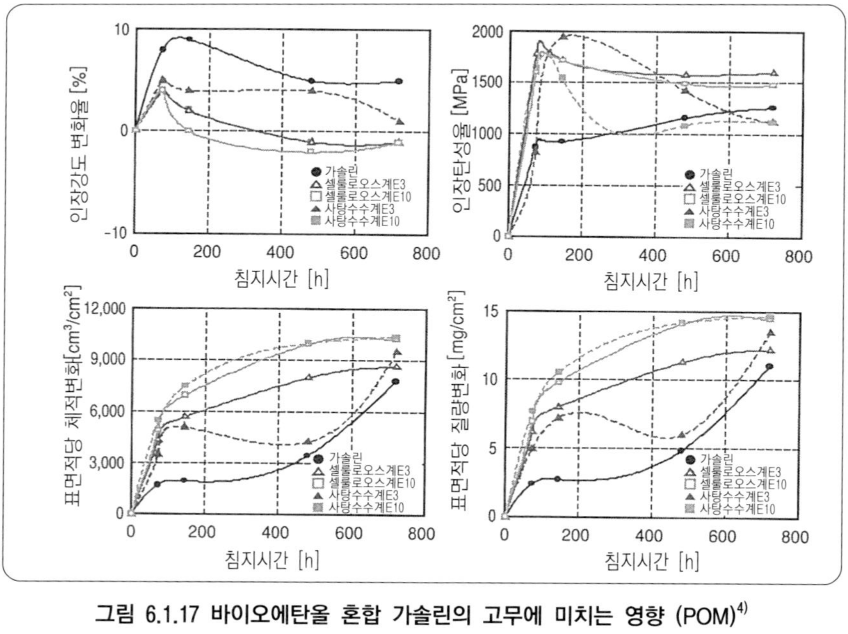

그림 6.1.17 바이오에탄올 혼합 가솔린의 고무에 미치는 영향 (POM)[4)]

도 메탄올 등이 사탕수수계 바이오에탄올과 비교하여 약간 많이 들어 있을 뿐, 3% 이하에서 사용할 때 알루미늄에 대한 부식성이 발생하지 않는 것이 확인되었다. 또한 여기서는 각 바이오에탄올에 대해 E10에서도 동일한 평가를 실시하였지만, 그 결과에 대해서는 사진에 나타난 것과 같이 바이오에탄올을 사용한 경우에서도 시편이 검게 변색을 하고 용해하는 모양을 확인할 수 있다. 철이나 아연에 대해서는 E10을 사용한 경우에서도 부식은 나타나지 않았고(그림 6.1.7, 그림 6.1.8 참조), 금속에의 적합성에서 셀룰로오스계 바이오에탄올은 E3 이하에서 사용하는 것은 문제가 없는 것으로 생각할 수 있다.

고무·수지계에 대한 영향은 연료 호스 등에 사용되는 재료 가운데, 불소고무(FKM), 플로르실리콘고무(FVMQ), 니트릴고무(NBR), 수소첨가 니트릴고무(HNBR), 니트릴폴리염화비닐브렌드고무(NBR/PVC), 히드린고무(CO) 등 고무재 6종(그림 6.1.9~그림 6.1.14 참조), 에틸렌비닐알코올(EVOH), 폴리아미드(PA11), 폴리아세탈(POM) 등 수지 3종(그림 6.1.15~그림 6.1.17 참조)에 대한 영향을 조사했더니, 모든 재료에서 에탄올 혼합에 의해 재료팽창과 윤기, 물성저하가 보였다. 이는 에탄올의 혼합 농도의 증가와 더불어 그 영향이 크게 나타나고 있음을 보여주고 있다. 단 셀룰로오스계 바이오에탄올과 사탕수수계 바이오에탄올에서는 각 재료에 대한 영향에 거의 차이가 없어서 양쪽은 동등한 적합성이 있다고 생각할 수 있다.

재료별로 바이오에탄올의 영향을 비교한 결과 수소첨가 니트릴고무 및 히드린고무는 바이오에탄올 혼합시 가솔린과 비교하여 크게 팽윤하는 경향이 있어 특히 주의가 필요한 재료라 할 수 있겠다. 한편 플로르 실리콘고무는 가솔린을 사용한 경우에도 체적변화가 크다고는 하지만, 바이오에탄올을 혼합했을 때와의 차는 비교적 작아 적용성이 높은 재료라는 생각이 든다.

배출가스 특성

바이오에탄올은 탄소 밸런스(Carbon neutral)의 개념에 의해 CO_2 배출량 삭감 효과를 얻을 수 있다고 되어있는데, 자동차 연료로 사용할 경우, 일산화탄소(CO), 탄화수소(THC), 질소산화물(NO_x) 등의 환경규제에 대응해야만 한다. 가솔린차에서는 O_2 센서에 의한 배출가스 중의 산소농도의 제어와 삼원촉매에 의해, 위의 규제물질 배출량을 저감할 수 있지만, 에탄올과 같이 함산소 화합물이 연료 중에 포함되어 있을 경우, O_2 센서에 의한 산소농도 제어에 미치는 영향 등이 걱정된다. 배출가스 특성은 실험에서 10 · 15모드 혹은 11모드라 불린다. 10 · 15모드란 난기상태의 차량을 그림 6.1.18 왼쪽과 같이 주행패턴을 따라 달리게 하면서 그 사이의 일정량의 배출가스를 포집하여 주행 종료후에 포집한 가스중의 CO, THC, NO_x 농도를 측정하는 시험이다. 또 11모드 시험은 냉간시동(冷間始動)할 때의 배출가스를 측정하는 시험으로, 6시간 이상 엔진이 정지된 상태로 방치된 차량에 대해 엔진 시동 후에 그림 6.1.18 오른쪽과 같은 주행패턴으로 달리게 하여, 주행 중의 배출가스를 포집하여, 주행 종료 후에 포집한 배출가스를 측정하는 시험이다. 배출된 가스 중의 CO, THC, NO_x 농도를 측정하는 것으로 평가한

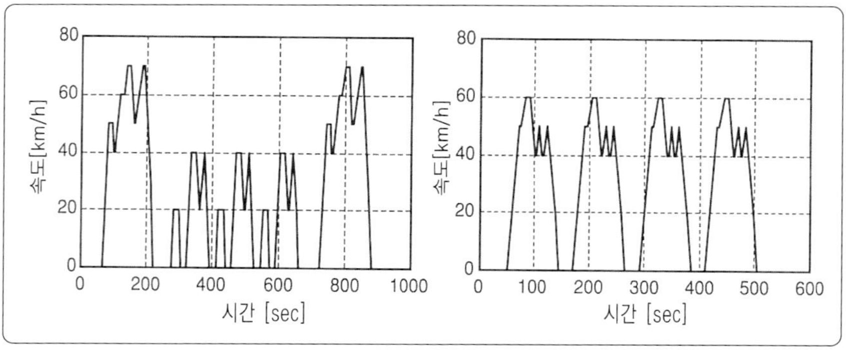

그림 6.1.18 배출가스 시험 모드 (좌: 10 · 15 모드, 우: 11 모드)

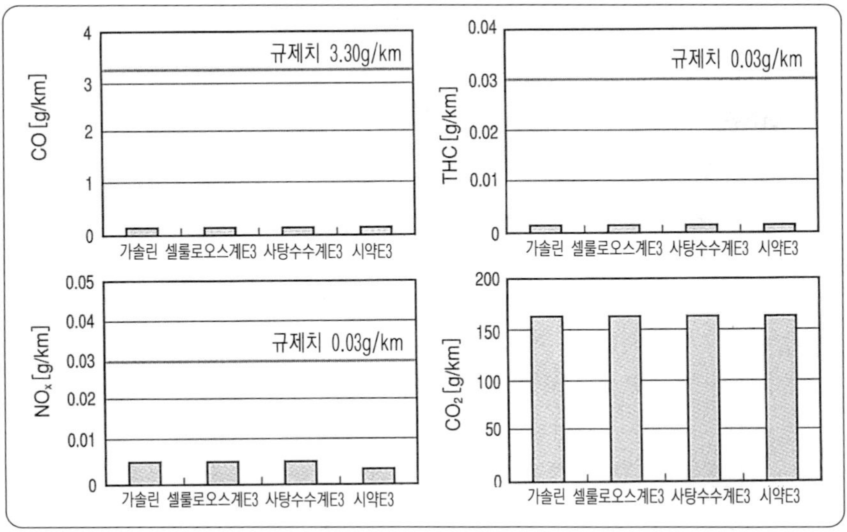

그림 6.1.19 에탄올 혼합 가솔린의 배출가스에 미치는 영향 (E3)[5)]

표 6.1.5 차량제원 (좌: 경자동차, 우: 소형자동차)

구동방법	후륜구동
길이×폭×높이	3,395×1,475×1,880[㎜]
차축거리	2,420[㎜]
차량중량	970[kg]
최대적재량	200[kg]・2명
	100[kg]・4명
엔진	수냉직렬3기통 가솔린
보어×행정	66.0×64.0[㎜]
총배기량	0.656[ℓ]
압축비	10.5
배출가스후처리장치	삼원촉매
O_2센서	있음
연료공급시스템	전자제어식 연료분사방식

구동방법	전륜구동
길이×폭×높이	3,695×1,660×1,525[㎜]
차축거리	2,430[㎜]
차량중량	960[kg]
최대총중량	1,253[kg]
엔진	수냉직렬4기통 가솔린
보어×행정	73.0×82.8[㎜]
총배기량	1.386[ℓ]
압축비	9.8
배출가스후처리장치	삼원촉매
O_2센서	있음
연료공급시스템	전자제어식 연료분사방식

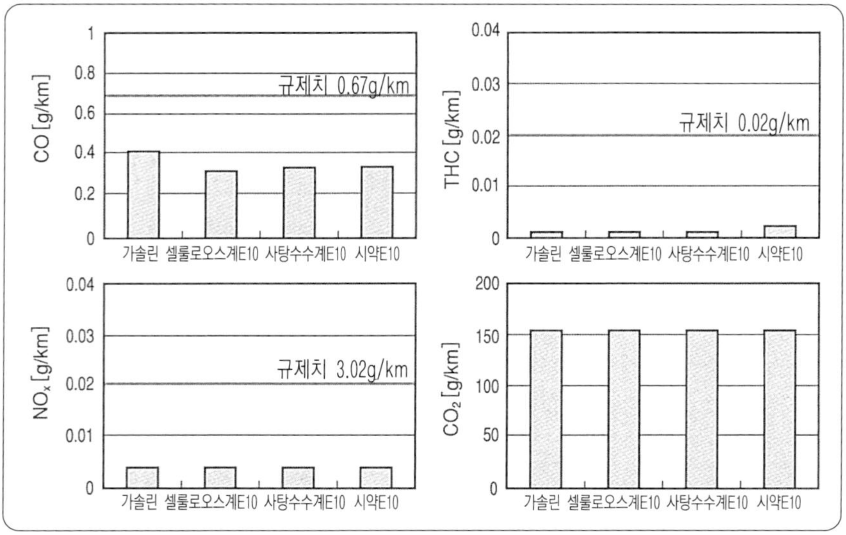

그림 6.1.20 에탄올 혼합 가솔린의 배출가스에 미치는 영향 (E10)[5)]

표 6.1.6 자동차 배출가스에 있어서 PRTR 대상물질

알데히드	포름알데히드
	아세트알데히드
	아크로레인
	벤즈알데히드
VOCs	1,3-부타디엔
	벤젠
	톨루엔
	에틸벤젠
	크실렌
	스틸렌
	1,3,5-트리메틸벤젠

다. 그림 6.1.19는 경자동차(자동차 제원은 그림 6.1.5 좌 참조)에 E3, 그림 6.1.20은 소형자동차에 E10을 사용한 경우의 10 · 15모드 시험에서의

결과이지만, 어느 경우에도 셀룰로오스계 바이오에탄올과 사탕수수계 바이오에탄올, 시약에탄올 간에 배출가스 특성의 차이는 거의 없으며, 가솔린과 비교해도 손색없는 결과를 얻을 수 있었다. 한편, 최근에는 여러 가지 유해화학물질에 의한 환경 리스크를 저감하기 위해 연구가 진행되고 있다. 자동차 배출가스에는 그림 6.1.6에 나타낸 것과 같이 11종류의 화학물질이 PRTR 제도의 대상이 되어 있다. 그 중에서도 포름알데히드 및 아세트알데히드는 에탄올 혼합농도와 함께 배출량이 증가하고 있으며(그림 6.1.21, 그림 6.1.22 참조), 이 배출량을 억제하는 것이 에탄올 혼합 가솔린을 사용하는데 있어서 하나의 커다란 과제라 생각할 수 있다. 셀룰로오스계 바이오에탄올에는 메탄올과 유기불순물이 많이 들어있지만, 그 밖의 두 종류의 에탄올에 비해 알데히드 배출량

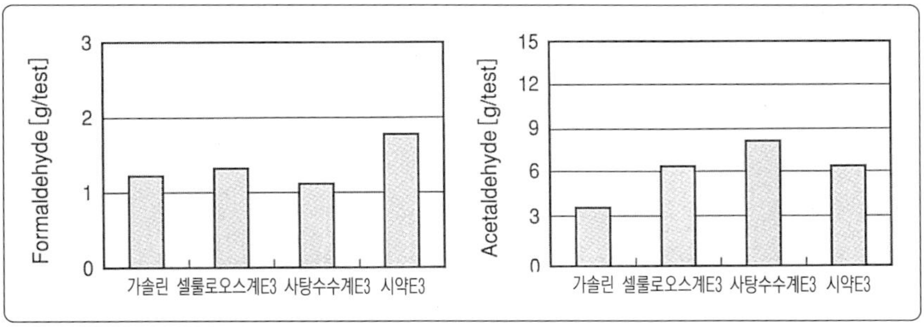

그림 6.1.21 에탄올 혼합 가솔린의 알데히드 배출량에 미치는 영향 (경자동차, E3)

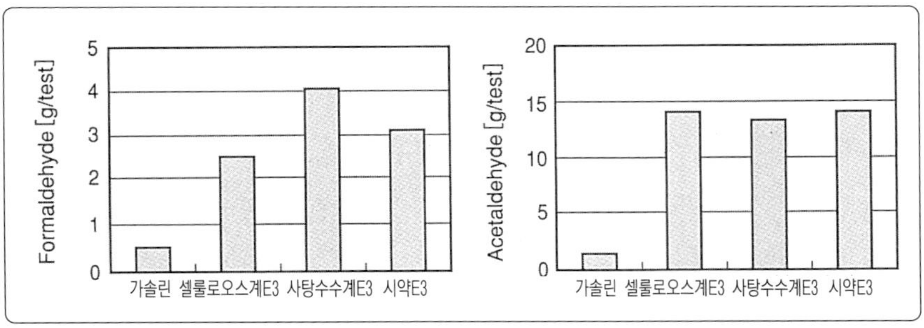

그림 6.1.22 에탄올 혼합 가솔린의 알데히드 배출량에 미치는 영향 (소형자동차, E10)

은 증가하지 않고 있으며, 배출가스도 사탕수수계 바이오에탄올 등과 동등한 성능을 확보하고 있다고 말할 수 있다.

연료증발가스 특성

연료탱크 등에서 증발하여 대기 중으로 배출되는 연료증발가스는 광화학스모그의 원인으로 되는 광화학옥시던트의 전구물질이며, 가솔린 자동차에서는 배출가스와 마찬가지로 연료증발가스의 저감이 중요하다. 연료성상에서는 연료증발가스의 배출량 억제를 위해, 증기압은 점점 낮아지고 있는데 반해 에탄올을 혼합하면 증기압이 6~7kPa 정도가 증가하는 경향이 있다. 에탄올의 혼합에 따른 연료증발가스에의 영향에 대해서는 고무, 수지성 부품으로부터의 투과에 의해 배출도 고려할 필요가 있다. 그림 6.1.23은 셀룰로오스계 바이오에탄올 혼합 가솔린 및 사탕수수계 바이오에탄올 혼합 가솔린의 재료투과에 따른 영향을 조사하기 위하여, 경자동차에 E3, 소형자동차에 E10을 충전한 상태에서 1000시간 소크하고, 그 시간 전후에서의 연료증발가스 배출량을 비교한 것이다. E10을 충전한 소형자동차는 소크 후에 배출량이 대폭 증가하고 있고, 장기 사용시 재료투과의 영향이 크다는 것을 알 수 있다.

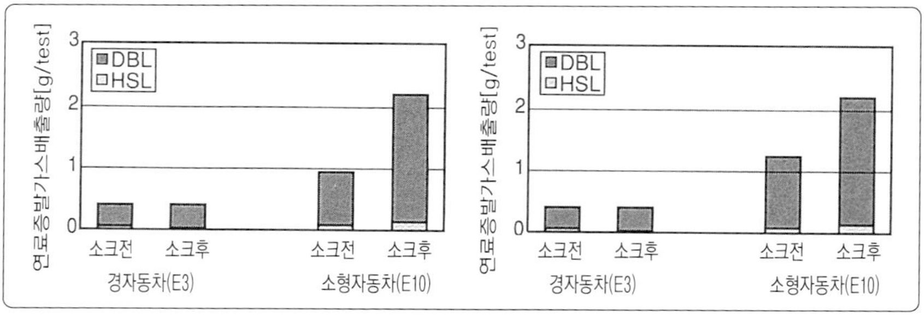

그림 6.1.23 1,000시간 소크에 의한 에탄올 혼합 가솔린의 연료증발가스에 미치는 영향[6,7]
(좌: 셀룰로오스계 바이오에탄올, 우: 사탕수수계 바이오에탄올)

차량주행시험

마지막으로 바이오에탄올 혼합 가솔린을 써서 시행한 차량주행시험에 대해 정리해보자. 주행시험에서는 바이오에탄올 혼합 가솔린을 사용함으로써 운전성능에 생기는 시간별 변화, 엔진오일에 미치는 영향,

표 6.1.7 주행시험 차량, 시험연료 및 주행거리 일람

		경자동차	소형자동차	보통자동차
가솔린	주행거리[km]	80,000	80,000	-
셀룰로오스계 바이오에탄올	농도[%]	3	10	10
	주행거리[km]	80,000	80,000	45,000
사탕수수계 바이오에탄올	농도[%]	3	10	-
	주행거리[km]	80,000	80,000	-
시약에탄올	농도[%]	3	-	-
	주행거리[km]	45,000	-	-

표 6.1.8 차량제원(보통자동차)

구동방식	전륜구동
길이×폭×높이	4,550×1,695×1,590[mm]
차축거리	2,420[mm]
차량중량	970[kg]
엔진	직렬4기통 가솔린
보어×행정	79.0×91.5[mm]
총배기량	1.794[ℓ]
압축비	10
배출가스후처리장치	삼원촉매
O_2센서	있음
연료공급시스템	전자제어식 연료분사방식

차량 내구성에 미치는 영향 등을 조사했다. 표 6.1.7은 주행시험에 사용한 차량과 사용연료, 주행거리의 일람이다. 경자동차 및 소형자동차는 앞에서 말한 배출가스 특성과 연료증발가스 특성을 조사한 차량과 동일한 차종이다. 경자동차에서는 품질확보법에서 규정한 E3로 시험을 행하였고, 소형자동차에서는 해외에도 수출되고 있어서 안전성에 있어서 E10에서 사용할 수 있으므로 E10에 따른 영향도 조사하고 있다. 더욱이 보통자동차(차량제원은 표 6.1.8)에 대해서도 E10에서의 시험을 실시했다. 주행시험은 산업기술종합연구소(쯔꾸바시) 내의 주행로에서 실시했다. 그 결과 주행시험 전체를 통과하였고, 시동성과 운전성에 대해서는 가솔린과 각종 에탄올 혼합 가솔린과의 차이는 느낄 수 없었으며, 매일하는 차량점검에서도 전혀 문제가 없었다. 또한 주행기간 중 배출가스 특성의 시간경과에 따른 변화를 조사한 결과, 연료 종류에 따른 차이도 거의 보이지 않았다(그림 6.1.24, 6.1.25). 게다가 엔진오일에 대해서는 주행거리 5,000km마다 교환하고, 사용 후의 오일열화 정도를 분석한 결과에서도 연료종류의 차이에 따라 열화정도에서의 영향은 발견되지 않았고(그림 6.1.26, 6.1.27), 차량성능에 미치는 영향에 대해서도 셀룰로오스계 바이오에탄올은 사탕수수계 바이오에탄올과 동등한 적용성을 갖고 있음을 확인할 수 있었다.

각 차량에 대해서 주행시험 종료 후, 연료 공급계의 부품 및 엔진에 대해 분해조사를 행했다. 연료탱크에 대해서는 경자동차에서는 금속제 탱크가 사용되었는데, 어떤 연료를 사용한 경우에도 부식은 관찰되지 않았다(그림 6.1.28 참조). 한편, 소형자동차에서는 수지제 탱크가 사용되고 있는데 외관상의 이상은 발견할 수 없었지만(그림 6.1.29 참조), 상세한 재료물성을 조사한 결과, 바이오에탄올의 영향이라 생각할 수 있는 항복응력(降伏應力)의 저하 및 신장(伸張)의 증가가 확인되었다(표 6.1.9 참조). 단, 연료탱크 이외에 고무, 수지재료가 사용되고 있는 넥튜브와 연료호스에 대해서는 E3, E10 어느 쪽의 경우도 외관상의 이상이 없었

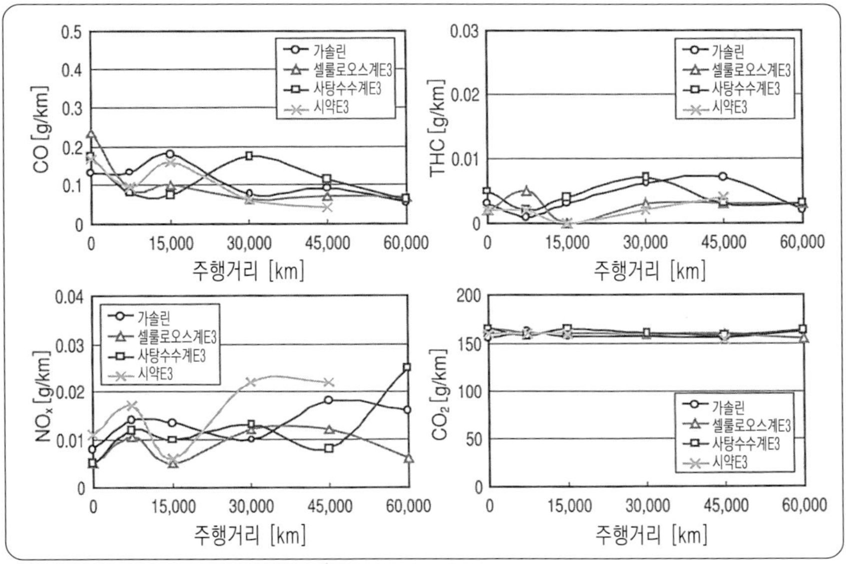

그림 6.1.24 배출가스의 시간경과 변화　경자동차 (E3)[5)]

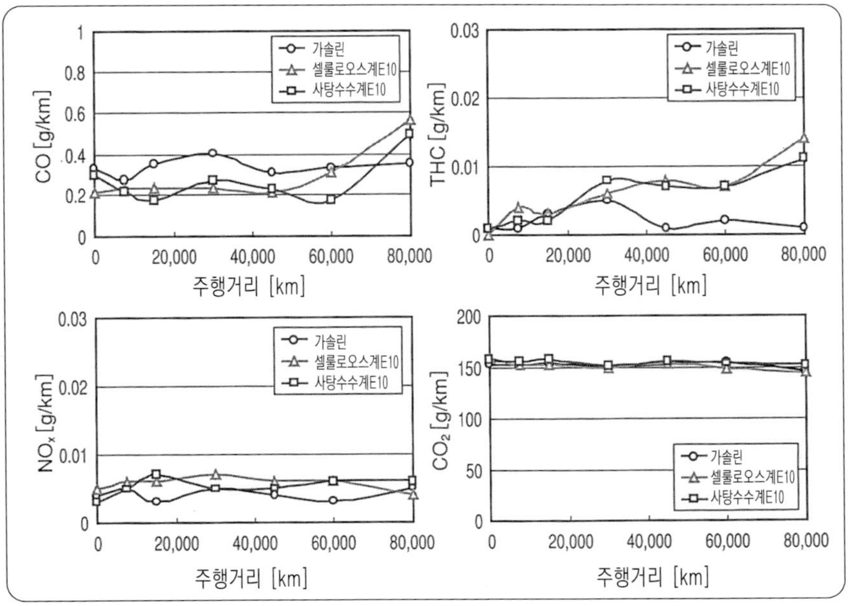

그림 6.1.25 배출가스의 시간경과 변화　소형자동차 (E10)[5)]

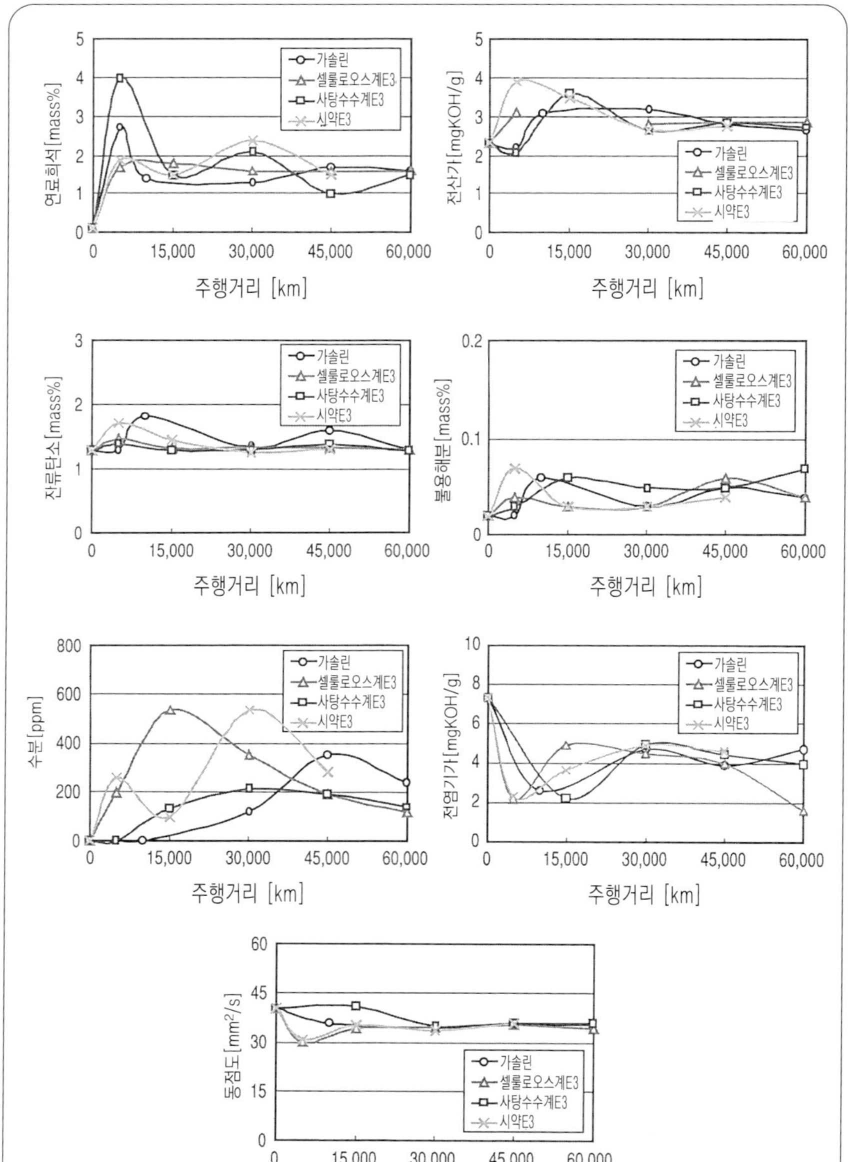

그림 6.1.26 엔진오일 분석결과 (경자동차)[5)]

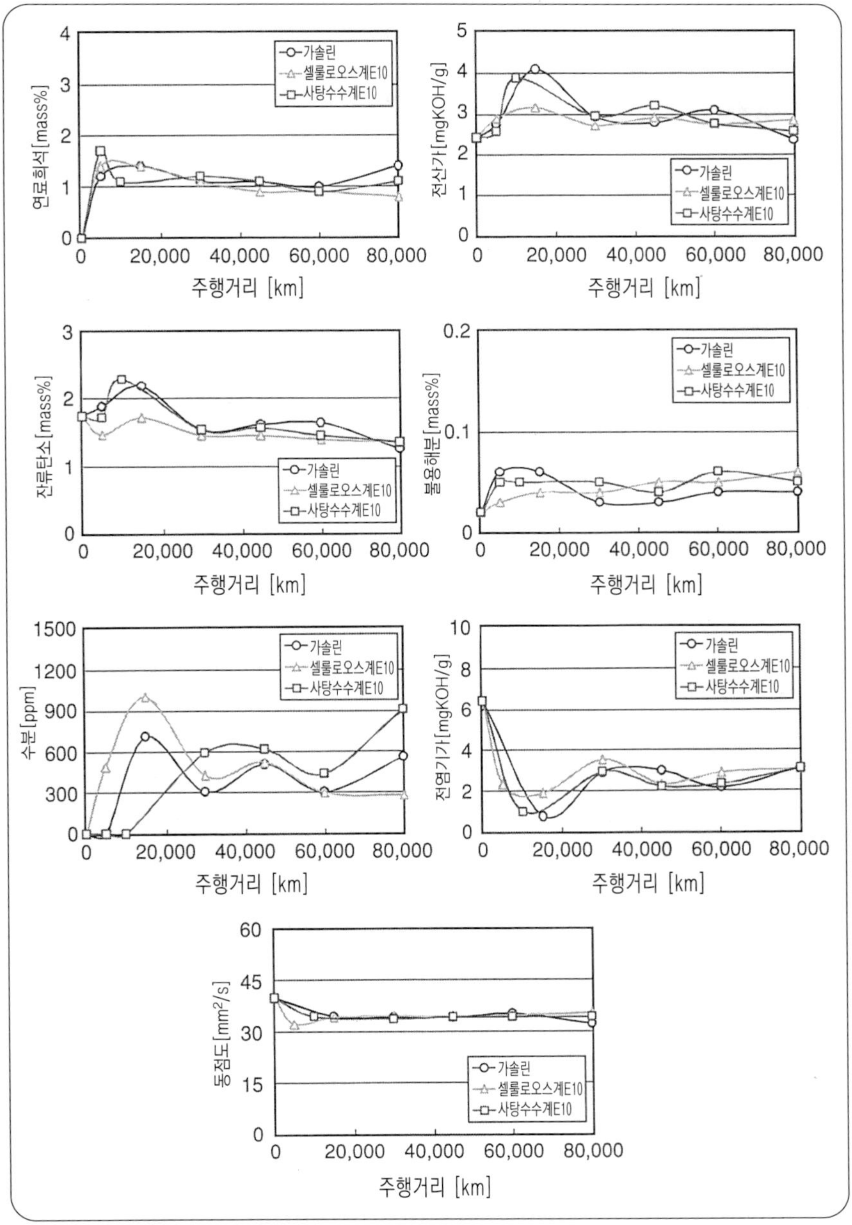

그림 6.1.27 엔진오일 분석결과 (소형자동차)[5]

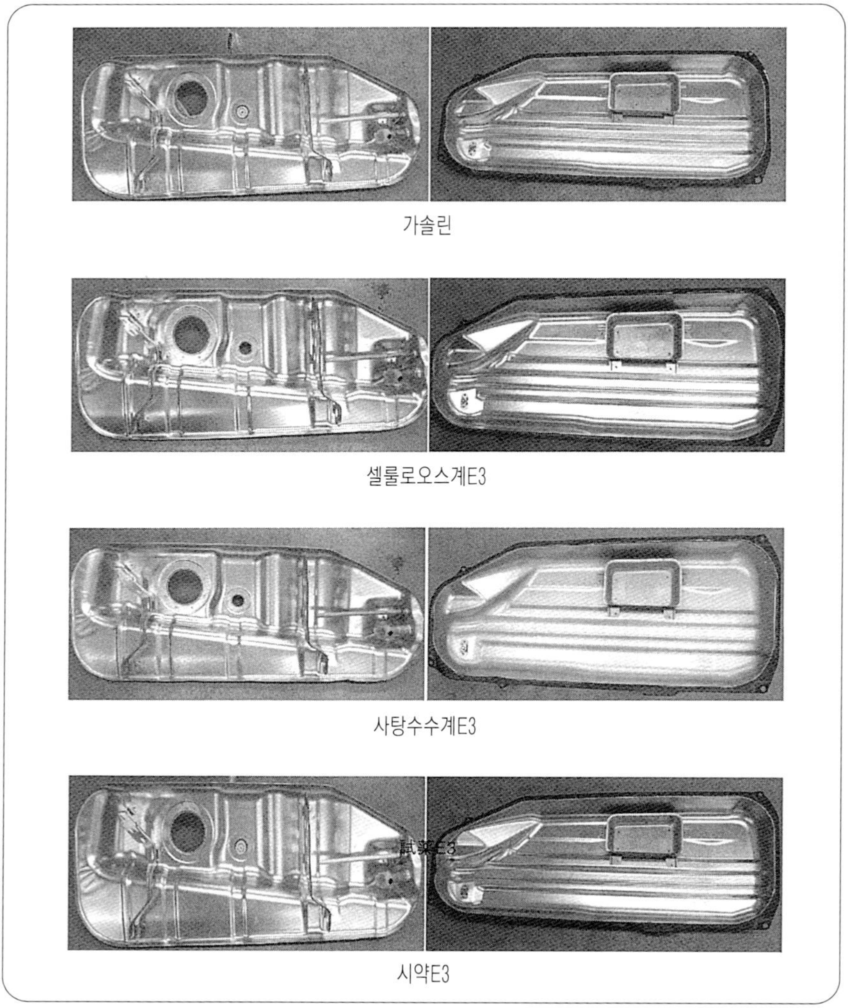

그림 6.1.28 연료탱크 분해사진 (경자동차)[5,6]

고, 또한 상세한 물성에 대해서도 가솔린과 거의 동등한 데이터를 얻을 수 있었다(표 6.1.10~6.1.13, 그림 6.1.30~6.1.33 참조). 소형자동차에서 연료탱크에 주는 영향은 내구성에 대해 문제를 일으킬 레벨은 아니었

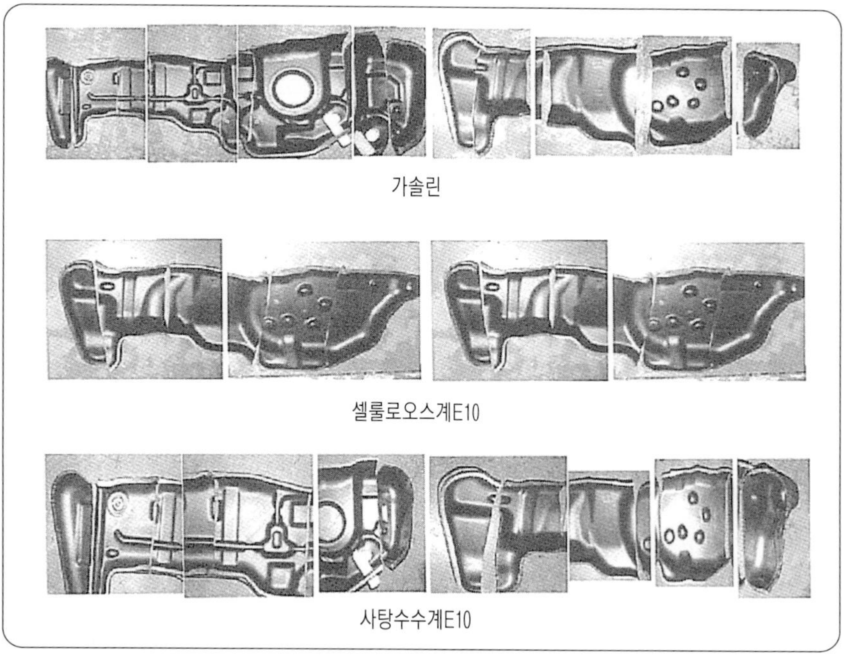

그림 6.1.29 연료탱크 분해사진 (소형자동차)[5)]

지만, 전술한 연료증발가스의 배출량 증가에 대한 영향은 상당히 걱정스런 수준이었다. 금속배관에의 영향에 대해서는 각 차량의 공급파이프(Delivery pipe)를 분해한 결과 경자동차의 파이프 내부에 변색이 발견되었지만, 이것은 표면의 도금처리에 따른 것이었고 재료부식에 의한 것은 아니었다(그림 6.1.34, 6.1.35 참조). 바이오에탄올에서 나오는 불순물에 의한 막힘 등에 관해, 연료여과 펌프의 필터와 인젝터의 분공(噴孔)에 불순물의 축적이나 데포지트 등은 보이지 않았다(그림 6.1.36~6.1.39 참조). 또한 피스톤과 실린더라이너에서도 마모나 구렬(龜裂) 등의 고장은 보이지 않았다(그림 6.1.40, 6.1.41 참조).

이상과 같이 실제차량을 이용한 주행시험에서 운전성능, 배출가스 특성, 각 부품의 내구성에 미치는 영향을 조사해보았다. 그 결과, 본

표 6.1.9 주행시험 후 연료탱크의 물성[5)]

			가솔린	셀룰로오스계E10	사탕수수계E10
경도 [HDD]	상부	외장	66	66	67
		내장	62	63	64
	하부	외장	66	67	67
		내장	64	64	64
항복응력[MPa]	상부		22.2	20.7	20.5
	하부		22.1	20.4	20.2
파단응력[MPa]	상부		16.8	16.1	16.2
	하부		16.5	15.7	15.5
표선신장[%]	상부		437	480	511
	하부		434	509	503
챠크신장[%]	상부		183	211	221
	하부		176	214	208
성형품 중량[kg]			7	7.1	7.2
만수 중량[kg]			55.3	55.4	55.2
용량	[kg]		48.3	48.3	48
	[ℓ]		48.3	48	48
밀도[g/㎤]	상부		0.947	0.946	0.946
	하부		0.946	0.947	0.947

시험에서 사용한 셀룰로오스계 바이오에탄올은 모든 조사항목에서도 사탕수수계 바이오에탄올과 동일한 결과를 얻을 수 있었으며, NEDO 프로젝트에서 개발된 셀룰로오스계 바이오매스로부터의 에탄올 제조기술은 연료용 에탄올로 충분히 좋은 품질을 갖추었다고 말할 수 있겠다.

표 6.1.10 주행시험 후의 neck 튜브 물성변화(경자동차)[5)]

				가솔린	셀룰로오스계E3	사탕수수계E3	시약E3	신품
재료	FKM	파열압	MPa	0.37	0.35	0.37	0.35	0.39
		경도	A	68	67	65	68	67
		체적변화	%	+10.8	+11.4	+12.4	+11.6	+9.2
	NBR/PVC	경도	A	75	72	73	70	68
		인장강도	MPa	13.5	13.4	12.7	13.2	14.8
		신장	%	420	350	300	400	520
		체적변화	%	+48.0	+45.5	+49.3	+45.9	+32.1

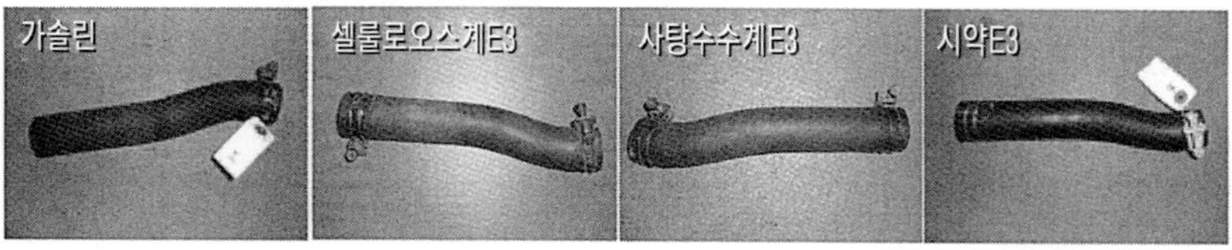

그림 6.1.30 주행시험 후의 neck tube 외관 (경자동차)[5)]

표 6.1.11 주행시험 후의 연료 튜브 물성변화 (경자동차)[5)]

<table>
<tr><th colspan="3"></th><th>초기품</th><th colspan="2">가솔린</th><th colspan="2">셀룰로오스계E3</th><th colspan="2">사탕수수계E3</th><th colspan="2">시약E3</th></tr>
<tr><td colspan="3">Seal성[MPa]</td><td>0.98</td><td colspan="2">0.98</td><td colspan="2">0.98</td><td colspan="2">0.98</td><td colspan="2">0.98</td></tr>
<tr><td colspan="3">파괴압력[MPa]</td><td>7.49</td><td colspan="2">7.55</td><td colspan="2">7.83</td><td colspan="2">7.97</td><td colspan="2">7.64</td></tr>
<tr><td></td><td>측정치</td><td>변화율</td><td></td><td></td><td></td><td></td><td></td><td></td><td></td><td></td><td></td></tr>
<tr><td rowspan="3">내면고무
+
중간고무</td><td colspan="2">인장강도[MPa]</td><td>10.5</td><td>11.9</td><td>13</td><td>10.5</td><td>±0</td><td>12</td><td>14</td><td>12.2</td><td>16</td></tr>
<tr><td colspan="2">신장[%]</td><td>310</td><td>320</td><td>3</td><td>290</td><td>-6</td><td>310</td><td>±0</td><td>310</td><td>±0</td></tr>
<tr><td colspan="2">Wallace경도</td><td>53</td><td>60</td><td>7</td><td>59</td><td>6</td><td>61</td><td>8</td><td>59</td><td>6</td></tr>
<tr><td rowspan="3">외면고무</td><td colspan="2">인장강도[MPa]</td><td>140</td><td>13</td><td>-7</td><td>13.7</td><td>-2</td><td>14.3</td><td>2</td><td>14.3</td><td>2</td></tr>
<tr><td colspan="2">신장[%]</td><td>350</td><td>300</td><td>-14</td><td>280</td><td>-20</td><td>310</td><td>-11</td><td>310</td><td>-11</td></tr>
<tr><td colspan="2">Wallace경도</td><td>69</td><td>70</td><td>1</td><td>70</td><td>1</td><td>71</td><td>2</td><td>71</td><td>2</td></tr>
</table>

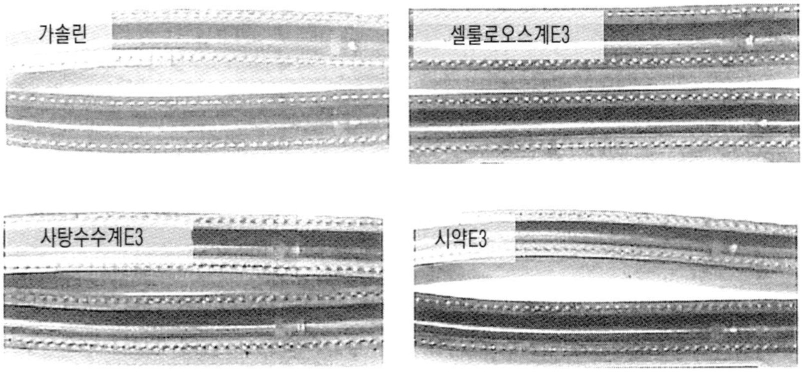

그림 6.1.31 주행시험 후 연료 튜브 외관 (경자동차)[5)]

표 6.1.12 주행시험 후의 연료 튜브 (수지) 물성 (소형자동차)[5)]

			가솔린	셀룰로오스계E10	사탕수수계E10
인발력[N] 커넥터튜브			711	665	659
인장물성	인장강도[MPa]		42	33	33
	신장[%]		260	260	270
O-링	대기측	내경	7.75	7.71	7.67
		선형	2.07	2.09	2.04
	연료측	내경	7.63	7.67	7.65
		선형	2.1	2.12	2.07

그림 6.1.32 주행시험 후 연료 튜브(수지) 외관 (소형자동차)[5)]

표 6.1.13 주행시험 후 연료호스(고무)의 물성 (소형자동차)[5)]

			가솔린	셀룰로오스계E10	사탕수수계E10
규격[㎜]	내부		8	7.9	8
	두께		2.89~2.96	2.91~3.01	2.90~2.93
파열압[㎫]			11.1	11.3	10.3
인장물성	내면+중간	인장강도[㎫]	13	12.5	12.8
		신장%	320	340	330
		Wallace강도[HW]	63	61	62
	외면	인장강도[㎫]	15.5	15.1	15.4
		신장[%]	320	300	310
		Wallace강도[HW]	48	47	48

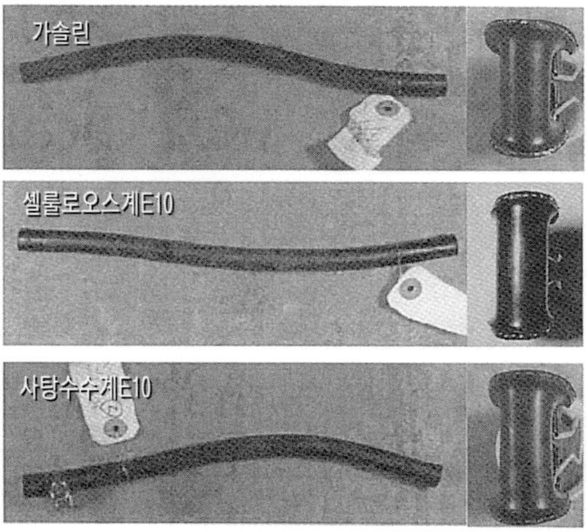

그림 6.1.33 주행시험 후 연료호스(고무)의 외관 (소형자동차)[5)]

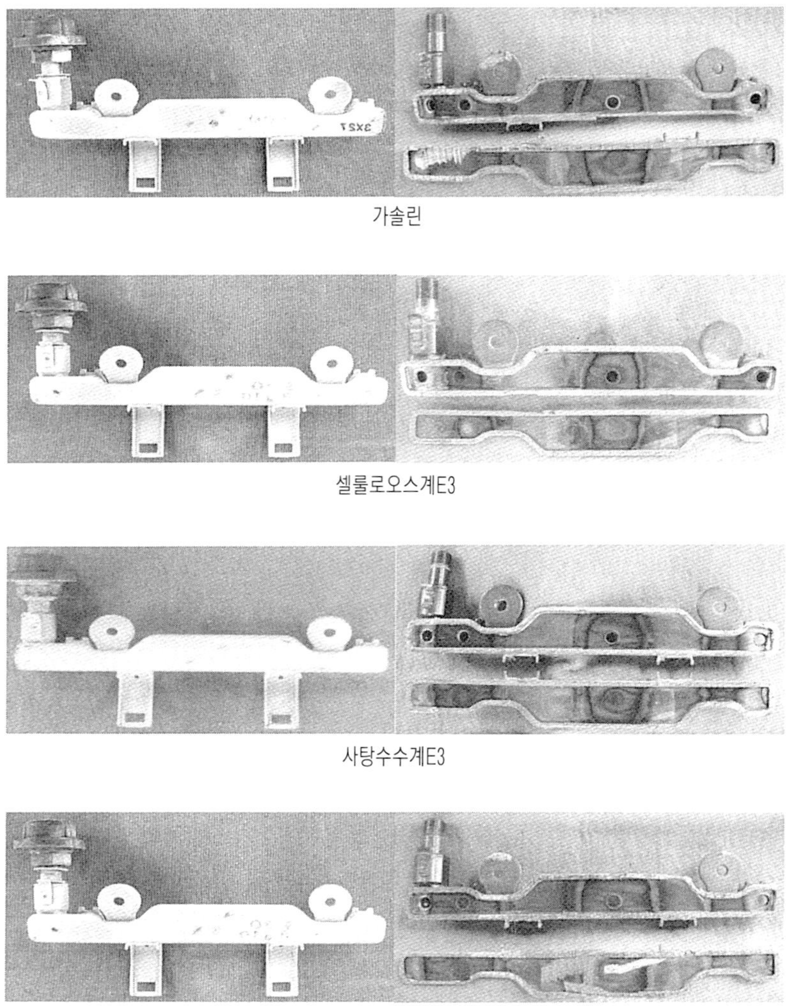

그림 6.1.34 딜리버리 파이프 분해사진 (경자동차)[5)]

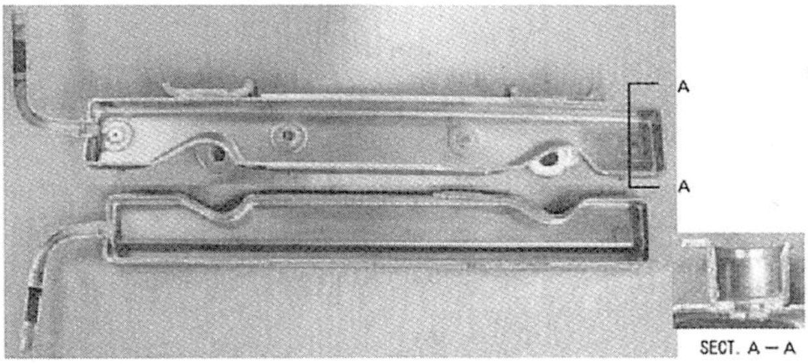

가솔린

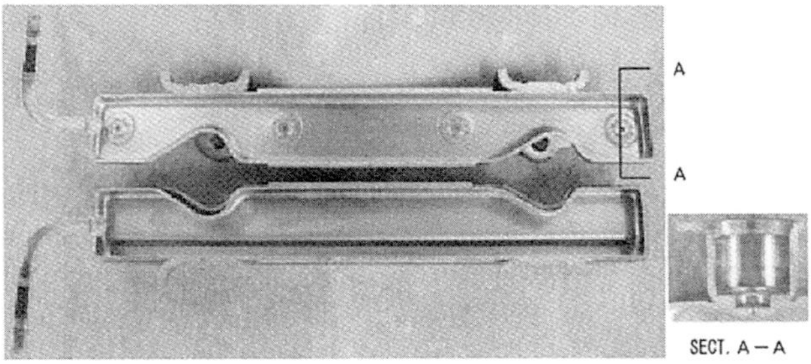

셀룰로오스계E10

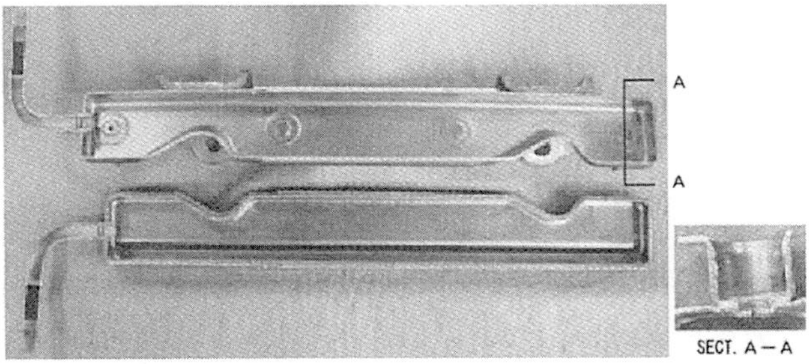

사탕수수계E10

그림 6.1.35 딜리버리 파이프 분해사진 (소형자동차)[5)]

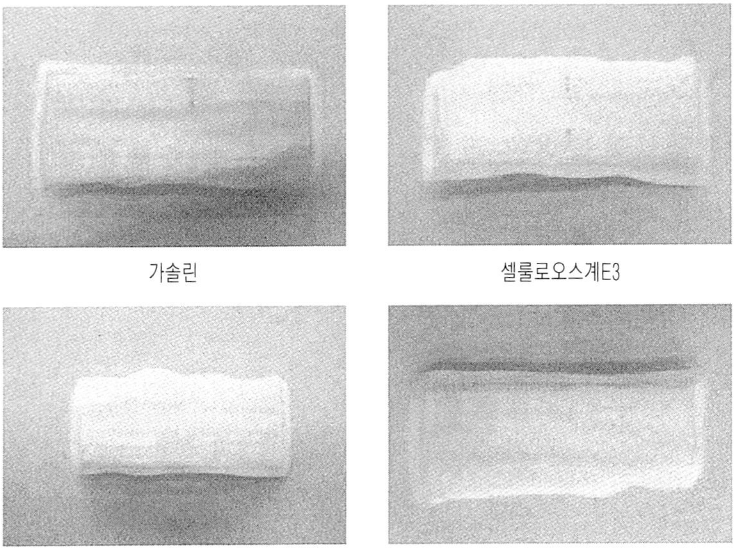

가솔린 셀룰로오스계E3 사탕수수계E3 시약E3

그림 6.1.36 연료 스트레이너 펌프 필터 외관 (경자동차)[5)]

가솔린 셀룰로오스계E10 사탕수수계E10

그림 6.1.37 스트레이너(상) 및 흡입필터(하) 외관 (소형자동차)[5)]

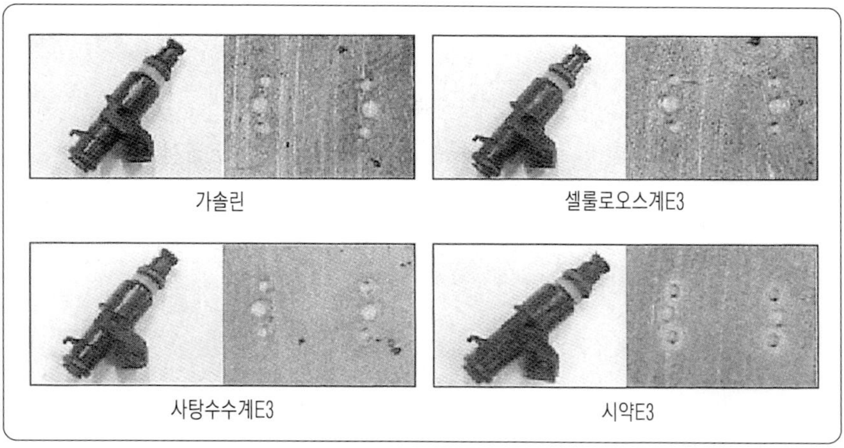

그림 6.1.38 인젝터 외관과 분사부 확대 사진 (경자동차)[5)]

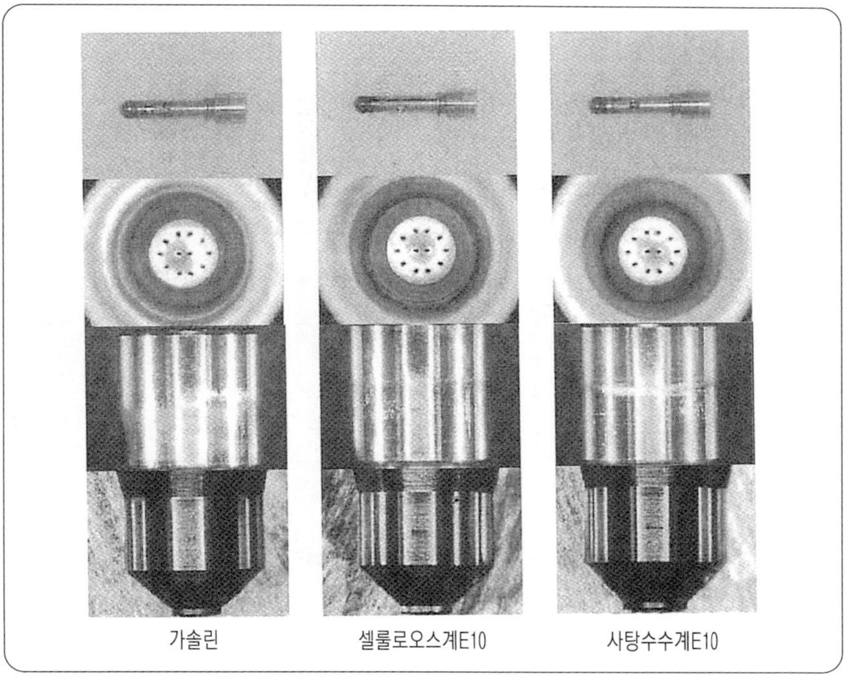

그림 6.1.39 인젝터 분해 사진 (소형자동차)
(위로부터 니들 ASSY, 시트 밸브, 볼트 밸브 습동부, 볼 밸브 습동부)[5)]

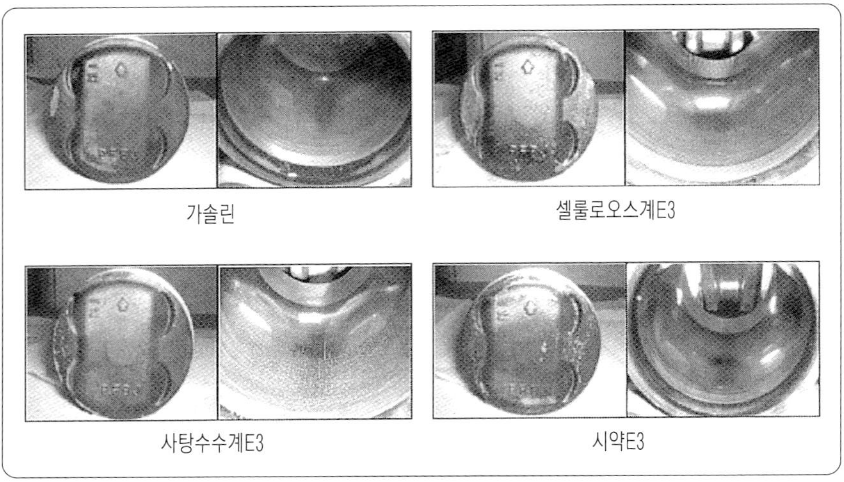

그림 6.1.40 피스톤 및 실린더 라이너 외관 (경자동차)[5)]

그림 6.1.41 피스톤 및 실린더 라이너 외관 (소형자동차)[5)]

인용・참고문헌

1) ワールドウォッチ研究所," Vital Signs 2006-2007"
2) 環境省，第4回エコ燃料利用推進会議資料(2006.5)).
3)「バイオマスエネルギー高効率転換技術開発　セルロース系バイオマスを原料とする新規なエタノール醗酵技術等により燃料用エタノールを製造する技術の開発　システム最適化及び総合調査研究」，平成15年度成果報告書(2004)).
4)「バイオマスエネルギー高効率転換技術開発　セルロース系バイオマスを原料とする新規なエタノール醗酵技術等により燃料用エタノールを製造する技術の開発　システム最適化及び総合調査研究」，平成16年度成果報告書(2005)).
5)「バイオマスエネルギー高効率転換技術開発　セルロース系バイオマスを原料とする新規なエタノール醗酵技術等により燃料用エタノールを製造する技術の開発　システム最適化及び総合調査研究」，平成13年度～平成17年度成果報告書(2006).
6) 塩谷　仁，木下幸一，後藤新一，齋藤熹敬，バイオエタノールの自動車燃料適用性に関する研究，自動車技術会論文集，36(6)，99-104(2005.11).
7) 塩谷　仁，後藤新一，バイオエタノール混合ガソリンによる自動車燃料適合性試験，BIO INDUSTRY，24(4)，44-52(2007.4).

2 여러 나라의 연료 에탄올의 규격과 분석법

자동차용 연료로서 바이오에탄올을 이미 도입하고 있는 대부분의 나라들은 자동차 연료용 바이오에탄올의 공적 품질규격 및 시험법을 규정하고 있다. EU에서는 연료용 에탄올의 기준에 대해 검토중이다[1].

일본에서도 최근에 바이오에탄올 연료이용에 관한 지역실증사업 등의 진전과 더불어, 연료용 에탄올의 품질규격에 대한 관심이 고조되고 있다. 저품질의 에탄올이 자동차에 사용되면서 주행성능에 문제가 생기는 것을 막기 위하여, 사단법인자동차기술회가 2006년 10월 3일자로 「자동차연료 혼합용 에탄올 규격」을 단체규격으로 하여 장래의 JIS화를 해갈 목적으로 제정한 것이다.

해외의 연료용 바이오에탄올의 규격에 대해서는 연료용 에탄올 이용에서 선진국인 브라질 및 미국 이외에 아시아 여러 나라의 연료용 바이오에탄올 규격 및 분석법에 대해 소개하고, 일본의 연료용 바이오에탄올 규격 및 분석법에 대해서도 소개하겠다.

브라질의 연료용 바이오 에탄올의 규격

1) 브라질의 연료용 에탄올 현황

브라질에서는 1931년에 연료용 에탄올 추진정책으로 「정부의 공용차는 에탄올 10% 혼합 가솔린을 사용, 공공용 차량은 5% 이상의 에탄올 혼합 가솔린을 사용한다.」라고 에탄올을 이용하기 시작하였다. 그 후 석유위기를 계기로 1975년에 에너지 자급을 목표로 한 프로알코올 계획을 책정하여 많은 어려움을 극복하면서 현재의 연료용 에탄올 이용면에서 세계를 리드할 초석을 마련하였다.

브라질의 가솔린 자동차용 연료는 에탄올 혼합 가솔린(가소홀이라고 함)을 이용하고 있으며, 에탄올 혼합농도는 「설탕 · 에탄올 각성(各省) 연락평의회」가 국내의 에탄올의 수급균형을 감안하여 정하고 있다[2]. 2003년 시점에서 에탄올의 혼합농도는 25±1%이었지만, 에탄올의 수출량 증가에 따라 2006년 3월 1일에는 20±1%로 에탄올 혼합비율이 내려갔다가 2006년 11월 20일에는 23±1%로 에탄올 혼합률은 다시 올라갔다.

브라질에서 시판하는 모든 가솔린은 에탄올을 혼합한 가소홀이며 일본에서 말하는 보통 가솔린은 브라질에서는 유통되지 않고 있다. 또한, 순수 함수에탄올(95% 에탄올)을 연료로 하는 에탄올자동차나 에탄

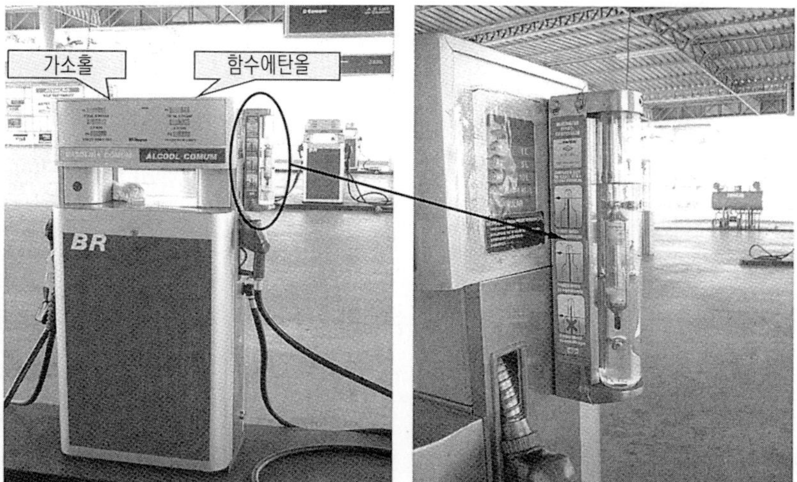

그림 6.2.1 브라질의 급유소의 급유기

올부터 가솔린까지 에탄올의 혼합농도와 관계없이 이용할 수 있는 플렉스연료자동차(FFV차)가 시판되고 있다.

그림 6.2.1에는 브라질에서 주유소의 함수에탄올과 가소홀의 주유기의 사진을 실었다.

함수에탄올의 주유 노즐의 바로 앞에 타원으로 둘러싸인 부분의 계기는 부칭식(浮秤式)의 액체비중계를 띄운 것인데 이는 주유되는 함수에탄올 농도를 소비자들이 알 수 있도록 배려한 것이다.

2) 브라질의 연료용 바이오에탄올 규격

브라질의 연료용 에탄올의 품질규격은 브라질 국가석유청 성령(省令) No.2로 가솔린 혼합용 무수에탄올을 대상으로 한 「연료용 무수에탄올규격(무수규격)」 및 에탄올 자동차용 순수 함수에탄올을 대상으로 한 「연료용 함수에탄올규격(함수규격)」의 두 종류 규격이 있다.

표 6.2.1에 브라질의 연료용 에탄올의 규격항목, 규격치 및 분석방법을 나타냈다[3)].

무수 및 함수규격의 규격항목 가운데, 공통 항목은 외관, 색상, 전산도(全酸度), 전기전도도, 밀도, 알코올 함유량(사탕수수 원료에 의한 발효 이외 방법으로 제조된 것의 경우는 에탄올 함유량), 탄화수소 함유량의 7개 항목이 규정되어 있다. 무수규격에서는 구리의 1개 항목이, 함수규격에서는 pH, 증발잔분, 염화물 이온, 황산이온, 철 및 나트륨의 6개 항목이 별도로 각각 규정되어 있다.

여기서부터는 가솔린 혼합용 무수에탄올의 규격에 대해 설명하겠다.

무수규격의 규격항목과 규격치는 제조한 가소홀을 사용했을 때, 자동차의 운전성능에 지장이 없도록 아래에 나타낸 개념에 기초하여 규정하고 있다.

표 6.2.1 브라질의 연료용 에탄올 규격[3)]

브라질 국가 석유청 성령 No. 2, 2002년 1월 16일

규격항목	단위	무수연료 에탄올	함수연료 에탄올	분석방법
외관	-	투명하고 부유물이 없을 것	투명하고 부유물이 없을 것	눈으로 관측
색상	-	무색 혹은 담황색	무색 혹은 담황색	눈으로 관측
전산도 (초산기준)	mg/ℓ	30 이하	30 이하	NBR 9866 (중화적정법)
전기전도도	μS/m	500 이하	500 이하	NBR 10547 (전기전도도계법)
밀도(20℃)	kg/m³	791.5 이하	807.6~811.0(*1)	NBR 5992 (저울식 밀도계법)
알코올함유량	wt%	99.3 이하	92.6~93.8(*2)	NBR 5992 (밀도로부터 환산)
pH	-	-	6.0~8.0	NBR 10891 (pH미터법)
증발잔분 (*3)	mg/100mℓ	-	5 이하	NBR 8644 (증발중량측정법)
탄화수소함유량 (*3)	Vol%	3.0 이하	3.0 이하	NBR 13993 (식염수추출용량측정법)
염화물이온 (*3)	mg/kg	-	1 이하	ABNT 10894 or NBR 10895 (이온크로마토그래프 or 전위차적정법)
에탄올함유량 (*4)	mg/kg	99.3 이상	92.6 이상	ASTM D 5501 (가스크로마토그래프)
황산이온	mg/kg	-	4 이하	ABNT 10894 or NBR 12120 (용량 적정법 or 이온크로마토그래프)
철	mg/kg	-	5 이하	NBR 11331 (원자흡광분석법)
나트륨	mg/kg	-	2 이하	NBR 10422 (염광광도법)
구리 (*5)	mg/kg	0.07 이하	-	NBR 10893 (원자흡광분석법)

*1: 수입 및 유통에는 805.0-811.0 적용
*2: 수입 및 유통에는 92.6-94.7 적용
*3: 수입 및 유통에 적용
*4: 사탕수수의 발효 이외의 방법으로 생산된 에탄올에 적용
*5: 제조설비와 배관 등에 구리 또는 구리합금이 사용되고 있는 경우에 적용
NBR: 브라질국가규격
ABNT: 브라질국가기술규격협회
(출전: Saito, "바이오사이언스와 인더스트리", 64(9), 515 (2006))

① 알코올분, 밀도 및 수분

브라질에서는 연료용 에탄올이 특히 미변성이어서, 「에탄올 함량의 주된 잔분(殘分)은 수분이다」라는 논리에 따르고 있다. 따라서 알코올 함량의 규격치를 99.3wt%(99.56vol%) 이상으로 규정함으로서 수분농도가 담보되므로 수분은 규격 항목에 들어있지 않다.

가소홀 이용에서 수분에 의한 상분리 문제에 대해서는 「1wt%의 물을 함유한 무수에탄올(99wt%)을 이용하여 제조한 E25(가솔린에 에탄올을 25% 혼합한 가소홀, 이하 같은 방식으로 표기함)의 수분함유율은 약 0.2 wt%가 되며, 마찬가지로 E10의 수분함유율은 약 0.079wt%가 된다. 이 경우, 온도 -10℃까지는 상분리는 일어나지 않는다」라는 실험 사실로부터, 알코올 함유 규격치 99.3wt%(99.56vol%) 이상이라면, 가소홀의 상분리에 대해서 충분히 여유가 있다는 견해이다.

② 탄화수소

수입이나 유통에서는 탄화수소량을 3.0vol% 이하로 규정하고 있지만, 이것은 파이프라인 수송에서의 공용배관 이용이나 수송시 탱커나 탱크로리에서의 오염(contamination)을 고려하여, 연료용으로 허용할 수 있는 범위로 규격화되어 있다.

정제상태가 안 좋은 연료용 바이오에탄올 중에는 알데히드류, 에스테르류, 알코올류 등의 발효 부생성물이 존재하지만, 이들 불순물이 보통 들어있는 농도의 4~20배나 진한 경우에도 자동차 배출가스의 에미션에는 큰 차가 없다. 이 사실은 이들 유기불순물에 대해 규격화할 필요성을 인식하지 않고 있다는 것이 된다.

③ 전산도(全酸度)

유기산류는 금속재료의 부식을 증진시키기 때문에 초산 등의 유기산함량으로 전산도를 규정하고 있다.

④ 전기전도도

전기전도도는 강전해질 이온류, 특히 Na^{+} 및 SO_4^{2-}의 함유량에 크게 영향을 받아, 이들 강전해질 이온류는 연료 계통이나 엔진 계통에서의 침착물(deposit) 형성에 관여한다. 전기전도도를 파악함으로써 강전해질 이온류의 오염(contamination)을 총체적으로 감시할 수 있기 때문에 전기전도도가 규격화되어 있다.

⑤ 구리

구리는 가솔린의 고무(gum)질 생성반응에 강한 촉매작용을 나타내는 경우, 에탄올 제조 장치에 구리 혹은 구리합금이 이용될 때 구리가 에탄올에 조금이라도 용해되는 경우 등을 고려하여 규격화하고 있다.

미국의 연료용 바이오에탄올 규격

1) 미국의 연료용 바이오에탄올의 현황

미국에서 옥수수를 원료로 한 연료용 에탄올은 1930년대부터 이용되고 있었다. 석유위기를 계기로, 1970년에는 잉여 옥수수에서 만든 에탄올을 가솔린에 대체하는 용도로 이용하게 된 것이다. 1978년에 E10에는 연방소비세 면제조치가 실시되면서 가소홀이 시장에 널리 유통되었다. 1990년 대기오염방지법이 개정되면서, 일부 지역에서는 함산소연료(에탄올, MTBE(Methyl Tertiary Butyl Ether) 등)의 사용이 의무화 되었다. 그 후, MTBE에 의한 지하수 오염문제 때문에 각 주에서는 MTBE 사용을 금지하는 분위기가 되어, 미국 전역에 함산소연료로 에탄올을 이용하게 되었다.

부시대통령은 2006년 1월 31일의 일반교서 연설에서, 2012년까지 셀룰로오스 원료에서 바이오에탄올 연료를 실용화하는 등 석유 대체에너지의 기술개발을 중요항목으로 내놓았다. 최근에는 미네소타, 몬태나, 하와이, 미주리, 워싱턴, 아이다호, 콜로라도, 캘리포니아, 아이오와, 일리노이, 오하이오, 루이지애나, 테네시 등의 각주가 독자적으로 바이오에탄올 최저사용기준을 설정할 움직임이 있다[4).

미국의 연료에탄올은 재무성 알코올담배세통상국(TTB) 규칙에 의해 연료용으로 규정된 변성방법 「Formular C.D.A.20」에 따라 가솔린 변성 연료 에탄올로 유통되고 있다.

2) 미국의 연료용 바이오에탄올 규격

미국의 연료용 에탄올의 품질규격은 ASTM D 4806으로, 스파크 점화식 자동차엔진용 가솔린에 첨가되는 무수 변성연료 에탄올에 대해 규격화하고 있다.

표 6.2.2에 ASTM D 4806-07(ASTM규격)의 규격항목, 규격치 및 분석법을 나타냈다.

규격항목으로 외관, 에탄올, 메탄올, 세정 고무질, 수분, 변성제 함량, 무기염화물 이온, 구리, 산도, pHe(유리전극 pH 미터에 의한 에탄올의 pH 지시값), 황, 황산염의 12개 항목을 규정하고 있다. 규격항목과 규격치는 브라질과 마찬가지로 자동차의 운전성능에 문제를 일으키지 않도록 한다는 원칙이다.

① 에탄올 및 수분

ASTM규격의 에탄올 항목은 가솔린 변성되고 있어서, 비중측정법으로는 분석 오차가 커지기 때문에, 가스크로마토그래프에 의한 분석법을 규정하고, 에탄올의 순수 함유량을 92.1vol% 이상으로 규격화하고 있다. 따라서 상분리에 영향을 주는 수분도 규격화할 필요가 있는데, 수분은 칼피셔 분석에 의해 1.0vol% 이하로 규정하고 있다. 또한, 변성연료 에탄올에 이용하는 미변성 에탄올은 제조시점에서의 비중

표 6.2.2 미국의 변성연료 에탄올 규격

ASTM D 4806-07 (2007년 7월 15일 승인)

규격항목	단위	변성연료에탄올	분석방법
외관	-	무색투명하며 현탁물이나 부유물이 없을 것	눈으로 관측
에탄올	vol%	92.1 이상	ASTM D 5501 (가스크로마토그래프)
메탄올	vol%	0.5 이하	ASTM D 5501 (가스크로마토그래프)
세정 고무질	mg/100mℓ	5.0 이하	ASTM D381 (헵탄 추출-증발중량 측정법)
수분	vol%	1 이하	ASTM E 203 or E1064 (칼피셔 분석법)
변성제 함량	vol%	1.96~4.76	재무성 알코올 담배세 통상국 (TTB) 변성방법[Formula C.D.A.20]에 의함
무기염화물이온	ppm(mg/mℓ)	40(32) 이하	ASTM D 512-81 (1985) *1 (수은적정, 초산은 적정, 이온전극법)
구리	mg/kg	0.1 이하	ASTM D 1688 (원자흡광법)
산도(초산기준)	mass%(mg/ℓ)	0.007(56) 이하	ASTM D 1613 (중화적정법)
pHe	-	6.5~9.0	ASTM D 6423 (pH 미터법)
황	mass ppm	30 이하	ASTM D 2622 (파장분산형광X선법) ASTM D 3120 (電量滴定酸化法) ASTM D 5453 (자외형광법) ASTM D 6428 (연소관식공기법)
황산염	mass ppm	4 이하	ASTM D 7318 (전위차적정법) ASTM D 7319 (Suppressor형 이온크로마그래프) ASTM D 7328 (연소관식공기법)

(15.56/15.56℃)이 0.7937~0.7977(약 100~99.7vol%) 범위의 것을 사용하도록 하고 있다.

② 변성제 및 세정 고무질

변성제 함량은 TTB 규칙으로 무연가솔린에 의한 변성방법이 법적으로 규정되어 있기에 분석법 등은 따로 규정하지 않고 있다. 변성제로 질 나쁜 가솔린이 사용되는 것을 방지하기 위해 세정 고무질 항목을 규격화하고 있다.

③ 메탄올

메탄올은 가소홀의 상분리를 조장하고 증기압을 상승시킨다. 특히 2.5vol%를 넘으면 이런 경향이 현저하게 나타나기 때문에, 그리고 미국에서는 메탄올 변성에탄올이 유통되고 있어서 메탄올 변성에탄올이 연료용으로 사용하지 못하도록 하기 위해서도 메탄올 함유량을 0.5 vol% 이하로 규정하고 있다.

④ 염화물 이온 및 산도

염화물 이온은 많은 금속류에 대한 부식성을 가지고 있고, 초산 등 저분자량의 유기산의 희박수용액은 많은 금속류에 대해 고도의 부식성을 가지고 있어서 규격화하고 있다.

⑤ 구리

구리는 탄화수소류의 저온 산화반응에 대해 고활성 촉매작용을 갖고 있다. 또한 시판되는 가솔린에서 구리농도가 0.012ppm 이상 들어있으면 고무질의 생성속도가 급격히 증가한다는 것이 실험에 의해 확인되었다. 그래서 E10에서의 이용을 고려하여 연료에탄올 중의 구리함유량을 0.1ppm 이하로 규정하고 있다.

⑥ pHe

pHe라는 것은 유리전극 pH 미터를 이용했을 때의 에탄올의 pH 지시값으로 정의하고 있다. 에탄올의 pHe값이 6.5보다 낮으면 연료펌프의 오작동, 연료 인젝터 부분의 열화 혹은 실린더의 피막형성 등이 일어난다. pHe값이 9.0을 넘으면 연료펌프의 플라스틱 부분이 열화하기 때문에 pHe값을 6.5~9.0의 범위로 규정하고 있다. E10에 사용하는 경우는 이런 좋지 않은 영향이 줄어든다고 설명하고 있다.

⑦ 황

미국환경성(EPA)이 자동차 배기가스 기준을 달성하기 위하여 가솔린 중의 유황분 규제를 제정한 점과 유황분은 배기가스 촉매 컨버터를 열화시키는 점 때문에, 2004년 개정에서 유황 항목을 추가하여 규격치를 30ppm 이하로 규정했다.

⑧ 황산염

무기 황산염은 주유소의 터빈미터에서의 침착물 형성, 펌프필터의 막힘과 자동차 엔진연료 분사기의 막힘 등을 야기하므로, 2006년 개정에서 황산을 새로 추가하여 규격치를 4ppm 이하로 규정하였다.

아시아 각국의 연료용 바이오에탄올 규격

1) 중국의 연료용 바이오에탄올 규격

중국에서는 「제10차 5개년계획」으로 E10이용 추진방침이 2000년에 정해졌는데, 이 계획기간 내에 흑룡강성, 길림성, 하남성 및 안휘성까지 사용을 확대해가려 하고 있다[5].

중국의 연료용 바이오에탄올 규격은 2001년 중화인민공화국 국가표준 「연료용 변성에탄올」 GB18350-2001로 국가품질 기술감독국에서 발표했는데, 연료용 바이오에탄올은 미국과 마찬가지로 가솔린에 혼합한 형태로(가솔린 변성되어) 유통되고 있다.

표 6.2.3에 중국의 연료용 변성 에탄올 규격의 항목, 규격치 및 분석방법[6]을 나타냈다.

중국규격의 내용은 변성제를 규격항목에서 제외된 것 외에는 ASTM D4806-99와 거의 같다. 수분함유량을 0.8vol% 이하로 규정하고 있어서, ASTM보다 약간 엄격한 규격치이다. ASTM D4806-99에서는 황은 규격화되어 있지 않다. 또, 구리는 리터당 0.08mg 이하로 단위를 [mg/ℓ]

표 6.2.3 중국의 연료용 변성 에탄올 규격[6)]

GB 18350-2001 (2001년 4월 15일 실시)

성상	단위	변성 연료에탄올	분석방법
외관	-	무색투명하고 현탁물이나 부유물이 없을 것	눈으로 관측
에탄올	vol%	92.1 이상	부록A (가스크로마토그래프)
메탄올	vol%	0.5 이하	부록A (가스크로마토그래프)
세정 고무질	mg/100mℓ	5.0 이하	GB/T 8019
수분	vol%	0.8 이하	부록B (칼피셔분석법)
무기염화물이온	mg/ℓ	32 이하	부록C (전위차적정법)
산도(초산기준)	mg/ℓ	56 이하	부록D (중화적정법)
구리	mg/ℓ	0.08 이하	부록E (프레임레스 원자흡광법)
pHe [1)]	-	6.5~9.0	부록F (pH미터법)
[1)] pHe는 2002년 4월 1일까지 잠정적으로 [5.7~9.0]으로 한다.			

주: 유효한 금속부식 억제제를 첨가하여 자동차용 에탄올 가솔린에서의 구리시편 부식에 관한 요구를 만족할 것.

로 하고 있어서, ASTM의 0.1mg/kg 이하와 거의 같다.

분석방법은 ASTM D4806-99와 같다.

2) 태국의 연료용 바이오에탄올 규격

태국에서는 1996년에 왕실의 프로젝트로 연료에탄올의 혼합이용이 검토되기 시작하였다. 2001년에 E10의 시험판매가 개시되었고 2004년에는 E10이 급속히 확대되었다. 2006년에는 고옥탄 연료는 전량 E10화하고, 2011년에는 가솔린의 전부를 E10화할 계획이다.

태국의 연료에탄올 규격은 2005년에 「변성연료에탄올 국가규격」으로 에너지성(省) 에너지사업청이 발표하였으며, 연료용 바이오에탄올은 미국이나 중국과 마찬가지로 가솔린에 혼합하여 유통되고 있다.

표 6.2.4에 태국의 변성연료 에탄올 국가규격[8)]을 나타냈다.

표 6.2.4 태국의 변성연료 에탄올 국가규격[8)]

변성 에탄올의 품질과 성분의 규정에 관한 에너지사업청의 공시에 의함

B.E.2548 (2005년)

규격항목	규격치	시험방법
에탄올 및 포화고급알코올류 [용량%]	99.0 이상	EN 2870 Appendix2 Method B
탄소수 3-5의 포화 1가 알코올류 [용량%]	2.0 이하	EN 2870 Method Ⅲ
메탄올 [용량%]	0.5 이하	EN 2870 Method Ⅲ
실재고무(세정) [mg/100㎖]	5.0 이하	ASTM D 381
물 [중량%]	0.3 이하	ASTM E 203
무기염화물 [mg/ℓ]	20 이하	ASTM D 512
구리 [mg/kg]	0.07 이하	ASTM D 1688
산성도(초산기준) [mg/ℓ]	30 이하	ASTM D 1613
pHe	6.5~9.0	ASTM D 6423
전기전도도 [μS/m]	500 이하	ASTM D 1125
외관	현탁물이나 부유물이 없고 상분리가 없는 투명한 액체	눈으로 관측
첨가물(첨가하는 경우)	에너지사업청 장관의 승인을 얻은 것	

태국의 변성연료 에탄올 국가규격은 ASTM D 4806-99를 기본으로 하여, 브라질 규격의 전기 전도도 항목을 추가한 내용으로 되어 있다. 수분 함량이 0.3mass% 이하, 무기염화물이 20mg/ℓ 및 산성도가 30mg/ℓ로 어느 것이든 ASTM 및 중국의 규격치보다 엄격하게 되어 있다. 구리 함유량은 브라질의 규격치와 같아 ASTM 및 중국의 규격치 보다 엄격하다. 구리 함유량은 브라질의 규격치와 같아 ASTM 및 중국의 규격치 보다 엄격하다. 분석법은 EN(유럽규격) 및 ASTM을 인용하고 있다.

3) 필리핀의 연료용 바이오에탄올 규격

필리핀에서는 2005년에 연료에탄올 국가규격을 제정하고, 2007년 2

표 6.2.5 필리핀의 바이오에탄올연료(E100) 국가규격[8)]

에너지성 석유제품 및 첨가물 기술위원회 공시
DPNS/DOE QS 007:2005

바이오에탄올은 곡물, 농산물 찌꺼기 및 모든 바이오매스를 원료로서 제조한 것을 의미함

규정항목	규격치	시험방법
외관	현탁물이나 부유물이 없고 상분리가 없는 투명한 액체	눈으로 관찰
산성도/염기성도 [pHe]	6.5～9.0	PNS ASTM D 6423
구리 [mg/kg]	0.1 이하	PNS ASTM D 1688
변성제* [용량%]	1.96～4.76	
비중(at 20℃)(미변성) [kg/ℓ]	0.7915 이하	PNS ASTM D 4052
전기전도도 [μS/m]	500 이하	MB-2788(NBR-10547)
에탄올함량(제조시) [° INMP(주)]	99.3 이상	MB-1533(NBR-5922)
에탄올함량(변성시) [용량%]	95.8 이상	PNS ASTM D 5501
무기염화물 [mg/ℓ]	40 이하	PNS ASTM D 512
메탄올 [용량%]	0.5 이하	PNS ASTM D 5501
전산량(초산기준) [용량%)	0.007 이하	PNS ASTM D 1613
수분 [용량%]	0.7 이하	PNS ASTM E 203

* 무연가솔린(프리미엄급 이상)만 사용 가능.
주 : "° INMP"는 브라질 규격에서는 "° INPM"(중량%)로 기재.

월 7일에 바이오연료법이 발효되어 2년 이내에 모든 가솔린을 E5 이상으로 한다고 되어있다[7)].

필리핀의 연료에탄올 규격은 2005년에 「바이오에탄올연료(E100)국가규격」 DPNS/DOE QS 007: 2005로 에너지성(省) 석유제품 및 첨가물 기술위원회에 의해 발표되었는데, 가솔린에 혼합하여 유통되고 있다.

표 6.2.5에 필리핀의 바이오에탄올 연료(E100)국가규격[8)]을 나타냈다.

필리핀의 연료에탄올 규격은 ASTM D 4806-99를 기본으로 하여, 브라질 규격에 있는 전기전도도 항목을 추가한 내용으로 되어 있다.

수분함량에 대해서는 0.7 vol% 이하와 ASTM 및 중국의 규격치보다 엄격하게 되어 있다. 염화물 이온은 ASTM보다 느슨한 규격치이다. 분석법에 대해서는, 전기전도도 항목과 에탄올 함량은 NBR을 인용하고 있고, 그 외의 규격항목에서는 ASTM을 인용하고 있다.

4) 인도의 연료용 바이오에탄올 규격

인도는, 브라질, 미국, 중국에 이어 세계 제4위의 에탄올 생산국이며 설탕 생산은 브라질에 이어 세계 제2위이다.

에탄올을 자동차용 연료로 이용한 것은 2003년에 E5를 이용하기 시작하면서부터이다. 그 후 가뭄의 영향도 있어 의무이행은 일시 보류되었지만, 2006년부터 E5의 의무이행을 일부 지역에서 실시하고, 2007년부터는 E10의 의무이행을 검토하고 있다. 표 6.2.6에 인도의 자동차

표 6.2.6 인도의 자동차 연료용 무수에탄올 규격[1)]

인도규격 IS 15464:2004

규정항목	단위	규격치
비중 at 15.6/15.6℃	-	0.7961 이하
에탄올함량 at 15.6℃ (변성제를 제외)	용량%	99.5 이상
물혼화성	-	혼화
염기도	-	불검출
산성도(초산기준)	mg/ℓ	30 이하
증발잔분	wt%	0.005 이하
알데히드 (아세트알데히드 기준)	mg/ℓ	60 이하
구리	mg/kg	0.1 이하
전기전도도	μS/m	300 이하
메탄올	mg/ℓ	300 이하
외관	-	투명한 액체

연료용 무수에탄올 규격[1])을 나타냈다.

일본의 가솔린 혼합용 연료 에탄올 규격

1) 일본의 연료 에탄올 이용 현황

일본에서의 연료 에탄올은 브라질과 미국 등보다 수년 늦게 이용되기 시작하였다. 1937년에 액체연료의 자급화를 위해, 휘발유(가솔린) 혼용의 무수알코올의 공급을 주된 목적으로 알코올 전매법을 시행했다. 1938년에는 「휘발유급 알코올 혼용법」을 시행하여, 5%의 알코올(에탄올)을 가솔린에 혼용하는 것을 발표, 같은 해 9월에는 혼입률을 10%로 수정하였다[9]. 제2차 대전 후 알코올전매제도는 군수 목적에서 민수로 대전환되어, 에탄올은 행정적 규제와 병행하여 공업용도로도 안정적인 공급의 한 축을 담당하게 되었다. 1955년대 이후 석유산업의 확대와 더불어 일본에서는 에탄올을 자동차용 연료로 이용하는 것에 대해서는 거의 잊혀졌다. 또한 알코올 전매법은 2001년 3월말을 기점으로 폐지되었다.

1997년의 지구온난화 방지회의에서 채택된 「교토의정서」가 2005년 2월 16일에 정식으로 발효되어 「바이오매스 일본종합전략」으로서 다시 바이오에탄올을 자동차연료로 이용하는 것을 추진하게 되었다.

최근의 바이오에탄올을 수송용 액체연료로 이용하는 것에 대해서는 2003년 8월의 「휘발유 등의 품질확보 등에 관한 법률」을 개정하여 가솔린에 에탄올을 혼합하는 농도를 3%(E3)로 하기로 결정하였다. 2007년에는 ETBE(Ethyl Tertiary Butyl Ether) 가솔린에 혼합이용이 시험적으로 시작되었지만, E3에 대해서는 지역실증 사업으로만 사용되고 있을 뿐, 아직 일반시장에서는 유통되고 있지 않다.

E3의 유통에 있어서 흡습 등에 의한 상분리 등의 문제가 염려되어,

재단법인 석유산업 활성화센터는 경제산업성의 위탁을 받아 E3의 유통과정에서 품질과제의 검정을 1년간에 걸쳐 실시하였다. 그 결과, E3의 제조, 출하, 수송, 저장, 급유의 모든 공정에서 E3의 품질에 커다란 변화는 보이지 않았다고 보고[10)]하고 있다.

2) 일본의 연료용 바이오에탄올 규격

사단법인 자동차기술회는 휘발유 등의 품질확보 등에 관한 법률을 개정하게 된 이유였던 고농도 알코올 함유 연료사용에 따른 차량화재

표 6.2.7 사단법인 자동차기술회 규격

JASO M 361:2006「자동차연료-혼합용 에탄올」

(2006년 10월 3일 제정)

규격항목	단위	규격치	시험법 개요
외관	-	무색투명하고 현탁물이나 부유물이 없을 것	눈으로 관측
알코올분	vol%	99.5 이상	JAAS 001*1의 6.2 (주정계법)
메탄올	g/ℓ	4.0 이하	JAAS 001*1의 6.4 (가스크로마토그래프)
수분	mass%	0.70 이하	JIS K 8101(칼피셔법)
유기불순물 (메탄올 제외)	g/ℓ	10 이하	JAAS 001*1의 6.4 (가스크로마토그래프)
전기전도도	μS/m	500 이하	JIS K 0130(전기전도도계법)
증발잔분	mg/100mℓ	5.0 이하	JAAS 001*1의 6.3 (중량법)
구리	mg/kg	0.1 이하	JIS K 0101의 51.2(프레임원자흡광법) 또는 JIS K 0101의 51.3(전기가열원자흡광법)
산도(초산기준)	mass%	0.0070 이하	ISO 1388/2(중화적정법)
pHe	-	7.0±1.0	복합유리전극 pH미터법
황	mg/kg	10 이하	JIS K 2541-6 (자외형광법) 또는 JIS K 2541-7 (파장분산형광X선법)

*1 : 알코올협회 규격「에탄올」

표 6.2.8 셀룰로오스계 원료에서 제조한 에탄올의 성상 · 조성 분석결과[3)]

		시약특급	파일럿플랜트 제조 연료 에탄올				
제조	Lot No.	-	BE040911	BE050203	BE050516	BE050531	BE051203
	연월일	-	2004.9.11	2005.2.3	2005.5.16	2005.5.31	2005.12.3
	수량	-	83ℓ	67ℓ	18ℓ	101ℓ	103ℓ
	원료	-	건설폐재	건설폐재	덴트콘 (옥수수종류)	건설폐재	건설폐재
분석항목	외관	무색투명, 부유물 불포함	무색투명, 부유물 불포함	무색투명, 부유물 불포함	무색투명, 부유물 불포함	무색투명, 부유물 불포함	무색투명, 부유물 불포함
	비중 ($d^{15}{}_{15}$)*1	0.7945	0.7952	0.7953	0.7947	0.7952	0.7952
	에탄올분 (vol%)*2	99.9	99.8	99.8	99.9	99.8	99.7
	물 (mass%)	0.06	0.24	0.28	0.06	0.26	0.23
	메탄올 (mg/ℓ)	< 1	976	1,256	406	419	711
	유기불순물 (mg/ℓ) (메탄올은 제외)	< 1	4,197	3,743	1,066	2,842	4,017
	전기전도도 (μS/m)	7	15	8	28	6	14
	증발잔분 (mg/100mℓ)	0.0	0.1	0.1	0.0	1.1	0.2
	구리 (mg/kg)	0.002	0.010	< 0.001	< 0.001	0.001	< 0.001
	산도 (mass%) (초산기준)	0.0009	0.0013	0.0017	0.0018	0.0012	0.0023
	pHe	-	-	6.7	6.1	7.4	7.1
	황 (mg/kg)	< 0.5	< 0.5	< 0.5	< 0.5	< 0.5	0.7
	염화물이온 (mg/kg)	< 0.05	< 0.05	< 0.05	< 0.05	< 0.05	< 0.05
	황산이온 (mg/kg)	< 0.1	0.1	0.1	< 0.1	< 0.1	< 0.1
	철 (mg/kg)	0.003	0.057	0.002	< 0.001	< 0.001	< 0.001
	나트륨 (mg/kg)	0.024	0.019	0.038	0.028	0.020	0.072

*1 : 진동식 밀도계로 측정

*2 : 주정계로 측정

(출전 : Saito, 바이오사이언스와 인더스트리, 64(9), 515 (2006))

사고를 교훈 삼아, 향후 E3 유통시 조악한 에탄올이 E3에 사용되어 자동차 주행성능에 문제를 일으키는 것을 미연에 방지하고자 하였다. 그리하여 가솔린 혼합용 에탄올의 품질에 대해, 장래의 JIS 규격화를 미리 내다본 업계단체의 품질규격을 2004년부터 검토하기 시작하였다.

규격의 검토에 있어서, 지금까지 말한 해외의 품질규격 및 제4장 제1절에서 설명한 NEDO-PJ의 파일럿플랜트에서의 셀룰로오스계 원료로부터 제조한 에탄올에 대해 성상·조성 분석 그리고 자동차 주행시험을 포함한 자동차 적용성 시험 등의 많은 조사연구 성과[11]도 참고하면서 검토 심의하였다. 그리고는 2006년 10월 3일자로 사단법인 자동차기술회 규격 JASO M 361:2006「자동차 연료-혼합용 에탄올」을 제정하였다.

JASO M 361:2006「자동차 연료-혼합용 에탄올」의 규격항목, 규격치 및 시험법 개요를 표 6.2.7에 나타냈다. 또한 연료 에탄올 시장에서의 유통에 관한 여러 시책이 아직 불투명한 상황이기 때문에 이번에 제정된 규격이 대상으로 삼는 연료 에탄올은 가솔린 혼합용의 미변성 연료 에탄올에 대한 것이다.

또 NEDO-PJ의 파일럿플랜트에서 셀룰로오스계 원료로부터 제조한 에탄올의 성상, 조성분석 결과[3]를 표 6.2.8에 나타냈다. 참고로 시약특급 무수에탄올의 분석결과도 이 표에 나타냈다.

인용·참고문헌

1) 経済産業省, 平成18年度新エネルギー等導入促進基礎調査(バイオエタノールの利用可能性に関する調査)報告書(2007).
2) http://sugar.lin.go.jp/japan/view/jv_0606a.htm
3) 齋藤熹敬, "海外の燃料エタノール規格とバイオマス原料から製造した燃料エタノールの品質", バイオサイエンスとインダストリー, 64(9), 515 (2006).
4) http://sugar.lin.go.jp/japan/view/jv_0610a.htm
5) http://www.nedo.go.jp/kankoubutsu/foreigninfo/05/11.pdf
6) 平成16年度NEDO成果報告書「バイオマスエネルギー高効率転換技術開発/セルロース系バイオマスを原料とする新規なエタノール醗酵技術等により燃料用エタノールを製造

する技術の開発」(2005).
7) http://www.nedo.go.jp/kankoubutsu/report/1000/1000-03.pdf
8) 平成17年度 NEDO成果報告書「バイオマスエネルギー高効率転換技術開発/セルロース系バイオマスを原料とする新規なエタノール醗酵技術等により燃料用エタノールを製造する技術の開発」(2006).
9) 通商産業省編, "アルコール専売事業五十年史", (社)アルコール協会(1987).
10) 古宮耕二, 北村 卓, 武富安昭, "E3の流通過程における品質課題の検証", PETROTECH, 29 (11), 812 (2006).
11) 塩谷 仁, 後藤新一, "バイオエタノール混合ガソリンによる自動車燃料適合性試験" BIO INDUSTRY, 24 (4), 44 (2007).

제7장

공업용 에탄올의 규격과 용도

1 여러 나라의 공업용 에탄올 규격과 분석법

에탄올은 마실 수 있고 취하는 성질이 있어서 예로부터 주류로서 사용되었지만 연소성, 반응성, 용해성, 살균작용이 있어서 음식료공업, 의약품공업, 화장품공업, 세제공업, 향료공업과 화학공업 등 많은 산업 분야에 쓰이고 있다.

에탄올을 이용한 음식료품과 공업제품의 안전성과 품질확보 관점에서 공업용 알코올의 품질규격에 대해 알아둘 필요가 있다. 이 절에서는 일본 및 외국의 공업용 에탄올 품질규격에 대해서 소개하겠다.

일본의 공업용 에탄올 품질규격

일본의 공업용 에탄올(90 용량% 이상)은 알코올사업법으로 관리되고 있으며 식품, 의약, 화장품, 도료, 화학제품 등에 폭넓게 사용되고 있다.

공업용 에탄올의 품질규격에는 사단법인알코올협회가 단체규격으로 제정한 「알코올협회 규격 JAAS 001에탄올(2006년 1월 18일 제정)」이 있다. 알코올협회 규격은 구, 전매알코올 규격 및 구 NEDO알코올 규격의 규격항목, 규격치 및 시험법을 계승하고 있다.

공업용 에탄올의 품질규격 외에, 시약용 에탄올로서 일본공업 규격(JIS)과 의약용 에탄올로서 일본 약전의 품질규격이 있다.

① 알코올협회 규격

알코올협회 규격에는 발효알코올 99도 1급, 발효알코올 95도 특급, 발효알코올 95도 1급, 합성알코올 99도 및 합성알코올 95도의 5종의 품질규격이 있다.

표 7.1.1에서 알코올협회 규격의 규격항목, 규격치 및 시험법 개요를 나타냈다.

② 일본공업 규격

에탄올 관련 일본공업 규격은 이하의 3개의 규격이 있다.

JIS K8101-2006 에탄올 (99.5)(시약) : 특급

JIS K8102-1994 에탄올 (95)(시약) : 특급 및 1급

JIS K8093-2004 에탄올 (99.5)(잔류농약・PCB 시험용)(시약) :
농축 300, 농축 1000, 농축 3000 및 농축 5000

표 7.2.1a, 표 7.1.2b, 표 7.1.2c에 각각 JIS K8101-2006, JIS K8102-1994 및 JIS K8093-2004의 규격항목, 규격치 및 시험법 개요를 나타냈다.

③ 일본 약전

일본 약전에는 에탄올, 무수에탄올 및 소독용 에탄올의 3종의 규격이 있다.

표 7.1.3에 일본 약전의 규격항목, 규격치 및 시험법 개요를 표시한다.

외국의 공업용 에탄올 품질규격

외국에서 공업용, 식품용, 의약용으로 사용되는 에탄올 규격은 각 나라의 에탄올 이용 사정에 따라 규격종류도 가지각색이다. 이 항에서는 미국, 영국, 독일, 브라질, 인도네시아, 중국 및 태국에서 연료용 이

표 7.1.1 알코올 협회 규격 JAAS 001 에탄 (2006년 1월 18일 제정)

시험 항목		표시법	발효 알코올			합성 알코올		시험법 개요
			99도 1급	95도 특급	95도 1급	99도	95도	
성상		합격 또는 불합격	무색투명으로 부유물 등을 포함하지 않고, 냄새 없음	무색투명으로 부유물 등을 포함하지 않고, 냄새 없음	무색투명으로 부유물 등을 포함하지 않고, 냄새 없음	무색투명으로 부유물 등을 포함하지 않고, 냄새 없음	무색투명으로 부유물 등을 포함하지 않고, 냄새 없음	육안으로 확인 후각시험 미각시험(특급만)
에탄올		vol%	99.5 이상	95.0 이상	95.0 이상	99.5 이상	95.0 이상	주정계(부유저울)법(15℃)
증발잔분		mg/100mℓ	1.0 이하	0.5 이하	1.0 이하	1.0 이하	1.0 이하	중량분석 시료 100mℓ를 수용상에서 증발, 105~110℃에서 건조방냉 후, 칭량
유기불순물	①메탄올	mg/mℓ	(⑧에 합산)	30 이하	70 이하	(⑧에 합산)	20 이하	가스크로마토그래프 (JIS K0114의 11.4절대검량선법) 컬럼 : 용융 실리카 capillary 컬럼 (고정상은 하기 2종류) ① 에틸비닐벤젠-디비닐벤젠 공중합체 ② 폴리에틸렌글리콜 검출기 : 수소염이온화검출기
	②1-프로판올		(⑧에 합산)	(⑧에 합산)	60 이하	(⑧에 합산)	(⑧에 합산)	
	③2-프로판올		40 이하	30 이하	40 이하	70 이하	70 이하	
	④1-부탄올		(⑧에 합산)	←	←	50 이하	50 이하	
	⑤아세트알데히드		5 이하	3 이하	5 이하	7 이하	7 이하	
	⑥시클로헥산		1 이하	-	-	-	-	
	⑦n-헥탄		-	-	-	1 이하	-	
	⑧규격치를 정한 물질 이외의 유기 불순물		③,⑤ 및 ⑥ 이외의 물질의 합계로서 20 이하	①,③ 및 ⑤ 이외의 물질의 합계로서 10 이하	①,②,③ 및 ⑤ 이외의 물질의 합계로서 20 이하	③,④,⑤ 및 ⑦ 이외의 물질의 합계로서 20 이하	①,③,④ 및 ⑤ 이외의 물질의 합계로서 20 이하	
과망간산 환원성 물질		합격 또는 불합격	-	8분 후에 표준색보다 퇴색하지 않음	-	-	-	표준액과의 비색법 시료 10mℓ+0.0002mol/ℓ $KMnO_4$ 5mℓ를 25℃에서 퇴색비교
중금속		검출 유무	검출 안됨	검출 안됨	검출 안됨	검출 안됨	검출 안됨	황화나트륨에 의한 정색반응 90%에서 희석한 시료 5mℓ+NH_4OH 2방울+Na_2S 용액 3방울
염화물		검출 유무	검출 안됨	검출 안됨	검출 안됨	검출 안됨	검출 안됨	초산은에 의한 정색반응(검출한계 : 0.3mg/ℓ) 시료 10mℓ+황산 0.5mℓ+황산은용액 1mℓ
황산염		검출 유무	검출 안됨	검출 안됨	검출 안됨	검출 안됨	검출 안됨	염화바륨에 의한 정색반응(검출한계 : 2mg/ℓ) 90%에 희석한 시료 5mℓ+증류수 5mℓ+$BaCl_2$ 용액 2방울

표 7.1.2a 일본공업규격 JIS K8101-2006에탄올(99.5)(시약)

(2006년 4월 20일 개정)

항 목	단 위	규격치 특 급	시험법 개요
순도	질량분율 %	99.5 이상	JIS K0114 (가스크로마토그래프분석)에 의함 검출기: 수소염이온화검출기 고정상 액체: 6% 시아노프로필 및 94% 메틸실리콘 컬럼: 석영 유리, 0.53mm, 30m
밀도 (20℃)	g/mℓ	0.789～0.791	JIS K0061의 7.2(비중병법) 또는 7.3(진동식밀도계)에 의함
수분	질량분율 %	0.2 이하	JIS K0068의 6.0(칼피셔 적정법 6.3.5a)에 의함
비휘발물	질량분율 %	0.001 이하	JIS K0067의 4.3.4(1)(수욕상 가열증발 방법)에 의함
산 (CH_3COOH 기준)	질량분율 %	0.002 이하	시료 40g, 지시약 브롬치몰블루 산성색의 경우, 0.02㏖/ℓ NaOH 0.68mℓ 첨가로 청색이 되는 것
염기 (NH_3 기준)	질량분율 %	1 이하	시료40g, 지시약 브롬치몰블루 알칼리성색의 경우, 0.02㏖/mℓ HCl 0.12mℓ 첨가로 중간색～황색이 되는 것
알데히드 및 케톤 (CH_3COCH_3 기준)	질량분율 %	0.001 이하	2,4-디니트로페닐히드라진에 의한 발색 후, 표준액과 색 비교
메탄올	질량분율 %	0.02 이하	JIS K0114(가스크로마토그래프분석)에 의함 검출기: 수소염이온화검출기 고정상 액체: 6% 시아노프로필 및 94% 메틸실리콘 컬럼: 석영 유리, 0.53mm, 30m
2-프로판올	질량분율 %	0.01 이하	
1-프로판올	질량분율 %	0.005 이하	
1-부탄올	질량분율 %	0.005 이하	
과망간산 환원성 물질	-	시험적합	과망간산 이온의 퇴색 시료 20mℓ+0.02㏖/ℓ $KMnO_4$ 0.1mℓ 25℃, 5분간에 표준색보다 엷지 않을 것
황산 착색물질	-	시험적합	JIS K8001의 5.26(3)(a)(황산과 혼화하는 액체시료의 경우)에 의함

표 7.1.2b 일본공업규격 JIS K8102-1994에탄올(95)(시약)

(1994년 7월 1일 개정, 2002년 9월 20일 확인)

항 목	단 위	규 격 치		시험법 개요
		특 급	1 급	
순도 (밀도에 의함)	vol%	94.8~ 95.8	94.8~ 95.8	밀도측정에서 표 환산
밀도 (20℃)	g/mℓ	0.808~ 0.812	0.808~ 0.812	JIS K0061의 4.2.4(1) 비중병에 의한 밀도측정
비휘발물	%	0.001 이하	0.003 이하	JIS K0067의 4.3.4(1) 시료 100g 수욕상의 가열증발에 의한 중량측정법
산 (CH_3COOH 기준)	%	0.002 이하	0.002 이하	지시약 산성색의 경우, 1/50mol NaOH 중화적정 시료 25mℓ, 지시약 브롬치몰블루
염기 (NH_3 기준)	ppm	1 이하	1 이하	지시약 알칼리성색의 경우, 1/50mol HCl 중화 적정 시료 25mℓ, 지시약 브롬치몰블루
중금속 (Pb 기준)	ppm	1 이하	2 이하	JIS K8001의 5.24(1)(황화나트륨법) 비휘발성 잔분을 염산 1mℓ에 용해→재증발 →염산(2+1)1mℓ+물→30mℓ→15mℓ를 발색 납표준액과의 색 비교
알데히드 및 케톤 (CH_3COCH_3 기준)	%	0.001 이하	0.001 이하	2,4디니트로페닐히드라진에 의한 발색 시료1g에 물을 첨가하여 5mℓ로 해서 발색 아세톤 표준액과의 색 비교
퓨젤유 (C_5H1_2O)	%	0.004 이하	0.004 이하	바니린황산액에 의한 발색 시료 1g에 물을 첨가하여 10mℓ→1mℓ을 발색 3-메틸-1-부탄올 표준액과의 색 비교
메탄올 (CH_3OH)	% mass	0.02 이하	0.02 이하	JIS K8001의 5.32 가스크로마토그래프 (FID) 다공성 고분자충진재 충진 컬럼
벤젠 및 기타 유기불순물	-	시험 적합	시험 적합	파장 255nm 흡광도 측정(대조액: 물) 흡광도 0.11 이하
황산착색물질	-	시험 적합	시험 적합	JIS K8001의 5.26(3)(a) 시료10mℓ+황산10mℓ 혼화에 의한 착색이 없을 것

표 7.1.2c 일본공업규격 JIS K8093-2004에탄올 (99.5) (잔류농약 · PCB시험용) (시약)

(1998년 1월 20일 제정, 2004년 3월 20일 개정)

항목	단위	품질				시험법 개요
		농축300	농축1000	농축3000	농축5000	
순도 (GC)	%	99.5 이상	99.5 이상	99.5 이상	99.5 이상	JIS K0114 가스크로마토그래프 (FID) 폴리에틸렌글리콜 고정상 액체 캐피럴리 컬럼
밀도 (20℃)	g/mℓ	0.789～0.791	0.789～0.791	0.789～0.791	0.789～0.791	JIS K0061의 7.2 또는 7.3 비중병 또는 진동식밀도계에 의한 측정법
수분	%	0.3 이하	0.3 이하	0.3 이하	0.3 이하	JIS K0068의 6. (칼피셔법) 6.3.5a) 시료 10g, 칼피셔 직접 적정법
비휘발물	ppm	2 이하	2 이하	2 이하	2 이하	JIS K0067의 4.3.4 (1) 의 (b)～(d) 시료 500g, 수욕상에서 가열증발 후 중량법
잔류농약 · PCB시험 적합성	-	시험적합	시험적합	시험적합	시험적합	JIS K0114 시료 300～5,000mℓ (농축도에 맞추어 응한다) → 감압농축 1mℓ 가스크로마토그래프 (ECD) 산 세정 · 실란 처리 규조토지지체/실리콘계 고정상 액체 충진 컬럼 헥사클로로시클로헥산 (γ-HCH) 불검출

표 7.1.3 제15개정 일본 약처방

(2006년 3월 31일 후생노동성고시 제285호)

순도시험		단위	규 격 치			시험법 개요
			에탄올	무수에탄올	소독용에탄올	
농도		vol% (15℃)	95.1~96.9	99.5 이상	76.9~81.4	비중에 의함
비중 (d_{15}^{15})		-	0.809~0.816	0.794~0.797	0.860~0.873	일본 약처방 일반시험법 2.56 (비중 및 밀도측정법) 비중병, 피크노메타, 부유물만 또는 진동식밀도계에 의한 측정법
용액 상태		-	시험적합	시험적합	시험적합	육안으로 확인 본품 1.0㎖ + 물 20㎖ 혼화하여 맑고 깨끗할 것
산 또는 알칼리		-	시험적합	시험적합	시험적합	지시약에 의한 정색시험 본품 20㎖ + 끓인 냉각수 20㎖ + 페놀프탈렌 시약 첨가 후 발색하지 않을 것 여기에 0.01㏖/ℓ의 NaOH 1.0㎖ 첨가하여 적홍색을 나타낼 것
휘발성 혼재물	메탄올	vol ppm	200 이하	200 이하	200 이하	일본약처방 일반시험법 2.02(가스크로마토그래프) 컬럼: 휴즈드실리카 capillary 컬럼 액상: 6%시아노프로필페놀-94% 디메틸실리콘폴리머 검출기: 수소염이온화검출기
	아세트알데히드 및 아세탈	vol ppm	10 이하	10 이하	10 이하	
	벤젠	vol ppm	2 이하	2 이하	2 이하	
	그 외의 혼재물	vol ppm	300 이하	300 이하	300 이하	
그 외 혼재물 (흡광도)	235~340nm	-	스펙트럼이 평탄할 것	스펙트럼이 평탄할 것	스펙트럼이 평탄할 것	일본약처방 일반시험법 2.24 (자외가시흡광도측정법) 대조액: 물 광로길이: 5㎝
	240nm	absorbance	0.4 이하	0.4 이하	0.4 이하	
	250~260nm	absorbance	0.3 이하	0.3 이하	0.3 이하	
	270~340nm	absorbance	0.1 이하	0.1 이하	0.1 이하	
증발잔류물		mg/100㎖	2.5 이하	2.5 이하	2.5 이하	중량분석 본품 100㎖를 수욕상에서 증발 후 105℃에서 건조·방냉 후 칭량

외의 공업용 등에 사용되는 에탄올의 규격을 소개하겠다.

외국의 공업용 에탄올 등의 품질규격은 경제산업성 「2005년도 외국의 알코올품질 등에 관한 조사 보고서」 및 경제산업성 「2006년도 외국의 알코올 품질 등에 관한 조사 보고서」에서 인용한 것이다. 또한 분석법 개요에 대해서도 가급적 자세히 설명하겠다.

1) 미국의 에탄올 품질규격

미국의 공적기관 등의 에탄올 품질규격은 이하의 미국연방 규격, 미국화학회 시약 규격, 미국 약전 및 식품첨가물 규격이 있다.

① 미국연방 규격(FS규격) Federal Specification(FS): 1998

- 미변성 에탄올에 대해서는 이하의 품질규격을 준용할 것을 추천 장려한다.
- CID A-A-59282(화학품 및 분석용) .... ACS 또는 USP 규격에 적합한 것
- CID A-A-51693(무수알코올) .... USP 규격에 적합한 것
- CID A-A-53880(알코올: 의약품용) .... USP 규격에 적합한 것

② 미국화학회 시약 규격(ACS규격)

American Chemical Society Specification(ACS): 2006 Reagent Chemicals for Analysis

- 에틸알코올
- 무수에틸알코올

③ 미국 약전(USP)

United States Pharmacopoeia(USP): 2006

- 알코올
- 무수알코올

④ 식품첨가물 규격(FCC규격)

Food Chemical Codex(FCC): 2003

- 에틸알코올

미국연방 규격은 1998년 개정에 의해 미변성 에탄올에 대해서는 지

표 7.1.4a 미국화학회 시약규격 2006년판[1)]

American Chemical Society Specification(ACS): 2006 Reagent Chemicals For Analysis

항목		단위	규격치		
			에탄올	자외흡광분석용	무수에탄올
함량		vol%	95.0 이상	95.0 이상	99.5 이상
물		%	-	-	0.2% 이하
색상(APHA)		-	10 이하	10 이하	10 이하
물혼화성		-	테스트에 합격	테스트에 합격	테스트에 합격
증발 잔사		%	0.001 이하	0.001 이하	0.001 이하
아세톤, 이소프로필알코올		-	테스트에 합격 (아세톤: 0.001% 이하 이소프로필알코올: 0.003% 이하)	테스트에 합격 (아세톤: 0.001% 이하 이소프로필알코올: 0.003% 이하)	테스트에 합격 (아세톤: 0.001% 이하 이소프로필알코올: 0.003% 이하)
적정산도		meq/g*	0.0005 이하	0.0005 이하	0.0005 이하
적정염기도		meq/g*	0.0002 이하	0.0002 이하	0.0002 이하
메탄올		%	0.1 이하	0.1 이하	0.1 이하
황산 착색물질		-	테스트에 합격	테스트에 합격	테스트에 합격
과망간산 환원성물질		-	테스트에 합격	테스트에 합격	테스트에 합격
자외선 흡광도	270~400nm	-	-	0.01	-
	240nm	-	-	0.05	-
	230nm	-	-	0.15	-
	220nm	-	-	0.25	-
	210nm	-	-	0.40	-

* 시료 1g당 mg당량

출전: 경제산업성 「2005년도 외국의 알코올품질 등에 관한 조사보고서」

표 7.1.4b 미국 약전(USP) 2006년판[1)]

United States Pharmacopoeia(USP): 2006

항목		단위	규격치	
			알코올	무수알코올
투명도		-	테스트에 합격	테스트에 합격
색도		-	테스트에 합격	테스트에 합격
식별		-	테스트에 합격	테스트에 합격
비중 ($d^{15.56}_{15.56}$)		-	0.812~0.816	0.7962 이하
산성도 (초산기준)		ppm	30 이하	30 이하
휘발성 불순물	메탄올	ppm (v/v)	200 이하	200 이하
	아세트알데히드	ppm (v/v)	10 이하	10 이하
	벤젠	ppm (v/v)	2 이하	2 이하
	기타 휘발성 불순물	ppm (v/v)	300 이하	300 이하
비휘발성 잔분		mg/100mℓ	2.5 이하	2.5 이하
잔류용매		%	요구사항에 적합	요구사항에 적합

출전: 경제산업성 「2005년도 외국의 알코올품질 등에 관한 조사보고서」

표 7.1.4c 미국 식품첨가물 규격(FCC규격) 2003년판[1)]

Food Chemical Codex(FCC): 2003

항 목	단 위	에틸알코올 규격치
순도	vol%	94.9 이상
산성도 (초산기준)	%	0.003 이하
알칼리도 (암모니아기준)	mg/kg	3 이하
퓨젤유	-	테스트에 합격
케톤류, 이소프로필알코올	-	테스트에 합격
납	mg/kg	0.5 이하
메탄올	%	테스트에 합격
비휘발성 잔사	%	0.003 이하
물혼화성	-	테스트에 합격
황산착색무질	-	테스트에 합격
과망간산 환원성물질	-	테스트에 합격

출전: 경제산업성 「2005년도 외국의 알코올품질 등에 관한 조사보고서」

금까지의 품질규격을 폐지하고, ACS 및 USP규격을 준용할 것을 추천 장려하는 식으로 바뀌었다.

ACS규격, USP 및 FCC규격의 규격항목 및 규격치를 표 7.1.4a, 표 7.1.4b 및 표 7.1.4c에 나타냈다.

2) 영국의 에탄올 품질규격

영국의 공적기관 등의 에탄올 품질규격으로는 이하의 영국규격 및 영국 약전이 있다.

① 영국규격(BS규격)

British Standard 507: 1985 Ethanol for Industrial Use

- 공업용 에탄올

표 7.1.5a 영국규격[1)]

British Standard 507: 1985 Ethanol for Industrial Use

항 목	단위	규격치	
		알코올 (96%)	무수알코올
성상	-	무색투명하고 현탁물이 없을 것	무색투명하고 현탁물이 없을 것
색도 (Hazen)*	-	15 이하	15 이하
순도 (20℃)	vol%	94.7~96.4	99.5~99.9
증발 잔분	wt%	0.005 이하	0.005 이하
물혼화성	-	테스트에 합격	테스트에 합격
산성도 (초산 기준)	wt%	0.005 이하	0.005 이하
알칼리도	-	테스트에 합격	테스트에 합격
카르보닐화합물 (아세트알데히드 기준)	wt%	0.1 이하	0.1 이하
과망간산 시간	분	15분 이상	15분 이상
메탄올	vol%	0.05 이하	0.05 이하

* 색도 [Hazen]는 미국 [APHA]과 동일

출전: 경제산업성 「2005년도 외국의 알코올품질 등에 관한 조사보고서」

② 영국 약전(BP)

British Pharmacopoeia(B.P.): 2005

- 에탄올 (96%)
- 무수에탄올

BS규격은 1985년 이후로는 개정되고 있지 않다. 표 7.1.5a 및 표 7.1.5b에, BS규격 및 BP의 규격항목 및 규격치를 나타냈다.[1)]

표 7.1.5b 영국 약전[1)]

British Pharmacopoeia(B.P.): 2005

항 목		단 위	규 격 치	
			알코올 (96%)	무수알코올
외관		-	무색투명	무색투명
함유량 (비중에서 환산)		vol%	95.1～96.9	99.5 이상
산성도 (초산 기준)		ppm	30 이하	30 이하
알칼리도		-	테스트에 합격	테스트에 합격
비중 (20℃)		-	0.805～0.812	0.790～0.793
자외선 흡광도	240nm	-	0.4 이하	0.4 이하
	250～260nm	-	0.3 이하	0.3 이하
	270～340nm	-	0.1 이하	0.1 이하
휘발성 불순물	메탄올	ppm(vol/vol)	200 이하	200 이하
	아세트알데히드	ppm(vol/vol)	10 이하	10 이하
	벤젠	ppm(vol/vol)	2 이하	2 이하
	그 외 휘발성불순물	ppm(vol/vol)	300 이하	300 이하
증발잔분		ppm(mass/vol)	25 이하	25 이하

출전: 경제산업성 「2005년도 외국의 알코올품질 등에 관한 조사보고서」

3) 독일의 에탄올 품질규격

독일의 공적기관 등의 에탄올의 품질규격으로는 이하의 독일연방 알코올 전매관리처 규격 및 독일 약전이 있다.

표 7.1.6a 독일연방 알코올 전매관리국 규격[1)]

Bundesmonopolverwaltung fuer Branntwein(BFB): 2004

항 목		단 위	규 격 치		
			Grade410 1급	Grade430 특급	Grade510 무수
알코올 함유량		vol%	96.0 이상	96.0 이상	99.8 이상
비중 (20℃)		-	0.807 이상	0.807 이상	0.790 이상
외관		-	무색투명	무색투명	무색투명
냄새・맛		-	중성	중성	중성
자외선 흡광도	220nm	-	0.30 이하	0.30 이하	0.30 이하
	230nm	-	0.18 이하	0.18 이하	0.18 이하
	240nm	-	0.08 이하	0.08 이하	0.08 이하
	270nm	-	0.02 이하	0.02 이하	0.02 이하
과망간산 시간		분	23 이상	26 이상	23 이상
퓨젤유		mg/100mℓ	0.2 이하	0.2 이하	0.2 이하
푸르푸랄		-	음성	음성	음성
아세트알데히드		mg/100mℓ	0.3 이하	0.2 이하	0.3 이하
에스테르 (초산에틸 기준)		mg/100mℓ	0.2 이하	0.2 이하	0.2 이하
전체 산 (0.01N수산화나트륨적정량)		mg/100mℓ	0.3 이하	0.2 이하	0.3 이하
휘발성 질소화합물 (N 기준)		mg/100mℓ	0.1 이하	0.1 이하	0.1 이하
메탄올		mg/100mℓ	10.0 이하	7.0 이하	0.6 이하
증발 잔분		mg/100mℓ	1.0 이하	1.0 이하	1.0 이하
회분		mg/100mℓ	0.3 이하	0.2 이하	0.3 이하
탈수용 용제		mg/100mℓ	1.0 이하	1.0 이하	1.0 이하

출전: 경제산업성 「2005년도 외국의 알코올품질 등에 관한 조사보고서」

표 7.1.6b 독일 약전[1)]

Deutsches Arzneibuch(DAB): 2005

항 목		단 위	규 격 치		
			96%에탄올	무수에탄올	무수·96%이외
비중 (20℃/20℃)		-	0.8050~0.8123	0.7905~0.7938	0.804~0.807
비휘발성잔분		wt/vol%	0.0015 이하	0.0015 이하	0.0015 이하
전체 산 (0.01N수산화나트륨적정량)		mℓ/50mℓ	0.4 이하	0.4 이하	0.4 이하
알칼리도 (0.01N염산적정량)		mℓ/15mℓ	0.1 이하	0.1 이하	0.1 이하
퓨젤유, 알데히드		ppm(wt/vol)	1 이하	1 이하	1 이하
메탄올*		ppm(wt/vol)	500 이하	500 이하	500 이하
푸르푸랄		-	음성	음성	음성
과망간산 시간		min	18 이하	18 이하	18 이하
중금속	납	ppm(wt/vol)	2 이하	2 이하	2 이하
	철	ppm(wt/vol)	1 이하	1 이하	1 이하
자외선 흡광도	220nm	-	0.30 이하	0.30 이하	0.30 이하
	230nm	-	0.18 이하	0.18 이하	0.18 이하
	240nm	-	0.08 이하	0.08 이하	0.08 이하
	270nm	-	0.02 이하	0.02 이하	0.02 이하

출전: 경제산업성 「2005년도 외국의 알코올품질 등에 관한 조사보고서」

① 독일연방 알코올전매관리처 규격(BFB규격)

Bundesmonopolverwaltung fuer Branntwein(BFB): 2004

- 1급
- 특급
- 무수

② 독일약전(DAB)

Deutsches Arzneibuch(DAB): 2005

- 에탄올 96%
- 무수에탄올
- 무수·96% 이외의 에탄올

표 7.1.6a 및 표 7.1.6b에 BFB 규격 및 DAB 규격항목 및 규격치를 표시하였다[1].

4) 브라질의 에탄올 품질규격

브라질의 공적기관 등의 에탄올 품질규격으로는 이하의 브라질 국가규격 및 브라질 약전의 규격이 있다.

① 브라질 국가규격

- NBR 10425(1998) 무수에탄올
- NBR 10892(1990) 화학공업용 함수에탄올
- NBR 10896(1990) 화학공업용 무수에탄올

② 브라질 약전(2005년판)

- 에탄올(95%)
- 무수에탄올

NBR 10425(1998) 무수에탄올은 규격항목과 규격치만을 규정하고 있고, 시험법에 대해서는 규정하고 있지 않다.

표 7.1.7a, 표 7.1.7b 및 표 7.1.7c에, 브라질 약전 및 브라질 국가규격 NBR 10425, 브라질 국가규격 NBR 10892와 NBR 10896의 규격항목 및 규격치를 나타냈다[2].

표 7.1.7a 브라질 국가규격[2)]

NBR 10425(1988) 무수에탄올

항 목	단 위	규격치
		무수에탄올
비중 (20℃/20℃)	-	0.789~0.791
색도	Pt-Co단위	10 이하
굴절률	n_D^{20}	1.360~1.361
중화지수	mgKOH/g	0.028 이하
증류범위	℃	78.0~79.0
증발잔분	mg/100mℓ	5 이하
물혼화성	-	유백탁이 생기지 않음

출전: 경제산업성 「2006년도 외국의 알코올품질 등에 관한 조사보고서」

표 7.1.7b 브라질 약전(2005년판)[2)]

항 목	단 위	규 격 치
함유량	wt/vol%	92.3~93.8
	vol/vol%	94.9~96.0
비중 (15.56℃/15.56℃)	-	0.812~0.816
산도 (0.02M수산화나트륨적정량)	mℓ/50mℓ	0.9 이하
아밀알코올 및 비휘발성탄화물 (정색시험)	-	적, 갈색 발색이 없는 것
알데히드 및 기타 이질적 유기물 (과망간산시험 15℃)	min	5 이상
아세톤 및 이소프로필알코올 (표준액과의 색 비교)	mg/ℓ	80 이하
메탄올 (정색시험)	-	보라색 발색이 없는 것
물혼화성	-	투명한 것
비휘발성잔분	mg/40mℓ	1 이하

출전: 경제산업성 「2006년도 외국의 알코올품질 등에 관한 조사보고서」)

표 7.1.7c 브라질 국가규격[2)]

NBR 10892(1990) 화학공업용 함수에탄올
NBR 10896(1990) 화학공업용 무수에탄올

항 목	단위	규격치	
		NBR 10892 함수에탄올	NBR 10896 무수에탄올
성상	-	맑고 깨끗하여 현탁물을 포함하지 않음	맑고 깨끗하여 현탁물을 포함하지 않음
색도	Pt-Co단위	10 이하	10 이하
밀도 (20℃)	kg/㎥	807.5 이하	791.1 이하
알코올 함량	°INPM(wt%)	93.8 이상	99.6 이상
알칼리도	-	알칼리성을 나타내지 않음	알칼리성을 나타내지 않음
산성도 (초산 기준)	mg/ℓ	20 이하	20 이하
물혼화성	-	유백탁이 생기지 않음	-
증발잔분	mg/ℓ	50 이하	-
과망간산염환원시간 (15℃)	min	10 이상	-
황함유량	mg/kg	0.5 이하	-
포름알데히드함유량	mg/kg	65 이하	-
아세트알데히드함유량	mg/kg	75 이하	-
메틸알코올함유량	mg/kg	65 이하	-
고급알코올함유량*	mg/kg	75 이하	-
초산에틸함유량	mg/kg	100 이하	-
벤젠함유량	mg/kg	1.00 이하	400 이하
아세탈함유량	mg/kg	-	900 이하
함수량	wt%	-	0.3 이하

* 고급알코올이란 n-프로필알코올, 이소부틸알코올, n-부틸알코올 및 이소아밀알코올의 총합
(출전: 경제산업성 「2006년도 외국의 알코올품질 등에 관한 조사보고서」)

5) 인도네시아의 에탄올 품질규격

인도네시아의 공적기관 등의 에탄올 품질규격으로는 이하의 인도네시아 국가규격 및 인도네시아 약전이 있다.

① 인도네시아 국가규격 SNI 06-3565-1994 공업용 에탄올

- 특급
- 1급
- 2급

② 인도네시아 약전 제4판(1995년)

- 에탄올 (95%)
- 무수에탄올

또한, 인도네시아 국가규격 SNI 06-3565-1994에 대해서는 「인도네시아 국가규격 개정 초안 RSNI.4 식물성에탄올」의 개정이 검토되고 있어서 곧 제정될 예정이라고 한다.

표 7.1.8a, 표 7.1.8b 및 표 7.1.8c에 인도네시아 국가규격, 인도네시아 약전 및 인도네시아 국가규격 개정 초안의 규격항목 및 규격치를 나타냈다[2)]

표 7.1.8a 인도네시아 국가규격[2)] (SNI 06-3565-1994 공업용에탄올)

탄수화물을 발효 또는 그 외 방법으로 만들어진 에탄올에서 공업용알코올을 대상, 약전용은 대상에서 제외.
(출전: 경제산업성 「2006년도 외국의 알코올품질 등에 관한 조사보고서」

항 목	단 위	규 격 치		
		특급	1급	2급
에탄올 농도 (15℃)	vol% wt%	96.3~96.8 94.5~95.0	96.1 이상 94.6 이상	95.0 이상 92.5 이상
산화가능물질 (과망간산시험 20℃)	min	20 이상	8 이상	-
퓨젤유 (색 비교 시험)	mg/ℓ	4 이하	15 이하	-
알데히드 (아세트알데히드 기준)	mg/ℓ	4 이하	15 이하	-
중금속 (정색시험)	-	음성	음성	음성
산성도 (초산 기준)	mg/ℓ	15 이하	30 이하	60 이하
증발잔사	mg/ℓ	50 이하	50 이하	50 이하
메탄올 (정색시험)	-	음성	음성	음성

표 7.1.8b 인도네시아 약전 제4판(1995년)[2)]

<table>
<tr><th colspan="2" rowspan="2">항 목</th><th rowspan="2">단 위</th><th colspan="2">규 격 치</th></tr>
<tr><th>에탄올 (95%)</th><th>무수에탄올</th></tr>
<tr><td colspan="2">에탄올 순도 (15.56℃)</td><td>vol%
wt%</td><td>94.9~96.0
92.3~93.8</td><td>99.5 이상
99.2 이상</td></tr>
<tr><td colspan="2">비중 (15.56℃/15.56℃)</td><td>-</td><td>0.812~0.816</td><td>0.7964 이하</td></tr>
<tr><td colspan="2">산성도 (0.02N수산화나트륨적정액)</td><td>mℓ/50mℓ</td><td>0.9 이하</td><td>0.9 이하</td></tr>
<tr><td colspan="2">증발 잔사</td><td>mℓ/40mℓ</td><td>1 이하</td><td>1 이하</td></tr>
<tr><td colspan="2">물불용성 물질(물혼화 시험)</td><td>-</td><td>투명한 것</td><td>투명한 것</td></tr>
<tr><td colspan="2">알데히드 및 그 외 유기불순물
(과망간산시험 15℃)</td><td>min</td><td>5 이상</td><td>5 이상</td></tr>
<tr><td colspan="2">아밀알코올 및 탄화성물질(정색시험)</td><td>-</td><td>적, 갈색 발색이 없는 것</td><td>적, 갈색 발색이 없는 것</td></tr>
<tr><td rowspan="4">자외선
흡광도</td><td>270~350nm</td><td>-</td><td>-</td><td>0.02 이하</td></tr>
<tr><td>240nm</td><td>-</td><td>-</td><td>0.08 이하</td></tr>
<tr><td>230nm</td><td>-</td><td>-</td><td>0.18 이하</td></tr>
<tr><td>220nm</td><td>-</td><td>-</td><td>0.30 이하</td></tr>
<tr><td colspan="2">퓨젤유 성분(취기시험)</td><td></td><td>냄새가 없는 것</td><td>냄새가 없는 것</td></tr>
<tr><td colspan="2">아세톤 및 이소프로판올
(표준액과의 색 비교 시험)</td><td>mg/ℓ</td><td>80 이하</td><td>80 이하</td></tr>
<tr><td colspan="2">메탄올 (정색시험)</td><td>-</td><td>보라색 발색이 없는 것</td><td>보라색의 발색이 없는 것</td></tr>
</table>

출전: 경제산업성 「2006년도 외국의 알코올품질 등에 관한 조사보고서」

표 7.1.8c 인도네시아 국가규격개정초안[2)] RSNI.4 식물성에탄올

음료, 제약, 화장품 및 그 외의 산업에서 사용되는 식물성에탄올에 적용

항 목	단 위	규 격 치		
		품질1	품질2	품질3
에탄올 농도 (15℃)	vol% wt%	96.3 이상 94.4 이상	96.1 이상 94.1 이상	95.0 이상 92.5 이상
산화가능물질 (과망간산시험15℃)	min	30 이상	15 이상	
퓨젤유 (흡광광도법 또는 GC법)	mg/ℓ	4 이하	15 이하	
알데히드 (아세트알데히드 기준)	mg/ℓ	4 이하	10 이하	
산성도 (초산 기준)	mg/ℓ	20 이하	30 이하	60 이하
증발 잔사	mg/ℓ	25 이하	25 이하	50 이하
메탄올 (흡광광도법 또는 GC법)	mg/ℓ	10 이하	30 이하	100 이하

출전: 경제산업성 「2006년도 외국의 알코올품질 등에 관한 조사보고서」

6) 중국의 에탄올 품질규격

중국의 공적기관 등의 에탄올의 품질규격으로는 이하의 중화인민공화국 국가표준 및 중국약전이 있다.

① 중화인민공화국 국가표준

㉮ GB/T 394.1-94(1994) 공업용 에탄올

- 특등품
- 등품

표 7.1.9a 중화인민공화국 국가표준[2)]

GB/T 394.1-94(1994) 공업용에탄올

곡물류, 감자류, 당밀을 원료로 발효, 증류에 의해 제조한 함수공업용 에탄올에 적용.
식품용 에탄올을 포함하지 않는다.

항 목	단 위	규 격 치			
		특급품	일등품	합격품	부적응품
외관	-	무색투명	무색투명	무색투명	담황색
색도	Hazen	10 이하	10 이하	10 이하	-
냄새	-	냄새 없음	냄새 없음	냄새 없음	-
알코올 순도 (20℃)	vol%	96.0 이상	95.5 이상	95.0 이상	95.0 이상
황산시험	호	10 이하	80 이하	-	-
과망간산시험 (15℃)	분	30 이상	15 이상	5 이상	-
알데히드(아세트알데히드 기준)	mg/ℓ	5 이하	30 이하	-	-
퓨젤유 (이소부틸알코올과 이소아밀알코올의 합계)	mg/ℓ	10 이하	80 이하	400 이하	-
메틸알코올	mg/ℓ	800 이하	1,200 이하	2,000 이하	-
산 (초산 기준)	mg/ℓ	10 이하	20 이하	20 이하	-
에스테르(초산에틸 기준)	mg/ℓ	30 이하	40 이하	-	-
비휘발물	mg/ℓ	20 이하	25 이하	25 이하	-

출전: 경제산업성 「2006년도 외국의 알코올품질 등에 관한 조사보고서」

표 7.1.9b 중화인민공화국 국가표준[2)]

GB 10343-2002 식품용 에탄올

곡물류, 감자류, 당밀을 원료로 발효, 증류에 의해 제조된 식품공업 전용의 함수알코올에 적용

항 목	단 위	규 격 치		
		특급품	우급품	보통급
외관	-	무색투명	무색투명	무색투명
냄새	-	알코올 특유의 향기, 냄새 없음	알코올 특유의 향기, 냄새 없음	냄새 없음
맛	-	청정, 약간 달다	순정, 약간 달다	약간 순정
색도	Hazen	10 이하	10 이하	10 이하
알코올 순도	vol%	96.0 이상	95.5 이상	95.0 이상
황산 시험	호	5 이하	10 이하	60 이하
과망간산시험(15℃)	분	40 이상	30 이상	20 이상
알데히드(아세트알데히드 기준)	mg/ℓ	1 이하	3 이하	30 이하
메틸알코올	mg/ℓ	2 이하	50 이하	150 이하
노말 프로필알코올	mg/ℓ	2 이하	35 이하	100 이하
이소부틸알코올과 이소아밀알코올의 합계	mg/ℓ	1 이하	2 이하	30 이하
산성도 (초산 기준)	mg/ℓ	7 이하	10 이하	20 이하
에스테르 (초산에틸 기준)	mg/ℓ	10 이하	18 이하	25 이하
비휘발물	mg/ℓ	10 이하	20 이하	25 이하
중금속 (Pb 기준)	mg/ℓ	1 이하	1 이하	1 이하
시안화물(HCN 기준) (카사바 원료의 제품에 한함)	mg/ℓ	5 이하	5 이하	5 이하

출전: 경제산업성 「2006년도 외국의 알코올품질 등에 관한 조사보고서」

표 7.1.9c 중화인민공화국 국가표준[2)]

GB/T 678-2002(2002) 화학시약 무수에탄올

GB/T 679-2002(2002) 화학시약 95%에탄올

성상: 무색투명의 액체로 휘발하기 쉽고, 물, 삼염화메탄, 에테르 등과 혼화한다. 흡수성이 있다.

항 목	단 위	규 격 치				
		무수에탄올 (GB/T 678-2002)			95% 에탄올 (GB/T 679-2002)	
		우급순	분석순	화학순	분석순	화학순
에탄올 농도	wt% vol%	99.8 이상 -	99.7 이상 -	99.5 이상 -	- 95 이상	- 95 이상
색도	Hazen	-	-	-	10 이하	-
밀도 (20℃)	g/mℓ	0.789~0.791	0.789~0.791	0.789~0.791	-	-
물혼화시험	-	합격	합격	합격	합격	합격
증발 잔사	wt%	0.0005 이하	0.001 이하	0.001 이하	0.001 이하	0.002 이하
산도 (H^+ 기준)	mmoℓ/100g	0.02 이하	0.04 이하	0.1 이하	0.05 이하	0.1 이하
알칼리도 (OH^- 기준)	mmoℓ/100g	0.005 이하	0.01 이하	0.03 이하	0.01 이하	0.02 이하
수분	wt%	0.2 이하	0.3 이하	0.5 이하	-	-
메틸알코올	wt%	0.02 이하	0.05 이하	0.2 이하	0.05 이하	0.2 이하
이소부틸알코올	wt%	0.003 이하	0.01 이하	0.05 이하	-	-
카르보닐화합물	wt%	0.003 이하	0.003 이하	0.005 이하	-	-
아세톤 및 이소프로판올	wt%	-	-	-	0.0005 이하	0.001이하
퓨젤유 (취기시험)	-	-	-	-	합격	합격
탄화성물질(정색시험)	-	합격	합격	합격	합격	합격
과망간산칼륨 환원성물질 (O 기준)	wt%	0.00025 이하	0.00025 이하	0.0006 이하	0.0004 이하	0.0004 이하
철 (Fe)	wt%	0.00001 이하	-	-	-	-
아연 (Zn)	wt%	0.00001 이하	-	-	-	-

출전: 경제산업성 「2006년도 해외의 알코올품질 등에 관한 조사보고서」

표 7.1.9d 중국약전 (2005년판)[2)]

에탄올

항 목	단 위	규 격 치
에탄올 농도	vol%	95.0 이상
비중	-	0.819 이하
산성도 (0.02㏖/ℓ NaOH 적정량)	mℓ/25mℓ	0.5 이하
물불용성물질(물혼화시험)	-	투명할 것
퓨젤유 (취기시험)	-	냄새 없을 것
메탄올 (표준액과 색 비교 시험)	wt%	0.2 이하
과망간산환원성물질 (15℃)	min	10 이상
아세톤 및 이소프로판올 (표준액과 색 비교)	wt%	0.0008 이하
펜탄올 또는 비휘발성탄화물(정색시험)	-	적, 갈색의 발색 없을 것
비휘발물	mg/40mℓ	1 이하

출전: 경제산업성「2006년도 외국의 알코올품질 등에 관한 조사보고서」

- 합격품
- 부적응품

㉯ GB 10343-2002(2002) 식품용 에탄올

- 특급품
- 우(優)급품
- 보통급

㉰ GB/T 678-2002(2002) 화학시약 무수에탄올

- 우급순(純)
- 분석순
- 화학순

㉱ GB/T 679-2002(2002) 화학시약 95%에탄올

- 분석순
- 화학순

② 중국약전 (약전) (2005년판)

- 에탄올

표 7.1.9a, 표 7.1.9b, 표 7.1.9c 및 표 7.1.9d에서 중화인민공화국 국가표준 GB/T 394.1-94, GB 10343-2002, GB/T 678-2002와 GB/T 679-2002 및 중국약전 (약전)(2005년판)의 규격항목 및 규격치를 나타내었다[2)].

7) 태국의 에탄올 품질규격

태국의 공적기관 등의 에탄올의 품질규격은 이하의 태국 공업규격 및 타이 약전이 있다.

① 태국 공업규격 TIS 640-2545(2002)

- 95% 에탄올
- 99.5% 에탄올

② 태국 약전 1987년판

㉮ 1987년판

- 에탄올(95%) 시약용
- 무수에탄올

㉯ 1993년판

- 에탄올(95%) 살균 의약품용

㉰ 1997년 추가판

- 무수에탄올

표 7.1.10a 및 표 7.1.10b에, 태국 공업규격 및 태국 약전의 규격항목 및 규격치를 나타냈다.

표 7.1.10a 태국 공업규격[2] (TIS 640-2545(2002))

식물에서 만들어진 에탄올만 대상

항 목	단 위	규 격 치	
		95% 에탄올	99.5% 에탄올
일반적 성상(외관)	-	무색투명, 특유의 냄새. 이물질이 없을 것	무색투명, 특유의 냄새. 이물질이 없을 것
에탄올순도 (15.56℃)	vol%	94.9~96.0	99.5 이상
비중 (15.56℃)/(15.56℃)	-	0.812~0.816	0.7964 이하
산성도 (0.02M 수산화나트륨적정량)	mℓ/50mℓ	0.9 이하	0.9 이하
증발 잔분	mℓ/40mℓ	1 이하	1 이하
물혼화성	-	투명할 것	투명할 것
알데히드 (과망간산시험 15℃)	min	5 이상	5 이상
아밀알코올 및 탄화성물질 (정색시험)	-	적, 갈색의 발색이 없을 것	적, 갈색의 발색이 없을 것
아세톤 및 이소프로판올 (표준액과 색 비교 시험)	mg/ℓ	80 이하	80 이하
메탄올 (정색시험)	-	보라색의 발색이 없을 것	보라색의 발색이 없을 것

출전: 경제산업성 「2006년도 외국의 알코올품질 등에 관한 조사보고서」

표 7.1.10b 태국 약전[2)]

1987년판 에탄올(95%) 시약용, 무수에탄올
1993년판 에탄올(95%) 살균의약품용
1997년 추가판 무수에탄올

항 목	단 위	규 격 치		
		에탄올 (95%)		무수에탄올
		시약용	살균의약품용	
에탄올순도 (15.56℃)	vol% wt%	94.9∼96.0 92.3∼93.8	94.9∼96.0 92.3∼93.8	99.4∼100 99.0∼100
비중 (25℃/25℃)	-	0.805∼0.812	0.805∼0.812	0.787∼0.790
산성도 (수산화나트륨적정량)	-	0.1M NaOH 적정량 0.2mℓ/20mℓ 이하	0.02M NaOH 적정량 0.9mℓ/50mℓ 이하	0.02M NaOH 적정량 0.9mℓ/50mℓ 이하
비휘발성 잔사	mg/40mℓ	0.005%(w/v) 이하	1mg/40mℓ 이하	1mg/40mℓ 이하
물불용성물질 (물혼화시험)	-	-	투명할 것	투명할 것
투명도	-	투명할 것	-	-
알데히드 및 기타 이질(異質) 유기물 (과망간산시험)	min	(20℃) 10 이상	(15℃) 5 이상	(15℃) 5 이상
휘발성불순물 (가스크로마토그래프)	vol%	각 불순물 피크면적 0.02 이하	-	-
벤젠 (자외분광광도법)	Abs.	(254nm) 0.044 이하	-	-
알데히드 및 케톤 (히드록실아민첨가중화적정법)	mg/25mℓ	2 이하 (80mg/ℓ 이하)	-	-
아밀알코올 및 탄화성물질 [정색(呈色)시험]	-	-	적,갈색의 발색이 없을 것	적,갈색의 발색이 없을 것
퓨젤유 성분(취기시험)	-	-	냄새 없을 것	냄새 없을 것
아세톤 및 이소프로판올 (표준액과 색 비교 시험)	mg/ℓ	-	80 이하	80 이하
메탄올 (정색시험)	-	-	보라색의 발색이 없을 것	보라색의 발색이 없을 것
메탄올 (추가시험) (가스크로마토그래프)	vol%	-	-	0.005 이하

출전: 경제산업성「2006년도 외국의 알코올품질 등에 관한 조사보고서」

인용 · 참고문헌

1) 経済産業省, 平年17年度海外アルコール品質に関する調査報告書 (2006).
2) 経済産業省, 平年18年度海外アルコール品質に関する調査報告書 (2007).

2 공업용 에탄올의 용도

알코올이란 술을 연상하게 되지만 술(주류용 알코올)이외에 주세(酒稅)가 부과되지 않는 공업용 알코올이다. 주류는 예로부터 인류에 알려져, 4-5000년 전 인류의 최고 기록에도 나와 있으며 그 주성분은 주정(酒精), 즉 에틸알코올 「에탄올」이다. 넓게는 에틸알코올, 프로필알코올, 부틸알코올 등도 알코올의 한 가족이다. 그 중에서 에탄올만이 음용으로 쓰일 수 있다. 물론 너무 많이 마신다면 문제가 있겠지만...... 체내에 섭취된 에탄올은 최종적으로는 물과 이산화탄소로 분해되지만 너무 많이 마시면 중간의 아세트알데히드가 축적되어 두통을 일으키는데 이른바 「숙취」 상태가 된다.

지금부터는 공업용 알코올을 공업용 에탄올이라고 하겠다. 공업용 에탄올에 발효에탄올과 합성에탄올의 두 종류가 있는데 이 둘의 차이는 그 원료와 제조방법에 있다. 발효에탄올은 사탕수수와 옥수수 등의 농작물을 원료로 하여, 효모라는 미생물의 알코올 발효에 의해 만들어진다. 반면, 합성에탄올은 화석자원에서 얻은 에틸렌가스를 원료로 직접수화법 등의 화학합성에 의해 만들어진다. 공업용 에탄올은 식품, 화학공업을 중심으로 여러 산업분야에 원재료로 사용되고 있다.

일본에서 소비되는 주류용 알코올의 양은 연간 약 22~23만kℓ 이다. 공업용 에탄올 역시 발효에탄올이 약 20만kℓ, 합성 에탄올이 약 12만kℓ로 합계 약 32만kℓ 사용되고 있는데, 2~3%정도이기는 하지만 매년 꾸준히 증가하고 있다.

에탄올은 화학식으로는 「C_2H_5OH」이고 분자량은 46.07이다. 에탄올의 특성으로는[1)]

1. 비점이 78.32℃로 휘발하기 쉬우며 무색투명하여 특유의 방향(芳香)을 갖고 있다.
2. 물과는 어떤 비율로도 잘 섞이며 다른 유기용제와도 잘 혼합한다. 또한 많은 유기화합물을 용해한다.
3. 다른 물질과 쉽게 반응한다.
4. 살균, 소독작용이 있다.(그림 7.2.1, ※표 참조)

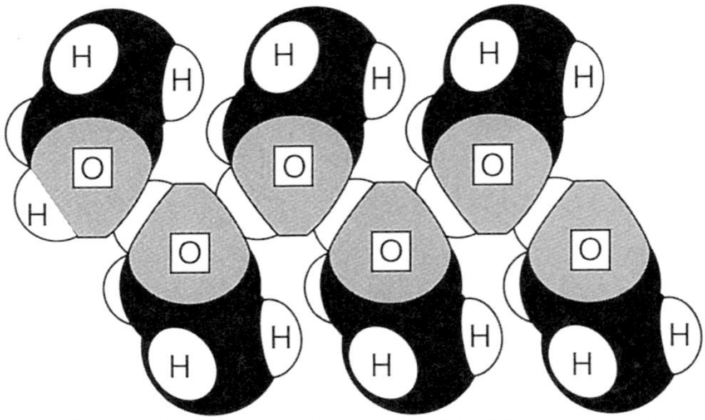

* 에탄올의 세균이나 곰팡이에 대한 작용메커니즘은 ① 펩티드글리칸의 생합성에 영향 ② 인지질생합성에의 영향 ③ 세균막의 손상에 의한 균체내 성분의 누출 ④ 고분자합성 저해 ⑤ 막결합 효소와 수송계에 대한 저해 ⑥ 지방산 생합성에의 영향이며, 이와 같은 작용이 다발적으로 동시에 진행되므로 강한 살균력을 발휘하고 항생물질 등과 달리 내성균이 생기지 않는다. 또한 에탄올 수용액의 살균, 소독효과의 최적농도(살균력이 가장 강한 농도)는 70중량% 부근이라고 알려져 있다. 이에 대한 기본적인 이유는 에탄올 수용액의 클러스터 이론 전개의 결과, 알코올과 물분자가 70% 중량의 경우 그 몰비는 1:1이 되고 소수기가 평면상으로 배열하여 넓은 소수성 표면을 만들기 때문이다(그림 7.2.1, 알코올의 구조모델 참조). 그 결과 미생물의 세포막 지질층(脂質層)에 큰 영향을 주어 세포막을 파괴하고 단백질을 용출시키기 때문에 살균효과를 나타낸다. 한편 세포막을 갖지 않는 바이러스 살균작용(불활성화)은 외피 단백질의 변성력의 크기에 지배되기 때문에 최적농도는 확인되지 않고 고농도 쪽이 효과가 높다고 알려져 있다[2)].

그림 7.2.1 70중량(%)(몰비 1:1)의 에탄올의 구조 모델[2)]

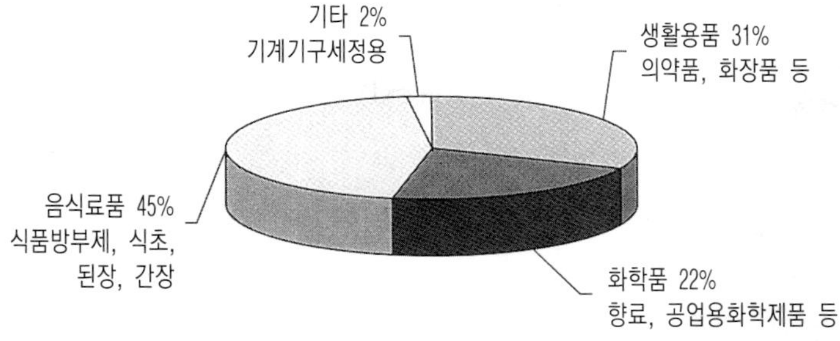

그림 7.2.2 일본의 공업용에탄올(발효 및 합성)의 추정수요
(2005년도 판매수량 326,209kℓ)(사단법인 알코올협회자료 참조)

5. -114℃이하 까지 온도를 내리지 않으면 얼지 않는다. 냉매로 사용된다.
6. 잘 타고 그을음이나 악취를 내지 않는다.

등을 들 수 있다.

이러한 특성을 갖는 에탄올은 화학제품(향료, 공업용 화학제품), 생활용품(의약품, 화장품, 세제), 음식료품공업 등에 널리 사용되고 있는데, 공업용 에탄올이라는 말도 이런데서 유래했을 것이다. 일본에서 발효에탄올과 합성에탄올을 합한 공업용 에탄올 이용분야의 대략적 비율을 그림 7.2.2에 나타내보았다.

일본의 공업용 에탄올 용도

일본에서 공업용 에탄올의 대표적인 용도에 대해서 설명해보자[1].

1) 향료

향료에서는 용해성, 휘발성, 방향성 등의 특성이 이용되며 식품용 향료, 화장품과 소취제(消臭劑), 방향제 등에 사용되는 향장품 향료, 담배 향료로도 쓰이고 있다.

식품용 향료에서는 향료를 추출하기도 하고 향료를 식품이나 음료의 수분에 녹여 넣기 위해 쓰이고 있다. 또한 담배 향료를 만들 때와 이 담배향료를 잎담배에 묻힐 때에도 사용한다.

2) 공업용 화학제품

① 세제

세제에는 용해 혼합성 등의 특성이 이용되는데, 부엌용 액체세제, 가정용세제, 의료용 세제 및 유연제 등에 각 성분의 용해, 저온시의 응고방지, 방부를 목적으로 쓰고 있다.

② 비누

화장용 비누에 글리세린, 설탕, 알코올 등을 첨가하여 건조시키면 투명해지는데, 이런 투명비누 제조에도 쓰인다.

③ 화학공업 분야

에스테르류는 산과 알코올 반응에 의해서 만들어지는데 약 55종류의 에틸에스테르가 에탄올을 사용하여 만들어지고 있다. 그 가운데서 주된 것을 들어보면, 아크릴산에틸에스테르는 아크릴산과 에탄올이 반응한 것으로, 자동차, 가전제품 등의 도료, 아크릴고무, 섬유가공제 등에 이용되고 있다. 마론산에틸에스테르, 아세트초산에틸에스테르, 시안초산에틸에스테르, 프탈산에틸에스테르, 초산에틸에스테르, 탄산에틸에스테르 등은 의약품, 농약살충제의 원료나 접착제의 중간체, 합성향료의 중간체 등에 쓰이고 있다.

또한, 스텐레스강(鋼) 같은 재질을 쓴 정밀주조용(자동차, 항공기 부품, 골프의 아이언헤드 등) 주형(鑄型)의 바인더로도 사용되고 있다.

유기화합물에 사용되고 있는 주된 예로는 에탄올에 염소를 작용시키면 클로랄(트리클로로아세트알데히드)이 만들어지는데, 농약, 의약 제조용의 중간체로써 쓰이고 있다. 또, 클로랄에 물을 작용시키면 발열반응을 하여 포수(抱水)클로랄(클로랄·알코올라트)이 되는데 이는 최면 진통제, 항경련제 등 의약품 원료로 쓰이고 있다. 그 외에, 공업용 풀에 이용되는 섬유소 글리콜산나트륨 등 약 70종류의 유기화합물 제조에 에탄올이 이용되고 있으며 의약, 농약, 살충제, 접착제, 도료, 염료 등의 원료와 중간체가 되고 있다.

그 밖에 화약, 셀룰로이드, 초화면(硝化綿), 잉크류, 주정(酒精)니스, 사진 감광재료, 전사액(轉寫液) 등에도 사용되고 있다.

3) 생활용품

① 화장품

화장품에는 용해성, 혼합하기 쉬운 성질, 방향성, 휘발성이 있어서 용제 또는 원료로 이용되고 있다. 주로 합성에탄올의 사용비율이 높은데 주된 제품으로는 헤어스프레이, 크림, 유액, 화장수, 향수, 오데코롱, 샴푸, 헤어토닉류, 헤어무스, 구강청정제 등이 있다. 또는 화장품 원료로 사용되는 히알론산과 식물 엑기스를 추출하는데 등에도 에탄올이 널리 사용되고 있다.

② 의약품

의약품에는 용해 혼합성, 반응성, 살균효과 등의 특성이 이용되며 용제와 원료로서 혹은 재결정, 정제용으로서 이용되고 있다. 주된 제품으로는 어깨 결림, 근육통 등의 치료 외용약, 외피용약, 항생물질·비타민류·디아스타아제류·심장약·협심증 등 의약품의 중간체, 치약 등이 있다.

또한 의약품과 관련하여 콘드로이틴의 추출, 혈장분화제제의 제조,

간경변이 진행하여 생긴 간암 치료 등에도 사용되고 있다. 최근에는 사프리멘트의 코엔자임 Q10의 제조에서 에탄올의 사용량이 증가했다.

일본 약전 알코올은 살균, 소독효과 자체를 목적으로 제품화된 것으로 일본약전에 기초하여 만들어진 약전 알코올에는 소독용 알코올(알코올 농도 76.9~81.4vol%), 무수에탄올(알코올 99.5vol% 이상) 및 에탄올(알코올 농도 95.1~96.9vol%) 의 3종류 상품이 있다. 또한 이들 약전 알코올은 의약품으로 약국에서 판매되고 있으므로 누구든 구입할 수 있고, 상처의 살균, 소독에서부터 가정용 냉장고 청소, 부엌청소에까지 사용할 수 있다. 또한 가정에서 만드는 홈메이드 화장수에 사용되기도 한다.

4) 음식료품 공업

발효에탄올의 70% 정도가 이 분야에 사용되고 있으며 그 용도로는 식초 원료와 간장, 된장, 식육 가공식품, 과자류, 반찬류 등에 방부·보존을 목적으로 사용되고 있다.

식초는 에탄올을 원료로 만들고 있다. 흔히 양조초라 말하는 식초는 희석한 에탄올에 초산균을 접종하여 초산발효 시켜 만든 초산을 주성분으로 한 식품이다. 식초는 인류가 먼 옛날, 술(알코올)이 미생물에 의해 발효되어 시큼해진 데서 힌트를 얻어 발전시켜온 식품(조미료)이라고 할 수 있지 않을까. 또 이 식초는 마요네즈와 드레싱의 원료로도 사용된다.

일본에서는 예로부터 식품의 방부와 보존을 위해 술찌꺼기 장아찌, 소주 장아찌, 간장 장아찌 등의 형태로 에탄올이 경험적으로 많이 이용되어 왔다. 그렇지만 지금처럼 본격적으로 에탄올이 쓰이기 시작한 것은 1965년대 중반부터로 식품의 안전과 건강에 대한 관심이 높아지고, 음식물에 대한 기호가 자연지향으로 변화하여 식품의 방부(防腐)·보존(保存) 등에 관한 체계적인 시험연구가 이루어지면서부터이다.

식품의 보존·방부에는 에탄올과 식품첨가물 외에도 여러 방법이 있는데, 병통조림을 비롯하여 소금에 절이기, 설탕에 절이기, 식초에 절이기 등의 방법이 있다. 이들 방법에 비해 에탄올의 경우는 식품의 맛이나 향기를 변화시키지 않으면서, 조금이라도 짜지 않고 달지 않은 식품을 원하는 기호와 절묘하게 맞아떨어졌다는 점이다. 또한 에탄올에는 식품 속의 산과 방향성이 있는 에틸에스테르를 생성하거나 식품이 가지고 있는 향을 더욱 더 좋게 만들어 내기까지 할 수 있다.

더 말할 나위도 없이 여기서는 에탄올의 살균, 소독, 방향성이라는 특성이 이용되고 있다. 음식품의 에탄올에 의한 보존·방부의 효과를 보면, 완전하게 무균화 하여 장기저장 하는 것이 아니고 세균과 곰팡이 등의 미생물 증식을 억제하여 보존기일을 늘려주는 점이다.

에탄올의 이용형태는 식품종류에 따라 다르지만, 직접 첨가(간장, 된장, 성게, 젓갈 등), 분무(반찬류, 식육 가공제품, 과자류 등), 도포(식육 가공제품, 과자류 등), 침지(햄 등), 반죽(생면류 등) 등으로 크게 나눠볼 수 있다.

간장과 된장에는 원래 미생물의 작용에 의해 약 1~2%정도의 에탄올이 제조 공정중에 생성되어, 그 속에서 염분 등과의 상승효과로 어느 정도의 방부작용이 있다. 그러나 제품화 할 때의 살균공정과 청징(清澄), 이송공정에서 에탄올이 증발하기 때문에 그것을 보전하기 위해 에탄올을 직접 첨가하는 것이다.

식육 가공제품 가운데, 햄과 소시지 등에서는 표면에 에탄올을 분무하여 끈적거림을 방지하기 위해 사용된다. 이 끈적거림은 재료를 갈아 만드는 식품의 표면에서 세균이 발생하여 생기는 끈적끈적한 점질물(粘質物)이다. 에탄올은 끈적거림 방지에 효과가 있을 뿐 아니라 또 다른 목적으로도 쓰인다. 즉, 에탄올의 융점은 -114℃이기 때문에 0℃이하에서도 물과 같이 쉽게 얼지 않기 때문에 냉매로 사용하고 별도의 냉동기에서 에탄올을 마이너스 수십 ℃로 차게 하여 그 속에 침지하여 순식간에 냉동시키는 것이 가능하다. 햄과 소시지를 얇게 자를 때 알코올을 냉매로 이용하며 냉동해서 단단하게 만들어 슬라이스하면 매우 얇게 자를 수 있다.

이들 식품에의 에탄올 첨가량, 첨가 공정 등의 사용방법은 식품종류에 의해 각기 다르지만, 침지, 분무, 반죽 등의 방법을 이용하여, 최소량의 알코올을 사용하여 최대의 목적과 효과를 얻으려고 각 식품회사에서 연구하고 있다.

그 밖에 식품 색소의 추출, 다시다 같은 조미료(이노신산나트륨)의 원료 추출, 떫은 감의 떫은 맛 제거(脫澁: 떫은맛의 주성분인 수용성 타닌이 에탄올에 의해 불용성 타닌이 되기 때문에 떫은맛을 못 느끼게 됨). 곤약(구약나물) 감자에서 다이어트식품 가공에 이용되는 그루코만난의 추출, 프로폴리스의 용해 등에도 알코올이 사용되고 있다.

또한 알코올 조제라고 불리는 발효 에탄올을 베이스로 정균효과(靜菌效果)가 있는 유기산이나 아미노산 같은 첨가물을 배합하여 식품의 보존성을 좋게 할 목적으로 이용하는데, 현재 이런 그 목적에 맞추어 많은 종류의 알코올이 조제되어 나온다. 예를 들면 에탄올을 흡수시켜 분말이나 겔상으로 알코올을 조제하기도 하고, 빵과 카스테라 등의 식품과 함께 포장용기 속에 넣으면 서방성(徐放性), 즉 알코올을 서서히 방출하면서 식품의 곰팡이를 방지하여 품질보존 효과를 발휘하기도 한다.

또한 에탄올은 식품첨가물에 표시하도록 되어 있다. 표시는 알코올, 에틸알코올, 에탄올, 주정(酒精)의 어느 것을 이용하여도 좋은데, 이렇게 하면 소비자가 구입한 식품 속에 에탄올이 들어있는지 어떤지를 금방 알 수 있기 때문이다.

5) 기타

① 기계기구 세정용

발효에탄올을 이용한 식품을 제조하는 기계, 기구류의 살균에 이용되고 있는 식품기계기구 세정용 알코올이 있는데 제조실 공간에 분무하여 방 전체를 살균하는 경우도 있다. 최근에는 안전이나 위생의식이 높아지면서 이 분야에서의 사용양이 증가 경향에 있다.

② 시약

시약 알코올은 일본공업규격(JIS)과 화학분석 등의 시약규격에 기초하여 제조되고 있으며, 이화학의 실험, 분석과 시험연구에 이용되는 외에 전자공업용 부품세정용으로 사용되는 경우도 있다.

외국의 공업용 에탄올 용도

1) 미국

공업용에탄올의 2006년도 미국 국내 수요는 약 102만kℓ이었는데, 이 가운데 용제용으로 61%(62.5만kℓ)가 그리고 화학제품 원료용으로 39%(39.7만kℓ)가 쓰였다. 그 가운데 약 22%가 합성에탄올이다. 미국에서 공업용에탄올 수요 내역을 그림 7.2.3에 나타냈다[3].

용제용으로는 화장실 제품/화장품, 향수, 세제, 소독제, 코팅, 잉크, 용제, 의약품 등에 쓰이고 있다. 화장실 제품/화장품, 향수는 합성에탄올을 쓰는 비율이 높은 업종이다. 특히 향수와 향료를 제조하는 경우에 합성 에탄올이 쓰이는데 관련업계에서는 발효 에탄올보다도 향기가 더 잘 묻는다고 믿고 있기 때문이다. 실제로는 조성에서도 차이가 적고 증류방법에 따라서도 거의 차이가 나지 않는데, 업계에서의 그런 생각 때문에 합성에탄올은 많이 이용되고 있다. 또한 일본 국내에서 우동, 간장, 된장 제조에 방부제로 많이 쓰이지만, 미국에서는 방부제로 쓰이는 일은 거의 없고, 구강청정제와 외용약 등에 이용되고 있다[3].

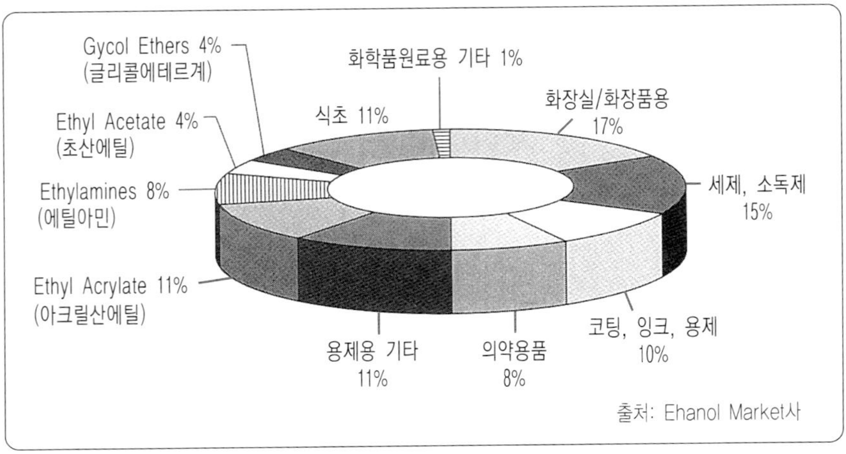

그림 7.2.3 미국의 공업용 알코올 수요 내역 (2006년)

미국에서 이 분야 용도의 특색으로 러빙알코올이라는 것이 있다. 러브(Rub)라는 것은 문지른다는 의미로 러빙알코올은 손과 발 전신의 피부에 발라 문지른 후, 샤워를 하여 몸을 청결하게 닦아내는데 사용되는 것 같다. 그 밖에, 상처의 살균이나 소독용으로도 사용할 수 있다. 러빙 알코올은 상품명 에틸러빙알코올로 슈퍼마켓이나 약국에서 쉽게 구입할 수 있다. 알코올 농도 70vol% 폴리용기에 473mℓ 들어있으며 변성제로는 아세톤, 메틸이소푸틸케톤 등의 유기용제가 이용되고 있다. 특히 러빙알코올에는 이소프로필알코올로 만들어지는 것도 있으며 이를 이소프로필 러빙알코올 이라고 한다. 이소프로필알코올의 농도 70vol%, 폴리용기에 473mℓ 들어있는데 에틸 러빙알코올과 똑같다. 일본에서는 러빙알코올을 사용하여 몸을 닦아내는 습관이 없으므로 이것을 공업용 에탄올의 용도로 삼지도 않는다. 그 이유는 일본은 고온다습한 탓에 입욕하는 습관이 있어서 샤워만 하는 사람이 적기 때문에 이런 러빙알코올을 쓰지 않는다고 생각된다[1).

화학제품 제조용으로 28.5만kℓ, 게다가 산(酸)을 제조하기 위해서

11.4만kℓ가 사용되고 있다. 특히 산을 제조하는 경우에 「자연유래 All natural)」로 표시하고 싶으면 발효에탄올을 더욱 적극적으로 쓴다. 화학제품 원료용으로는 에탄올이 아크릴산에틸, 에틸아민, 초산에틸글리콜에테르계 제조에 사용되고 있다[3].

① 아크릴산에틸

아크릴산과 에탄올을 반응시켜 제조하며 에탄올의 수요는 11.7만kℓ로 보고 있다. 아크릴산에틸은 강한 냄새가 있기 때문에 원료용 에탄올로는 합성에탄올이든 발효에탄올이든 아무튼 가격이 저렴한 것이 이용되고 있다. 아크릴산에틸은 주로 아크릴계 도료와 점착・접착제, 아크릴고무, 아크릴섬유의 원료로 이용되며, 우리 주변에서 쉽게 찾아볼 수 있는 자동차 부품, 마스카라의 원료로도 쓰인다.

② 에틸아민

암모니아와 에탄올을 합성하여 제조하며 에탄올의 수요는 7.9만kℓ로 보고 있다. 원료로는 합성에탄올과 발효에탄올 모두 이용되고 있으며 수입한 사탕수수를 원료로 한 에탄올도 이용되고 있다. 모노에틸아민은 트리아진계 제초제의 원료로 쓰이고 디에틸아민은 고무의 합성 프로세스에 사용된다.

③ 초산에틸

에탄올 수요는 3.8만kℓ인데 원료로는 합성에탄올과 발효에탄올 모두 이용되고 있다.

④ 글리콜에테르계

에틸렌글리콜모노에틸에테르, 디에틸렌글리콜모노에틸에테르, 트리에틸렌글리콜모노에틸에테르를 제조할 때 에탄올을 이용하며 에탄올 수요는 3.8만kℓ이다. 원료에탄올로는 합성에탄올과 발효에탄 모두 이용되고 있으며 수입한 사탕수수를 원료로 한 에탄올도 쓰이고 있다. 에틸렌글리콜모노에틸에테르는 에포킨 수지를 이용하여 도장(塗裝)할 때 용제로 사용되고 있다. 염료를 잘 녹이면서 삼투성도 좋아서 가죽제품 염색에 이용되고 있다. 드라이클리닝 할 때 얼룩을 빼거나 때를 녹여내기 위한 가용화제(可溶化劑)로도 사용되고 있다. 글리콜모노에틸에테르도 용제로 쓰이며 트리에틸렌글리콜모노에틸에테르는 브레이크용 유체(流體)에 이용되고 있다.

2) 프랑스[1)]

주된 용도는 향수, 화장품, 약품, 식초, 화학공업용, 일반가정용 등으로 프랑스에서 에탄올의 용도 및 사용 비율상의 특색으로는 일반 가정용으로 많이 쓰이고 향수·화장품용으로 많이 쓰인다는 점이다.

프랑스의 슈퍼마켓 등에서는 메나쥬(m'enagers)라는 상품명의 병에 들어있는 에탄올이 판매되고 있다. 메나쥬는 불순물 함유량이 많고 메틸알코올 농도 6w/v%로, 라벨은 메틸알코올 변성 알코올(Methylated alcohol)로 되어 있다. 메나쥬의 용도는 가정에서 조리용 연료와 기름때 제거, 유리창 청소용 세제로 사용되고 있다. 조리용 연료라고 하는 것은 호텔 등에서 입식파티를 할 때, 요리가 식지 않도록 약하게 데워주는 연료이다. 메나쥬 같은 가정용 알코올은 독일, 스웨덴, 이탈리아 등에서도 사용되고 있다.

향수·화장품 중에서 에탄올이 사용되고 있는 주된 제품은 향수, 코롱류, 화장실제품, 헤어스프레이, 헤어토닉, 리퀴드 등이다. 또한 에탄올을 사용한 향수·화장품의 알코올 함유량은 이런 제품의 제조에 관한 법률(1937년)에서 규정하고 있다. 에탄올 농도 50vol% 이상을 유지하도록 의무화된 제품은 향수, 코롱, 화장수 등으로 여기에는 평균 70

~85 vol% 정도 함유되어 있다. 한편, 에탄올 농도가 50 vol% 이하인 제품은 샴푸, 오일락카, 헤어로션, 그 밖의 미용품 등이 있다. 주요한 수출품인 만큼 좋은 품질을 유지하기 위해서 에탄올 함유량을 의무화 한 것은 아닐까 싶다.

3) 독일[1)]

주된 용도는 음료·향료용, 의약품용, 화장품·외용약용, 식초용, 연료용, 화학공업용 등이다. 화장품 중에서 에탄올이 사용되고 있는 제품은 향수, 화장수, 코롱류, 로션, 헤어스프레이, 탈취제 등이다. 같은 EU권의 프랑스와 비교하면 화장품용 에탄올 소비량은 절반 정도밖에 되지 않아서 일본과 비슷한 수준이다.

4) 영국[1)]

주된 용도는 에탄올아민 등의 화학공업용, 의약품용, 화장품용 등이다. 영국에서는 공업용의 용도를 위한 발효에탄올은 제조되고 있지 않으며, 주로 합성에탄올이 사용되고 있다. 발효알코올의 생산량은 양적으로 적으며, 용도는 진, 리큐어 등의 이른바 재성주(再成酒) 원료용이다.

화장품용 중에서 에탄올이 사용되고 있는 주된 제품은 발한 방지제, 헤어스프레이, 향수, 오데코롱, 화장수, 로션, 탈취제, 애프터쉐이브 로션, 입욕제, 크림 등이다.

5) 브라질[1)]

브라질에서 에탄올의 최대 용도는 연료용이지만 화학공업용, 화장품용, 의약품용, 수출용 등 공업용도 있다.

용도의 특색으로는 에탄올에서 출발하는 화학공업용으로 에탄올이 사용되고 있다. 즉 다른 나라에서는 에탄올은 에틸에스테르로 하거나 의약 농약 등의 중간체로 하고 있어서, 에틸렌 등의 석유화학 공업의 기초 원료를 에탄올에서 만들어내지는 않는다. 그러나 브라질에서는 에탄올에서 아세트알데히드나 에틸렌을 만들고 있다. 물론 모두 에탄올에서 만들어내고 있는 것은 아니지만 분명 다른 나라와는 많이 다르다.

또한 다른 나라에서는 에틸렌에 물을 더하여 합성에탄올을 만들고 있지만 브라질에서는 에탄올을 탈수하여 에틸렌을 만들고 있다. 이처럼 브라질이 알코올화학 산업이 발달한 이유는 브라질은 세계 제 1의 설탕생산국으로 설탕 제조공정에서 부생하는 당밀을 원료로 하여 에탄올 생산이 활발한 점, 또 사탕수수 즙을 원료로 하여 에탄올을 만들게 되어 양적으로도 많아진 점, 그리고 알코올화학 플랜트가 발전한 점 등이 그 이유라고 생각할 수 있다. 또한 석유를 수입에 의존하고 있기 때문에 석유에서 나프타를 얻어 에틸렌 등의 화학공업의 기초 원료를 만드는 것보다도 그 나라에 흔한 국내 농산물원료에서 발효에탄올을 생산하여 사용하는 방법이 크게 보면 더 유리하다는 판단에서라고 생각할 수 있다.

알코올 화학공업에서 아세트알데히드, 에틸렌, 디에틸에테르 등은 에탄올에서 직접 만들어진다. 아세트알데히드에서 유도되는 것으로는 초산, 부탄올 등이 있다. 초산에서는 무수초산, 초산에틸, 초산비닐 등이 만들어진다. 에틸렌에서는 폴리에틸렌, 에틸벤젠을 거쳐 폴리스틸렌, 이염화에탄을 거쳐 염화비닐 및 폴리염화비닐 등이 만들어진다. 또한 최근, 석유화학 대기업인 프라스겜사가 사탕수수에서 얻은 에탄올을 원료로 하여 고밀도 폴리에틸렌(HDPE)을 생산하는 기술을 개발했다는 정보도 있다.

이상과 같이 공업용에탄올의 용도에 관해 일부를 소개하였지만 이외에도 향후 여러 분야에 걸쳐 여러 용도로 쓰이게 될 것이다.

인용 · 참고문헌

1) 唐木　功，アルコールのはなし，財団法人通商産業調査会，p10-82 (1994).
2) 食洗協シリーズ　No.18，食品衛生に大活躍！　アルコール製剤，日本食品洗浄剤衛生協会 (2001).
3) 平成18年度新エネルギー等導入促進基礎調査 (バイオエタノールの利用可能性に関する調査) 報告書，株式会社三菱総合研究所.

색인

ㄱ

가소홀___97, 172, 277, 280, 281
가소화 양분총량___200
가소화 조단백질___200
가수분해반응___125
가수추출 증류방법___167
간접 수화반응___52
감압 증류법___217
건설발생 목재___79, 80
건식 밀법___103, 104, 105
겔크로마토그래프___214
계분 첨가비료___202
고밀도 폴리에틸렌___336
고액 분리기___136
고정상형(UAFP) 리액터___221, 230
고정화 효모를 이용한 연속발효법___115
고효율 메탄발효 프로세스 개발___212
공비점___162
공비증류법___172, 173, 185
공업용 에탄올___296, 297, 303, 323, 325, 331
공업용 화학제품___326
과당___92, 93
과즙밀___92, 93
관상 제올라이트 복합막___176, 191
교토의정서___290
구리___281
글루코스___92
글리콜에테르계___333
기액평형___160
기욤식 증류장치___167, 168, 169
기후변동기초조약___20

ㄴ

내부열 교환 증류법___176
누룩곰팡이___97

ㄷ

다중 효용캔 방식___137
다중 효용캔 시스템___177
단술 농축액___197, 204
단증류___159, 162, 165
단첨괘법___107
당밀 발효폐액___194, 197, 201, 205, 206, 208
당밀 발효폐액의 고효율 메탄발효 프로세스 개발___212
당밀___194, 195, 196, 205
당질___92, 93, 96, 100, 222

당화수율__139
당화형 아밀라제__102
대기정화법__39
덴트콘__70

ㄹ

란비끼__165
러빙 알코올__332
런던조약__217
레스터브라운 박사__22, 23
로얄 슈퍼아로스파스__170

ㅁ

마령서__65
막분리법__189
말레이시아__208
맥류__68
맷드 건조 처리장치__207
메나쥬__334
메탄발효__206
메탄발효·탈황 동시처리__229, 231
메탄발효법__206
메탄올__100
목질계 바이오매스__74, 75, 81, 125, 234, 235
무수규격__278
무증자 당화발효 기술__112
묽은 황산 2단 가수분해법__131, 132, 133
묽은 황산 2단 당화-발효-증류 프로세스의 폐수처리__232
묽은 황산 전처리·효소 가수분해법__127
묽은 황산법__130
미니멈억세스__28
미이용 삼림자원__76
밀크호에__92, 93, 152

ㅂ

바이오 리파이너리__124
바이오가스__52, 205, 222, 231
바이오매스 연료공급유한책임사업조합__35
바이오매스 원료__62, 63, 74, 85
바이오매스 일본종합전략__290
바이오매스 자원__75, 86
바이오매스에너지 고효율전환기술개발__174
발효수율__141
발효에탄올__323
배수처리 난이도__141
베이퍼 콤프레서__197
변성제 및 세정 고무질__283
병행 복발효 방식__128
부산염기성 칼륨비료__199
분무__329
불편한 진실__6, 23, 24
비료화__201

ㅅ

사료화__198, 223
사탕무우__63
삼투기화막 농축법__158
삼투평형__179
상분리__158, 245, 280, 282
상향류식 혐기성 오니상법__206

색도 성분의 막분리에 의한 처리
___214
생화학적 산소요구량___205
세퍼레이터___197
세포융합법___117
셀룰로오스___86, 88, 232
소맥 스트로___129
소주___216, 217
소주 증류폐액___216, 217, 218, 219
소주 증류폐액의 생물학적 처리
___219
숙성 단술___102, 106, 107, 196
순환식 생물학적 탈질・초산화___221
슈크로스___92
슈퍼 아로스파스___170
스위트콘___70
습식 밀법___104
식품 리사이클법___217
실리카겔___187

ㅇ

아데노신 삼린산___99
아로스파스식 증류장치___167, 169
아미로균___97
아미로법___97
아세트알데히드___168, 257, 336
아쿠아(H_2O) 뉴트럴___50
아크릴산에틸___333
알루미나___187
알칼리 처리비료___203
압력스윙 흡착법___173, 174, 188
액체 신틸레이션법___51
액화형 아밀라아제___97, 99, 102, 105
어업자원으로 응용___200
에너지 수지___145
에탄올 제조 코스트___141
에탄올 탈수___187
에틸렌___53, 336
에틸렌의 수화반응___52
에틸아민___333
역삼투막 농축법___158
역삼투막법___178
연료용 무수에탄올규격___278
연료용 함수에탄올규격___278
연료증발가스___258
연료증발가스 특성___258
연속발효법___108, 115, 116
오차드그라스___71, 72
옥시전(O_2) 뉴트럴___50
온난화 가스___20
유기첨가 화성비료___201
유전자조작 대장균 KO11주___232
응집성 효모___110
응집성 효모를 이용하는 반복적 회분
발효법___110
의사 이동층방식___137
이르게스식 증류장치___166, 167, 169
2상식 메탄발효법___208
이소프로판올___96, 99, 100
이온교환수지___187, 228
이탈리안그라스___71
인도네시아___214, 312
일본공업규격(JIS)___331
일본술___151, 152
일본알코올산업___98, 110
일본약전___328

ㅈ

자당__92
자동차연료 혼합용 에탄올 규격 __276
재증류__162
저온 증자법__102
저팬칸사이프로젝트__58
전기전도도__281
전분질__92, 95, 216
전분질 발효폐액 처리__216
전분질 직접발효 효모의 육종__116
전산도__280
정삼투__178
제올라이트__187, 188, 189
제올라이트 복합막__191
제트 쿠킹 방식__105
죠르다니・레오법__131
주형 바인더__326
중국__209, 285
증기압__159, 160, 180, 181, 242, 245
증기투과막__176
증류__209
증류-막 하이브리드 시스템__176
증류법__218
증류-탈수 방식__128
직접 수화반응__53, 54
직접 첨가__329
진한 황산 가수분해법__133, 134, 137, 140
진한 황산 당화-발효-증류 프로세스 폐수처리__228
진한 황산법__9, 52, 131, 139

ㅊ

첨괘발효법__106, 107
초산에틸__333
초음파 무화법__182
초임계 가스추출법__158, 181, 182
총유기성탄소__213
추출 증류의 원리__186
침수 여상형 리액터__230
침지__246, 329, 330

ㅋ

카본(CO_2) 뉴트럴__48, 49, 50
케인__93
콘그리츠__187
콘 리파이너리__104
콘택트법__209
쿠모노스카비__97
크로마토 분리방식__136
크리스토바라이트__213, 219
클로즈드 시스템__201

ㅌ

탑형 리액터__213, 230
토양개량 자재__203
티모시__71

ㅍ

팟스틸__165, 166
팽윤__253
펜토오스 발효효모__117
폐수처리__228, 232, 234
포도당__92

포수클로랄___327
플래시 연속발효법___116
플랜테이션___208
플레이트식 농축장치___197
플렉스연료자동차(FFV차)___278
피오리아법___131
핏셔 · 트로프슈(Fischer-Tropsch) ___54

ㅎ

합성에탄올___48, 51
합성에탄올 제조방법___52
해양투기___217
향료___325
헤미셀룰로오스___58, 74, 86, 125, 234
혐기성 여상법___206
혐기성 유동상법___219
혐기성 유동상형 리액터___213
호모로게이션___54
홋카이도법___131
화학적 산소요구량___207
효소 당화법___98
효소생산___223
후르크토스___92, 93, 99, 151, 153
휘발성지방산___199
흡수에스테르화 반응___52
흡착법___187
히트펌프___176, 177

영문색인

ATP___99
BOD(Biochemical oxygen demand) ___205
Biostil 프로세스___109
C1프로젝트___54
Candida屬___200
CGF___40
CGM___40
COD(Chemical oxygen demand) ___207
Clostridium ljungdhallii___118, 155
CSL(corn steep liquor)___229
DCP___200
DDG(Distillers Dried Grain)___198
DDGS(Distillers Dried Grain Solubles)___40, 198
EPA___39, 285
ETBE___24, 239, 290
FFV(Flexible Fuel Vehicle)___239
FFV차___278
Formular C.D.A.20___282
FT합성___54
G8서미트___20
HDPE___336
IC(Inner circular) 리액터___221
Iogen___126
Iogen 프로세스___129
LCA 평가___45
LLP___35
MADISON법___130
Melle-Boinot 반연속 발효법___107
MF막___214

MTBE___281
NEDO기술개발기구___122
NEDO프로세스___133
NREL프로세스___127, 141, 143
PEC___26
pHe___282, 284
Pimente___141
PRTR___257
PSA법___188
PT. IND LAMPUNG DISTILLERY ___211
PV___181
PV법___181
RO막___214
RO법___179
Saccharomyces cerevisiae___96, 98
Schizosaccharomyces pombe___110
Shapouri___39, 41
TDN___200
TOC(Total organic carbon)___213
Trichosporon屬___200
TVA법___130
UAFP___206, 221
UASB법___206
UF막___214
UGF(Unidentified Growth Factor) ___198
VFA(Volatile Fatty Acid)___199
VP___191
VP법___190
well to wheel___42
Zymomonas mobilis___100, 118, 134, 155

집필자 소개

사이끼 타카시

사단법인 알코올협회 연구개발부장{제1장-1, 제2장, 제3장-1, 3}, 1968년, 동경대학 농학계대학원 박사과정 졸업, 같은 해에 동경대학 농예화학과 조수, 미국조지아대학 객원연구원을 거쳐 1984년부터 NEDO 알코올사업본부 기술개발연구실장, 동연구개발센터 소장, 1984년부터 사단법인 알코올협회 연구개발부장, 이 기간중 호열균 효소, 셀룰로오스 분해균, 경제산업성과 관련한 에탄올제조기술개발 등의 프로젝트에 종사, 2004년 5월까지 재단법인바이오인더스트리협회 알코올·바이오매스연구회회장

사이또 요시타카

사단법인 알코올협회 연구개발부장{제1장-2, 제4장, 제6장-2, 제7장-1}, 1966년, 동경도립대학 이학부 졸업, 같은 해에 成蹊대학 공학부 공업화학과 조수, 1968~2000년 (주)일본 합성알코올에서 카와사키공장 연구담당부장, 기술개발부장 등 역임. 이 기간중 에탄올제조기술, 에탄올 농축・정제・탈수기술, 배수 처리기술의 연구개발 등에 종사, 2003년부터 사단법인 알코올협회 연구개발부장.

야마다 토미아키

사단법인 알코올협회 연구개발부장{제2장-2, 3 제3장-2}, 1963년 토후꾸대학 대학원 이공학연구과 수료, 같은 해에 (주)日揮 입사, 프로세스 설계, 에너지, 환경, 의약, 식품분야의 기술개발 연구에 종사. 이 기간 중에 신연료유 개발기술 연구, 연료용알코올 개발기술연구 및 NEDO 바이오매스에너지 고효율변환기술개발 등으로 바이오에탄올의 제조기술개발을 담당. 2004년부터 사단법인 알코올협회 연구개발부장으로 바이오에탄올 제조기술개발 및 조사연구 업무를 담당.

고토우 신고

일본 알코올산업주식회사 품질환경관리실{제5장-1, 제7장-2}, 1986년 히로시마대학 생물생산학부 생물생산학과 졸업, 같은 해에 NEDO 알코올사업본부(현재 일본 알코올산업주식회사) 기술개발연구실에 입사, 1991년부터 연구개발센터에서 알코올 발효기술, 알코올관련 분석기술, 발효부산물의 유효이용 등의 기술개발에 종사, 2006년 11월에 연구개발센터소장, 2007년 12월부터 현직에 있음.

키다 켄지

쿠마모또대학 대학원 자연과학 연구과 교수{제5장-2}, 1971년 오오사카대학 대학원 이공학 연구과 발효공학전공 석사과정 수료, 같은 해에 미쓰비시유화 중앙연구소에 입사하여, Single Cell Protein(SCP)의 제조연구에 종사, 1977년 1월부터 히타치조선에서 근무, 산업폐수 및 분뇨처리 플랜트 기본설계, 또 에탄올발효 및 메탄발효 연구에 종사, 1986년 12월에 쿠마모또대학 공학부로 옮겨, 응집성 효모를 이용한 알코올발효 및 메탄발효를 주체로 하는 물환경에 관한 연구에 종사. 또 제로에미션 소주·양조식초 제조 프로세스 연구개발, 더 나아가 현재는 생물계 폐기물에 의한 재생열(Thermal recycle) 및 각종 바이오매스자원으로부터 바이오에탄올을 생산해내기 위한 연구개발에 종사하고 있다.

모리무라 시게루

쿠마모또대학 대학원 자연과학연구과 준교수{제5장-3}, 1980년 오오사카대학 공학부 발효공학과 졸업, 같은 해에 히타치조선에 입사, 당밀(糖蜜)에서 연료용 에탄올을 제조하는 연구를 하고 있다. 1989년 11월부터 쿠마모또대학 공학부에 근무하면서 소주 증류폐액의 효율적 처리 및 유효이용에 관해 연구하고 있다.

토우 가꾸킨

쿠마모또대학 대학원 자연과학연구과 준교수{제5장-4}, 2005년 쿠마모또대학 대학원 자연과학연구과 박사과정 수료, 2006년부터 동대학원 연구과 준교수, 폐수 및 폐기물의 생물처리 및 유효이용, 바이오매스에서 에너지생산, 환경미생물 생태와 유효미생물의 육종에 관한 연구를 하고 있다.

시오타니 히토시

독립법인 산업기술종합연구소 신연료 자동차기술연구센터 계측평가팀{제6장-1}, 2003년 오오사까대학 대학원 공학연구과 박사과정 수료, 2003년 4월부터 산업기술종합연구소에서 바이오에탄올 및 바이오디젤연료를 자동차연료로 이용하는 기술을 연구하고 있다.

역자 소개

김종호

[학위] 일본동경공업대학 이학박사

[현재] 전남대학교 응용화학공학부 교수

[주요경력] 일본동경공업대학 조수, 일본통산성물질공학공업기술연구소 특별연구원, 일본돗토리대학 조교수, (주)빛과환경 대표이사

[연구분야] 제올라이트 형상선택성, 폐고분자 자원화, 광촉매 제조 및 응용 등

[저서 및 역서] 환경안전과학(전남대학교 출판부), 환경호르몬과 다이옥신(전남대학교 출판부), 무기공업화학(한국공업화학회), 촉매첫걸음(전남대학교 출판부), 알기쉬운 광촉매이야기(전남대학교 출판부), 에너지와 나노테크놀로지(전남대학교 출판부) 등

박돈희

[학위] 연세대학교 공학박사

[현재] 전남대학교 생명과학기술학부 교수

[주요경력] 미국MIT연구학자, 미국 Vanderbilt 방문학자, 한국생물공학회 회장, 한국공학교육학회 부회장, 바이오에너지기술개발연구회 회장, 에너지관리공단 신재생에너지개발센터운영위원장, 서울대학교 교류교수, 광주전남안실련 공동대표, 산업자원부 차세대 성장동력 자문위원, 한국생물공학회 학술상, 광주광역시 시민대상 학술분야

[연구분야] 바이오에탄올제조공정, 바이오디젤제조공정, 식물조직배양을 이용한 유용물질대량생산, 미생물을 이용한 폐수고도처리공정개발, 미생물을 이용한 악취제거기술, 콘택트렌즈용 소재개발

[저서 및 역서] 이동조작(청문각), 환경공학(동화기술), 고향의 내일을 생각하며(도서출판 삼면당), 꿈의 실현은 변화에 있다(전남대학교 출판부)

최병철

[학위] 일본홋카이도대학 공학박사

[현재] 전남대학교 기계시스템공학부 교수

[주요경력] 일본자동차연구소 연구원, 고등기술연구원 책임연구원, (주)빛과환경 이사

[연구분야] 디젤자동차 배기후처리, 난류화염 연구 등

[저서 및 역서] 연소공학(청문각), 배기후처리공학(바로출판사), 알기쉬운 광촉매이야기(전남대학교 출판부), 에너지와 나노테크놀로지(전남대학교 출판부) 등

김건중

[학위] 인하대학교 공학박사

[현재] 인하대학교 생명화학공학부 교수

[주요경력] 일본동경공업대학 박사후연구원, 한국공업화학회 이사, 한국화학공학회 이사, (주)빛과환경 이사

[연구분야] 키랄 유도체 합성 및 다공성 무기재료 합성과 응용 등

[저서 및 역서] 무기공업화학(한국공업화학회), 무기재료(동화기술), 알기쉬운 광촉매이야기(전남대학교 출판부), 에너지와 나노테크놀로지(전남대학교 출판부) 등

이부귀

[학위] 일본동경공업대학 공학박사

[현재] 호남매일신문사 편집논설위원

[주요경력] 전남대학교 사회교육과 강사, 전라남도 도시교통정책 및 교통영향평가 심의위원, 광산구 지역발전 자문위원, 호주UTS 객원연구원, 호주Lindfield Korean School 교사

[연구분야] 도시 및 지역계획, 환경계획

[역서 및 저서] 영국의 도시기본계획(전남대학교 출판부), 환경호르몬과 다이옥신(전남대학교 출판부), 자치시대의 지역정책(전남대학교 출판부), 문화와 권력으로 본 도시탐구(한울아카데미), 에너지와 나노테크놀로지(전남대학교 출판부) 등

나숙현

[학위] 일본동경공업대학 공학박사

[현재] 전남대학교 촉매연구소 연구교수

[주요경력] 건국대학교 의학전문대학원 질병관리센타 박사후연구원

[연구분야] 대장균의 생존반응 검출, 잉여슬러지 감량화 등

바이오에탄올 제조기술 및 활용

인쇄 | 2008년 11월 15일
발행 | 2008년 11월 25일

편저 | 사단법인 일본알코올협회
역자 | 김종호 · 박돈희 · 최병철
김건중 · 이부귀 · 나숙현
발행 | 김윤수
발행처 | 전남대학교출판부

등록 | 1981. 5. 21. 제53호
주소 | 500-757 광주광역시 북구 용봉동 300
전화 | (062) 530-0571~3
팩스 | (062) 530-0579
홈페이지 | http://altair.chonnam.ac.kr/~cnup

값 15,000원

ISBN 978-89-7598-695-6 (93570)

이 도서의 국립중앙도서관 출판시도서목록(CIP)은 e-CIP홈페이지
(http://www.nl.go.kr/cip.php)에서 이용하실 수 있습니다.
(CIP제어번호: CIP2008003449)